教育部高职高专规划教材

固体废物及土壤监测

邓益群　彭凤仙　周　敏　编

·北京·

本书共分三篇。第一篇介绍了固体废物的来源、分类、固体废物的环境污染及固体废物监测的概念、固体废物样品的采集和制备、固体废物有害物质的监测方法。第二篇介绍了土壤的组成与性质、土壤环境背景与环境容量及土壤环境污染与净化等概念、土壤污染物及污染源、土壤样品的采集与制备、土壤污染物的测定。第三篇为与教材内容相配套的十三个实验。

本书适用于高职高专环境监测及环境类其他各专业使用，同时，也可作为大中专院校环境保护等相关专业及专业的人员培训及职业资格考试的培训教材。

图书在版编目（CIP）数据

固体废物及土壤监测/邓益群，彭凤仙，周敏编.—北京：化学工业出版社，2006.4（2025.2重印）
教育部高职高专规划教材
ISBN 978-7-5025-8480-1

Ⅰ.固… Ⅱ.①邓…②彭…③周… Ⅲ.①固体废物-监测-高等学校：技术学院-教材②土壤监测-高等学校：技术学院-教材 Ⅳ.X833

中国版本图书馆 CIP 数据核字（2006）第 027396 号

责任编辑：王文峡	文字编辑：汲永臻
责任校对：陈 静 宋 夏	装帧设计：尹琳琳

出版发行：化学工业出版社　教材出版中心
　　　　（北京市东城区青年湖南街13号　邮政编码100011）
印　　刷：北京云浩印刷有限责任公司
装　　订：三河市振勇印装有限公司
850mm×1168mm　1/32　印张 9¾　字数 254 千字
2025 年 2 月北京第 1 版第 13 次印刷

购书咨询：010-64518888
售后服务：010-64518899
网　　址：http://www.cip.com.cn
凡购买本书，如有缺损质量问题，本社销售中心负责调换。

定　　价：26.00元　　　　　　　　　　版权所有　违者必究

出版说明

高职高专教材建设工作是整个高职高专教学工作中的重要组成部分。改革开放以来，在各级教育行政部门、有关学校和出版社的共同努力下，各地先后出版了一些高职高专教育教材。但从整体上看，具有高职高专教育特色的教材极其匮乏，不少院校尚在借用本科或中专教材，教材建设落后于高职高专教育的发展需要。为此，1999年教育部组织制定了《高职高专教育专门课课程基本要求》（以下简称《基本要求》）和《高职高专教育专业人才培养目标及规格》（以下简称《培养规格》），通过推荐、招标及遴选，组织了一批学术水平高、教学经验丰富、实践能力强的教师，成立了"教育部高职高专规划教材"编写队伍，并在有关出版社的积极配合下，推出一批"教育部高职高专规划教材"。

"教育部高职高专规划教材"计划出版500种，用5年左右时间完成。这500种教材中，专门课（专业基础课、专业理论与专业能力课）教材将占很高的比例。专门课教材建设在很大程度上影响着高职高专教学质量。专门课教材是按照《培养规格》的要求，在对有关专业的人才培养模式和教学内容体系改革进行充分调查研究和论证的基础上，充分吸取高职、高专和成人高等学校在探索培养技术应用性专门人才方面取得的成功经验和教学成果编写而成的。这套教材充分体现了高等职业教育的应用特色和能力本位，调整了新世纪人才必须具备的文化基础和技术基础，突出了人才的创新素质和创新能力的培养。在有关课程开发委员会组织下，专门课教材建设得到了举办高职高专教育的广大院校的积极支持。我们计划先用2~3年的时间,在继承原有高职高专和成人高等学校教材建设成果的基础上,充分汲取近几年来各类学校在探索培养技术应用性专门人才方面取得的成功经验,解决新形势下高职高专教育教材的有无问题;然后再用2~3年的时间,在《新世纪高职高专教育人才培养模式和教学内容体系改革与建设项目计划》立项研究的基础上,通过研究、改革和建设,推出一大批教育部高职高专规划教材,从而形成优化配套的高职高专教育教材体系。

本套教材适用于各级各类举办高职高专教育的院校使用。希望各用书学校积极选用这批经过系统论证、严格审查、正式出版的规划教材,并组织本校教师以对事业的责任感对教材教学开展研究工作,不断推动规划教材建设工作的发展与提高。

教育部高等教育司
2001年4月3日

前　言

随着经济的快速发展和城市人口的不断增长，我国固体废物的量日益增多，导致处理处置设施严重不足，已对环境造成了严重污染和破坏。我国固体废物的总排放率是 7.2%，也就是说每年有 5531.18 万吨固体废物排入环境，这其中包括 414.71 万吨危险废物。据统计，全国工业固体废物历年堆存量达 60 亿吨左右，占用大量的农田，也使约 2/3 的城市陷入生活垃圾的包围之中，由此造成的空气污染、水体污染、土壤污染和二次污染时有发生，对我们的生存空间和生存环境造成了巨大的威胁。同时，我们还面临着因资源无节制消耗而造成的资源短缺的严重挑战。

土壤由于固体废物中的污染物直接进入或其渗滤液进入被污染外，还由于废气、废水中含有的污染物质、农药、化肥的大量使用、污水灌溉，结果造成了农田土壤大面积污染。土壤污染除导致土壤质量下降、农作物产量和品质下降外，更为严重的是土壤对污染物具有富集作用，一些毒性大的污染物，如汞、镉等富集到作物果实中，人或牲畜食用后发生中毒。仅以土壤重金属污染为例，全国每年就因重金属污染而减产粮食 1000 多万吨，另外被重金属污染的粮食每年也多达 1200 万吨，合计经济损失至少 200 亿元。

因此，对固体废物、土壤污染物的监测具有极其重要的意义。

为了满足高职高专环境科学类专业对固体废物及土壤监测教材的要求和有关人员培训的需要，我们编写了这本教材。本书介绍了固体废物及土壤污染物的来源与危害、监测方案的制定、主要污染物的样品采集与分析测定方法等。本教材不仅全面反映当前固体废物、土壤监测的发展水平，而且针对高职高专教育的特点和培养目标，根据社会对固体废物监测、土壤监测人才专业水平与能力的要求，注重理论和实际相结合，突出专业素质和能力的培养。

本教材主要适用于高职高专环境监测专业及环境类其他各专业使用，同时，也可作为大专院校、环境保护相关企事业单位培训及职业资格考试的培训教材。

本书第一篇、第三篇的第一章由邓益群编写，第二篇的第三章、第四章、第五章、第六章及第三篇的第二章由彭凤仙编写，第二篇的第一章、第二章由周敏编写。由邓益群负责全书的统稿工作。长沙环境保护职业技术学院的姚运先等对书稿的内容提出了许多宝贵意见，本书的出版得到了化学工业出版社的大力支持，在此一并致谢！对本书所采用参考资料的作者，在此也表示由衷的感谢！

由于编者水平有限，合编时间仓促，书中难免存在不足之处，敬请各位读者给予批评指正。

编者
2006 年 1 月

目 录

第一篇 固体废物监测

第一章 绪论 ·· 3
  第一节 固体废物的概念与特征 ·· 3
    一、固体废物的定义 ·· 3
    二、固体废物的特征 ·· 4
    习题 ·· 5
  第二节 固体废物的来源与分类 ·· 5
    一、固体废物的来源 ·· 5
    二、固体废物的分类 ·· 6
    习题 ·· 9
  第三节 固体废物的环境污染 ·· 9
    一、污染空气 ·· 11
    二、污染水体 ·· 11
    三、污染土壤 ·· 12
    四、侵占土地 ·· 12
    五、其他污染 ·· 13
    习题 ·· 13
  第四节 固体废物监测的作用和意义 ·································· 14
    一、固体废物监测的作用和意义 ··································· 14
    二、试验与监测分析方法的类型 ··································· 15
    三、我国固体废物环境监测的技术现状与发展趋势 ············ 18
    四、我国固体废物监测技术路线 ··································· 20
    习题 ·· 23

第二章 固体废物试样的采集和制备 ···································· 24
  第一节 采样技术与方法 ·· 24

一、采样方案的设计 ·································· 25
　　二、采样技术 ······································ 26
　　三、采样类型 ······································ 33
　　四、安全措施 ······································ 37
　　五、质量控制 ······································ 37
　　习题 ·· 38
　第二节　制样技术与方法 ································ 39
　　一、方案设计（制样计划制定） ························ 39
　　二、制样技术 ······································ 40
　　三、质量控制 ······································ 43
　　四、样品的保存 ···································· 44
　　五、样品水分的测定 ································ 44
　　习题 ·· 44
第三章　固体有害物质的监测方法 ·························· 46
　第一节　固体废物有毒有害特性的检测方法 ·················· 46
　　一、有害固体废物鉴别依据及特性 ···················· 46
　　二、固体废物有毒有害特性的检测方法 ·················· 49
　　习题 ·· 60
　第二节　固体废物有害成分监测 ·························· 60
　　一、固体废物浸出液的制备方法 ······················ 60
　　二、待测液的前处理方法 ···························· 63
　　三、固体废物有害物质成分的分析方法 ·················· 66
　　四、生活垃圾特性测定 ······························ 95
　　习题 ·· 104
参考文献 ·· 105

第二篇　土壤监测

第四章　土壤的组成与性质 ································ 109
　第一节　土壤的组成 ···································· 109
　　一、土壤矿物质 ···································· 110
　　二、土壤有机质 ···································· 112
　　三、土壤水分 ······································ 113

四、土壤空气 ………………………………………………… 113
　　习题 ……………………………………………………………… 114
　第二节　土壤的性质 …………………………………………… 114
　　一、土壤的吸附性 ……………………………………………… 114
　　二、土壤的酸碱性 ……………………………………………… 116
　　三、土壤的氧化还原性 ………………………………………… 120
　　四、土壤中的生物体系 ………………………………………… 121
　　习题 ……………………………………………………………… 123
　第三节　土壤环境背景值与环境容量 ………………………… 123
　　一、土壤环境背景值的概念 …………………………………… 123
　　二、土壤环境背景值的应用 …………………………………… 125
　　三、土壤环境容量 ……………………………………………… 130
　　习题 ……………………………………………………………… 131

第五章　土壤环境的污染与净化 ……………………………… 132
　第一节　土壤污染的概念 ……………………………………… 132
　　一、土壤污染与污染判定 ……………………………………… 132
　　二、土壤污染的特点 …………………………………………… 133
　　三、土壤环境污染的主要发生途径 …………………………… 133
　　四、土壤监测的目的与意义 …………………………………… 135
　　习题 ……………………………………………………………… 135
　第二节　土壤的自净作用 ……………………………………… 136
　　一、土壤的自净作用 …………………………………………… 136
　　二、影响土壤自净作用的因素 ………………………………… 139
　　习题 ……………………………………………………………… 140

第六章　土壤污染物及污染源 ………………………………… 141
　第一节　土壤重金属污染 ……………………………………… 141
　　一、土壤重金属污染的特点 …………………………………… 141
　　二、重金属在土壤中的迁移 …………………………………… 144
　　三、重金属在土壤-植物体系中的迁移 ……………………… 148
　　四、土壤重金属污染 …………………………………………… 150
　　习题 ……………………………………………………………… 172
　第二节　土壤农药污染 ………………………………………… 173

一、农药对土壤的污染与危害 …………………………………… 173
　　二、土壤中农药的迁移转化 ……………………………………… 175
　　习题 ……………………………………………………………… 182
　第三节　土壤其他污染物 …………………………………………… 183
　　一、有机物污染 …………………………………………………… 183
　　二、土壤氟污染 …………………………………………………… 187
　　三、土壤环境中放射性污染 ……………………………………… 189
　　四、土壤生物污染 ………………………………………………… 191
　　习题 ……………………………………………………………… 193

第七章　土壤样品的采集和制备 ………………………………………… 195
　第一节　采样技术与方法 …………………………………………… 195
　　一、污染土壤样品的采集 ………………………………………… 195
　　二、测定土壤背景值样品的采集 ………………………………… 200
　　习题 ……………………………………………………………… 201
　第二节　土壤样品的制备 …………………………………………… 202
　　一、样品风干 ……………………………………………………… 202
　　二、样品的研磨与过筛 …………………………………………… 202
　　三、土样保存 ……………………………………………………… 203
　　四、土壤含水量的测定 …………………………………………… 203
　　习题 ……………………………………………………………… 203

第八章　土壤环境质量标准及土壤污染物的测定 …………………… 205
　第一节　土壤环境质量标准 ………………………………………… 205
　　习题 ……………………………………………………………… 207
　第二节　土壤重金属的测定 ………………………………………… 207
　　一、样品的预处理 ………………………………………………… 207
　　二、土壤中重金属污染物的测定 ………………………………… 209
　　习题 ……………………………………………………………… 212
　第三节　土壤残留农药的测定 ……………………………………… 212
　　一、污染成分的提取 ……………………………………………… 212
　　二、测定方法 ……………………………………………………… 215
　　习题 ……………………………………………………………… 216
　第四节　土壤其他污染物的测定 …………………………………… 216

一、其他有机物的测定 ·· 216
　　二、土壤中非金属无机化合物的测定 ································ 217
第九章　土壤环境监测技术路线 ·· 219
　　一、我国土壤环境监测的主要任务与工作目标 ···················· 219
　　二、土壤环境监测技术路线的原则 ···································· 220
　　三、我国土壤环境监测技术路线 ······································· 220
　　习题 ·· 224
　参考文献 ··· 224

第三篇　教学实验

第十章　固体废物监测实验 ··· 229
　技能训练一　固体废物腐蚀性实验 ··· 229
　　一、训练目的 ··· 229
　　二、概述 ··· 229
　　三、样品的采集与保存 ··· 229
　　四、测定方法 ··· 229
　　五、数据处理与报告 ·· 232
　　六、注意事项 ··· 232
　　习题 ·· 232
　技能训练二　浸出毒性实验 ·· 233
　　一、训练目的 ··· 233
　　二、概述 ··· 233
　　三、样品的采集与保存 ··· 233
　　四、方法选择 ··· 233
　　五、浸出实验步骤 ·· 233
　　六、浸出毒性实验 ·· 234
　　七、注意事项 ··· 235
　　习题 ·· 236
　技能训练三　固体废物的反应性——差热分析测定法 ············· 236
　　一、训练目的 ··· 236
　　二、概述 ··· 236
　　三、样品的采集与保存 ··· 236

  四、测定方法 ……………………………………………………………… 236
  五、数据处理 ……………………………………………………………… 237
  六、注意事项 ……………………………………………………………… 237
  习题 ………………………………………………………………………… 237
 技能训练四 遇水反应性实验 …………………………………………… 237
  一、训练目的 ……………………………………………………………… 237
  二、概述 …………………………………………………………………… 238
  三、样品的采集与保存 …………………………………………………… 238
  四、测定方法 ……………………………………………………………… 238
  习题 ………………………………………………………………………… 240
 技能训练五 KI-MIBK 萃取火焰原子吸收法测固体废物中铅、镉 …… 241
  一、训练目的 ……………………………………………………………… 241
  二、概述 …………………………………………………………………… 241
  三、样品的采集与保存 …………………………………………………… 241
  四、方法选择 ……………………………………………………………… 241
  五、测定方法 ……………………………………………………………… 241
  六、结果计算 ……………………………………………………………… 243
  七、注意事项 ……………………………………………………………… 244
  习题 ………………………………………………………………………… 244
 技能训练六 固体废物中多氯联苯（PCBs）的测定 …………………… 244
  一、训练目的 ……………………………………………………………… 244
  二、概述 …………………………………………………………………… 245
  三、样品的采集与保存 …………………………………………………… 245
  四、方法选择 ……………………………………………………………… 245
  五、测定方法 ……………………………………………………………… 245
  六、结果计算 ……………………………………………………………… 247
  七、注意事项 ……………………………………………………………… 247
  习题 ………………………………………………………………………… 248
 技能训练七 校园垃圾监测方案设计实验 …………………………… 248
  一、训练目的 ……………………………………………………………… 248
  二、实验要求 ……………………………………………………………… 248
第十一章 土壤监测实验 …………………………………………………… 249

技能训练一 土壤样品的采集、制备及含水量的测定 …………… 249
　一、训练目的 ………………………………………………………… 249
　二、概述 ……………………………………………………………… 249
　三、样品的采集与保存 ……………………………………………… 249
　四、测定方法 ………………………………………………………… 249
　五、结果计算 ………………………………………………………… 250
技能训练二 冷原子吸收法测定土壤中的汞 ……………………… 250
　一、训练目的 ………………………………………………………… 250
　二、概述 ……………………………………………………………… 250
　三、样品的采集与保存 ……………………………………………… 250
　四、方法选择 ………………………………………………………… 251
　五、测定方法（冷原子吸收分光光度法） …………………………… 251
　六、数据处理 ………………………………………………………… 252
　七、注意事项 ………………………………………………………… 253
　习题 …………………………………………………………………… 253
技能训练三 原子吸收法测定土壤中铜和锌 ……………………… 253
　一、训练目的 ………………………………………………………… 253
　二、概述 ……………………………………………………………… 253
　三、样品的采集与保存 ……………………………………………… 254
　四、方法选择 ………………………………………………………… 254
　五、测定方法（火焰原子吸收分光光度法） ………………………… 254
　六、数据处理 ………………………………………………………… 256
　七、注意事项 ………………………………………………………… 256
　习题 …………………………………………………………………… 256
技能训练四 离子选择性电极法测定土壤中的氟 ………………… 257
　一、训练目的 ………………………………………………………… 257
　二、概述 ……………………………………………………………… 257
　三、样品的采集与保存 ……………………………………………… 257
　四、方法选择 ………………………………………………………… 257
　五、测定方法 ………………………………………………………… 257
　六、数据处理 ………………………………………………………… 260
　七、注意事项 ………………………………………………………… 260
　习题 …………………………………………………………………… 261
技能训练五 土壤中农药残留量的测定——气相色谱法 ………… 261
　一、训练目的 ………………………………………………………… 261

二、概述 …………………………………………………………… 261
　　三、样品的采集与保存 …………………………………………… 261
　　四、方法选择 ……………………………………………………… 261
　　五、测定方法 ……………………………………………………… 261
　　六、数据处理 ……………………………………………………… 264
　　七、注意事项 ……………………………………………………… 264
　　习题 ………………………………………………………………… 264
　技能训练六　实验楼后土壤监测方案设计实验 ………………………… 265
　　一、训练目的 ……………………………………………………… 265
　　二、实验要求 ……………………………………………………… 265
附录 ……………………………………………………………………… 266
　附录一　固体废物环境标准目录 ……………………………………… 266
　附录二　《国家危险废物名录》 ……………………………………… 268
　附录三　土壤环境质量标准 …………………………………………… 282
　附录四　中华人民共和国国家标准 …………………………………… 284
　附录五　农用污泥中污染物控制的标准 ……………………………… 291

# 第一篇　固体废物监测

第一章 绪 论

学习指南 本章介绍了固体废物监测的基本概念,学习本章时要求学生了解固体废物的定义、特征、来源与分类;掌握固体废物对人类环境的危害性;了解固体废物监测的作用、意义及固体废物监测分析方法的类型。

第一节 固体废物的概念与特征

一、固体废物的定义

固体废物是指在生产、生活和其他活动中产生的丧失原有利用价值或者虽未丧失利用价值但被抛弃或者放弃的固态、半固态和置于容器中的气态的物品、物质以及法律、行政法规规定纳入固体废物管理的物品、物质。

广义上,根据物质的形态,废物可划分为固态废弃物、液态废弃物和气态废弃物三种。液态和气态废弃物常以污染物的形式掺混在水和空气中,通常直接或经处理后排入水体或大气中,在我国,它们被习惯地称为废水或废气,而归入水环境和大气环境管理体系进行管理。其中不能排入水体的液态废物和不能排入大气的置于容器中的气体废物,由于多具有较大的危害性,在我国归入固体废物管理体系。因此,固体废物不只是指固态和半固态物质,还包括部分液态和气态物质。

固体废物问题是伴随人类文明的发展而发展的。人类最早遇到的固体废物问题是生活过程中产生的垃圾污染问题。不过,在漫长的岁月里,由于生产水平低下,人口增长缓慢,生活垃圾的产生量不大,增长率不高,没有对人类环境构成像今天这样的污染和危害。随着生产力的迅速发展,人口向城市集中,消费水平不断提高,大量工业固体废物排入环境,与生活垃圾的产量相伴剧增,成为严重的环境问题。

固体废物的产生有其必然性。这一方面是由于人们在索取和利用自然资源从事生产和生活活动时,限于实际需要和技术条件,总要将其中一部分作为废物丢弃;另一方面是由于各种产品本身有其使用寿命,超过了一定期限,就会成为废物。

二、固体废物的特征

与废水和废气相比,固体废物有着明显不同的特征,它具有鲜明的时间性、空间性和持久危害性。

1. 时间性

随着时间的推移,任何产品经过使用和消耗后,最终都将变成废物。以美国为例,投入使用的食品罐头盒、饮料瓶等,平均几个星期就变成了废物,家用电器和小汽车平均7~10年变成废物,建筑物使用期限最长,但经过数十年至数百年后也将变成废物。但另一方面,所谓"废物"仅仅相对于当时的科技水平和经济条件而言,随着时间的推移,科学技术进步了,今天的废弃物质也可能成为明天的有用资源。例如,石油炼制过程中产生的残留物,开始时是污染环境的废弃物,今天已变成了大量使用的沥青筑路材料;动物粪便长期以来一直被当成污染环境的废弃物,今天已有技术可把动物粪便转化成液体燃料。

2. 空间性

从空间角度看,废物仅仅相对于某一过程或某一方面没有使用价值,而并非在一切过程或一切方面没有使用价值。某一过程的废物,往往可用作另一过程的原料。例如,冶金业产生的高炉渣,它的主要成分是CaO、MgO、Al_2O_3、SiO_2等组成的硅酸盐和铝酸盐,这些成分恰恰是水泥的主要组成,因而高炉渣可作为水泥原料加以利用。粉煤灰是发电厂产生的废弃物,但可用来制砖,对建筑业来说,它又是一种有用的原材料;煤矸石是煤矿的废弃物,但煤矸石可用于电厂发电。电镀过程中产生的污泥可以回收贵重金属等,它对金属制造业来说又成了有用的资源。所以,固体废物又有"在错误时间放在错误地点的原料"之称。

3. 持久危害性

固体废物是呈固态、半固态的物质,不具有流动性,此外,固体废物进入环境后,并没有与其形态相同的环境体接纳,因此,它不可能像废水、废气那样可以迁移到大容量的水体(如江河、湖泊和海洋)或溶入大气中,通过自然界中物理、化学、生物等多种途径进行稀释、降解和净化。固体废物只能通过释放渗出液和气体进行"自我消化"处理。而这种"自我消化"过程是长期的、复杂的和难以控制的。因此,通常固体废物对环境的污染危害比废水和废气更持久,从某种意义上来讲,污染更大。例如,堆放场中的城市垃圾一般需要经过10~30年的时间才可趋于稳定,而其中的废旧塑料、薄膜等即使经历更长的时间也不能完全消化掉。在此期间,垃圾会不停地释放渗滤液和散发有害气体,污染周边的地下水、地表水和空气,受污染的地域还可扩大到存放地之外的其他地方。而且,即使其中的有机物稳定化了,大量的无机物仍然会停留在堆放处,占用大量土地,并继续导致持久的环境问题。

习　　题

1. 何谓固体废物?
2. 固体废物有哪些基本特征?
3. 简述固体废物的二重性。

第二节　固体废物的来源与分类

一、固体废物的来源

固体废物主要来源于人类的生产和消费活动。人们在开发资源和制造产品的过程中,必然产生废物。据分析,进入经济体系中的物质,仅有10%~15%以建筑物、工厂、装置、器具等形式积累起来,其余都变成了废物。从宏观上讲,可把固体废物来源分成两大方面：一是生产过程中产生的废弃物，称为生产废物；二是产品使用过程中产生的废弃物，称为生活废物。

生产废物主要来源于工农业生产部门，其主要发生源是冶金、煤炭、电力工业、石油化工、轻工、原子能以及农业生产部门。由于我国经济发展长期采用大量消耗原料、能源的粗放式经营模式。生产工艺、技术和设备落后，管理水平较低，资源利用率低，使得未能利用的资源、能源大多以固体废物的形式进入环境，导致生产废物大量的产生。据2000年中国环境状况公报报告，2000年全国工业固体废物产量为8.2亿吨，危险物产生量为830万吨。我国是世界上最大的农业国家，农业固体废物产生量也很大。据估计，目前我国每年要产生十几亿吨的农业固体废物。

生活废物主是城市生活垃圾。城市生活垃圾的产生量随季节、生活水平、生活习惯、生活能源结构、城市规模和地理环境等因素而变化。例如，美国1970～1978年因经济萧条，生活垃圾增长不快，仅为2%，1978年后，随着经济复苏，增长率达4%以上，目前已到达5%。欧盟各国生活垃圾平均增长率为3%，其中德国为4%，瑞典为2%。总体来说，工业发达国家城市垃圾增长速度大致保持在2%～4%。我国正处于经济快速发展时期，垃圾增长速度较快，目前年增长率在8%～10%左右。2000年，全国城市垃圾产量已达1.4亿吨。

二、固体废物的分类

固体废物的分类有很多，按其组成可分为有机废物和无机废物；按其形态可分为固态废物、半固态废物、液态和气态废物；按其污染特性可分为一般废物和危险废物等。各国对固体废物的分类也没有统一的标准。美国的分类方法与我国的大致相同，而日本通常分为产业废物和一般废物两大类。根据《中华人民共和国固体废物污染环境防治法》（2004年修订），把固体废物分为工业固体废物、生活垃圾和危险废物三大类见表1-1。

1. 工业固体废物

工业固体废物是指在工业生产活动中产生的固体废物。工业固体

表 1-1 固体废物的分类、来源和主要组成物

分类	来源	主要组成物
城市生活垃圾	居民生活	指家庭日常生活过程中产生的废物。如食品垃圾、纸屑、衣物、庭院修剪物、金属、玻璃、塑料、陶瓷、炉渣、灰渣、碎砖瓦、废器具、粪便、杂品、废旧电器等
	商业、机关	指商业、机关是常工作过程中产生的废物。如废纸、食物、管道、碎砖体、沥青及其他建筑材料、废汽车、废电器、废器具,含有易爆、易燃、腐蚀性、放射性的废物以及类似居民生活栏中的各种废物
	市政维护与管理	指市政设施维护过程中产生的废物。如碎砖瓦、树叶、死禽死畜、金属、锅炉灰渣、污泥、脏土等
工业固体废物	冶金工业	指各种金属冶炼和加工过程中产生的弃物。如高炉渣、钢渣、铜铅铬汞渣、脏泥等
	矿业	指各类矿物开发、加工利用过程中产生的废物。如废矿石、煤矸石、粉煤灰、烟道灰、炉渣等
	石油与化学工业	指石油炼制及其产品加工、化学工业产生的固体废物。如废油、浮渣、含油污泥、炉渣、碱渣、塑料、橡胶、陶瓷、纤维、沥青、油毡、石棉、涂料、化学药剂、废催化剂和农药等
	轻工业	指食品工业、造纸印刷、纺织服装、木材加工等轻工部门产生的废物。如各类食品糟渣、废纸、金属、皮革、塑料、橡胶、布头、线、纤维、染料、刨花、锯末、碎木、化学药剂、金属填料、塑料填料等
	机械电子工业	指机械加工、电器制造及其使用过程中产生的废物。如金属碎material、铁屑、炉渣、模具、砂芯、润滑剂、酸洗液、导线、木材、橡胶、塑料、化学药剂、研磨剂、陶瓷、绝缘材料以及废旧汽车、冰箱、微波炉、电视和电扇等
	建筑工业	指建筑施工、建材生产和使用过程中产生的废弃物。如钢筋、水泥、黏土、陶瓷、石膏、石棉、砂石、砖瓦、纤维板等
	电力工业	指电力生产和使用过程中产生的废物。如煤渣、粉煤灰、烟道灰等
危险废物	核工业、化学工业、医疗单位、科研单位等	主要来源于核工业、核电站、化学工业、医疗单位、制药业、科研单位等产生的废物。如放射性废渣、粉尘、污泥等,医院使用过的器械和产生的废物,化学药剂、制药厂药渣、废弃农药、炸药、废油等
农业固体废物	种植业	指作物种植生产过程中产生的废物。如稻草、麦秸、玉米秸、根茎、落叶、烂菜、废农膜、农用塑料、农药等
	养殖业	指动物养殖生产过程中产生的废物。如畜禽粪便、死禽死畜、死鱼死虾、脱落的羽毛等
	农副产品加工业	指农副产品加工过程中产生的废物。如畜禽内容物、鱼虾内容物、未被利用的菜叶、菜梗和菜根、秕糠、稻壳、玉米芯、瓜皮、果皮、果核、贝壳、羽毛、皮毛等

废物的特征是数量大、种类繁多、性状复杂，形态有固体、半固体和液态（如废酸、废碱等）。典型的工业固体废物主要有以下几种。

（1）冶金工业固体废物　冶金工业固体废物主要是指金属冶炼或加工过程中产生的各种废渣，如高炉渣、钢渣、铁合金渣、铜渣、锌渣、铅渣、镍渣、铬渣、镉渣、汞渣、赤泥等。

（2）能源固体废物　能源固体废物主要指燃煤电厂产生的粉煤灰、炉渣、烟道灰；采煤及洗煤过程中产生的煤矸石等；还有石油工业产生的油泥、焦油、页岩渣等。

（3）化学工业固体废物　化学工业固体废物是指化学工业生产过程中产生的种类繁多的工艺废渣，如硫铁矿烧渣、铬渣、电石渣、磷泥、磷石膏、烧碱盐泥、纯碱盐泥、化学矿山尾矿渣等。

（4）矿业固体废物　矿业固体废物主要包括采矿废石和尾矿。废石是指各种金属、非金属矿山开采过程中剥离下来的围岩。尾矿是指各种金属、非金属选矿、洗选过程中产生的剩余尾矿。

（5）粮食、食品工业固体废物　粮食、食品工业固体废物是指粮食、食品加工过程排弃的谷屑、下脚料、渣滓。

（6）其他固体废物　机械和木材加工工业产生的碎屑、边角料、刨花；纺织、印染工业产生的泥渣、边料等。

2. 生活垃圾

生活垃圾，是指在日常生活中或者为日常生活提供服务的活动中产生的固体废物以及法律、行政法规规定视为生活垃圾的固体废物。生活垃圾主要产自居民家庭、城市商业、餐饮业、旅馆业、旅游业、服务业、市政环卫业、交通运输业、文教卫生业和行政事业单位、工业企业以及污水处理厂等。一般可分为以下几类。

（1）民居生活垃圾　主要包括炊厨废物、废纸、家用什具、玻璃陶瓷破碎物、废电器制品、废塑料制品、煤灰渣等。

（2）城建渣土　主要包括废砖瓦、碎石、灰渣、混凝土碎块（板）等。

（3）商业固体废物　主要包括废纸、各种废旧的包装材料，丢弃的主、副食品等。

（4）粪便

3. 危险废物

危险废物是指列入国家危险废物名录或者根据国家规定的危险废物鉴别标准和鉴别方法认定的具有危险特性的废物。危险废物主要来源于核工业、化学工业、医疗单位、科研单位等。

危险废物的特性通常包括急性毒性、易燃性、反应性、腐蚀性、浸出毒性和传染性等。根据这些性质，各国均制定了自己的鉴别标准和危险废物名录。我国制定有《国家危险废物名录》和《危险废物鉴别标准》。

在《固体废物污染防治法》中并未把农业固体废物列入其中，而我国是世界上最大的农业国家，目前，我国农业废物的产量已超过工业固体废物的产量，并对环境造成越来越严重的污染，已引起人们的关注。

习　题

1. 固体废物主要分为几大类？
2. 什么叫工业固体废物？工业固体废物有哪些基本特征？
3. 什么是危险废物？主要来源于何处？

第三节　固体废物的环境污染

随着我国工业化、城市化的发展以及人民生活水平的提高，固体废物污染防治工作面临着许多新的情况和问题：一是固体废物产生量持续增长，工业固体废物每年增长7%，城市生活垃圾每年增长4%；二是固体废物处置能力明显不足，导致工业固体废物（很多是危险废物）长年堆积，垃圾围城的状况十分严重；三是固体废物处置标准不高，管理不严，不少工业固体废物仅仅做到简单堆放，生活垃圾无害化处置率仅达到20%左右；四是农村固体废物污染问题日益突出，畜禽养殖业污染严重，大多数农村生活垃圾没有得到妥善处置；五是废弃电器产品等新型废物不断增长，造成新的污染。一旦固体废物造成环境污染或潜在的污染变为现实，消除这些污染往往需要比较复杂的技术和大量的资金投入，耗费较大的代价进行治理，并且很难使被污染破坏的环境得到完全彻底的恢复。

固体废物问题较之其他形式的环境问题有其独特之处，简单概括之有"四最"——最难得到处置、最具综合性的环境问题、最晚得到重视、最贴近的环境问题。

最难得到处置：固体废物为"三废"中最难处置的一种，因为它含有的成分相当复杂，其物理性状（体积、流动性、均匀性、粉碎程度、水分、热值等）也千变万化。

最具综合性的环境问题：固体废物的污染，从来就不是单一的，它同时也伴随着水污染及大气污染问题。仅在对固体废物进行最简单符合环境要求处理的垃圾卫生填埋场，就必须面对垃圾渗滤液对地下水的污染问题，必须具备污水处理及对排放的填埋气体适当处理的能力。人们无法回避其给生存空间、给人类可持续发展带来的影响。

最晚得到重视：在固、液、气三种形态的污染（固体污染、水污染、大气污染）中，固体废物的污染问题较之大气、水污染是最后引起人们注意的，也是最少得到人们重视的污染问题。

最贴近的环境问题：固体废物问题，尤其是城市生活垃圾，最贴近人们的日常生活，因而是与人类生活最息息相关的环境问题。人们每天都在产生垃圾、排放垃圾，同时也在无意识中污染我们的生存环境。人们抱怨资源匮乏、环境恶劣，但人们每随手扔掉一节废旧电池、一个一次性塑料饭盒或是废旧纸张的时候，是否意识到这每一个小小的行动对资源、对环境的影响？关注固体废物问题，也就是关注人们最贴近的环境问题，通过对人们日常生活中垃圾问题的关注，也将最有效的提高全民的环境意识、资源意识。

固体废物对环境的危害主要表现在如下几个方面，即侵占土地、污染大气、水和土壤、传染疾病和影响人类健康、影响市容和环境卫生等。

一、污染空气

固体废物通过露天堆置、雨淋、蒸发、风蚀、自燃、发生化学变化或填埋气体、焚烧尾气等均可造成大气污染。废弃物中的颗粒、粉末可加重大气的尘污染。粉煤灰堆场，遇4级以上风力，可剥离1～1.5cm，灰尘飞扬高达20～50m。风季的平均视程降低30%～70%。固体废物中的有害物质，随风雨作用，常散发大量毒气。含硫量达1.5%的煤矸石可自燃，达30%以上可着火并散发大量SO_2。固体废物中某些有机物在适当的温度和湿度下可分解产生有害气体，一些垃圾会散发腥臭味，严重污染了空气。石油化工厂排出的渣油、沥青等，在自然存放条件下，会因强力蒸发释放多环芳烃等有机气体，使大气中致癌成分的浓度增高，给人体健康和生态平衡造成直接危害。在填埋处置过程中，生物活动可引起有机物的分解，约有50%作为气体释放出来，2%进入浸出液，48%转化为腐殖质残留下来。填埋气体的主要组成为CH_4和CO_2，还有许许多多浓度低、含量少的气体组分，H_2S等可使填埋气体带有恶臭。填埋气造成的主要环境问题有：①由于气体聚集在封闭或半封闭的空间内（如建筑物、下水道、人工洞穴或填埋场内外附近的沟槽等），可燃气体能引起火灾、爆炸及酸性气体的腐蚀等；②使进入填埋场下水道、沟槽或人工洞穴的人产生缺氧和窒息等；③当填埋气通过填埋场表面的裂缝逸出时，可能着火或点燃废物发生火灾；④填埋气可导致填埋场上或填埋场附近的作物或蔬菜枯死；⑤有害气体的扩散对人类健康造成危害；⑥感官刺激，尤其是恶臭问题。

二、污染水体

废物中的可溶性成分经风吹雨淋，可通过地表径流或渗透等途径进入水体，造成地表水、地下水和土壤污染。由于雨水及地表径流渗入填埋场，加之废物的生物和化学分解作用产生的浸出液，如果进入地表水或地下水，就会对其造成污染。地下水位较浅的地方还会发生有害物质在植物中的富集和残留，直接或间接地对人体健康造成影响。此外，浸出液中的 COD、BOD 物质发生厌氧分解时会产生有机酸，土壤中的硫在微生物的作用下会被还原成为硫酸根，降低浸出液的 pH 值，造成建筑物和地下管道的腐蚀。

三、污染土壤

固体废物堆放或填埋在土地中，如不采取适当措施，废物中的污染成分会随雨水沥滤渗入土壤，使土壤被有害化学物质、病原体、放射性物质等污染，受污染土壤面积往往大于堆渣占地的 1～2 倍，导致土壤结构改变，并且随流水扩散而使被污染的土壤面积扩大，影响土壤微生物的活动或使其死亡，使之成为无分解能力的死土，有碍植物根系生长，或在植物体内积蓄，通过食物链使种种有害物质进入人体而危及健康。例如，我国包头市某处堆积的尾矿达 1500 万吨，使其下游某乡的土地被大面积污染，居民被迫搬迁；我国西南某地因农田长期施用垃圾肥料，导致土壤中有害物质的积累，土壤中汞的浓度超过本底值的 8 倍，给农作物的生长带来了严重的危害。据 1992 年的统计，我国受工业废渣污染的农田已超过 9 万公顷。

四、侵占土地

固体废物产生以后，需占地堆放。所产生废物的处理量越少，堆积量就越大，占地也就越多。据估计，每堆积 1 万吨废渣约需占用 0.067 公顷的土地。据报道，美国有 200 万公顷的土地被固体废物侵占，英国为 60 万公顷。由于我国过去对固体废物的处理和利用不够重视，导致固体废物的大量堆积。近十几年，我国经济进入快速增长时期，工业固体废物产量也不断增加。20 世纪 90 年代以后，我国工业固体废物产量基本在 6 亿吨以上，2000 年达 8.2 亿吨，2002 年增至 9.5 亿吨，综合处理率近 60%，约 40% 被储存堆积起来，剩余3%～4%，即2000多万吨，则被排放到自然环境中去，造成环境污染。工业固体废物堆积所侵占的土地已由1991年的3万公顷增加到1999年的6.3万公顷。更为严重的是，被侵占的土地中有近三分之二是耕地，加剧了我国人多地少的矛盾。

工业化、城镇化带来人口聚集和规模经济，但同时也在支付着较高的环境成本。城镇生产和生活的每一天都在产生大量的垃圾，2002年全国生活垃圾清运量为13638万吨。由于缺少足够的垃圾处理设施，处理率较低，我国垃圾无害化处理率不到5%，历年城市生活垃圾堆放量达65亿吨左右。垃圾在城市周边郊区自然堆放，在全国600多个城市中有2/3以上处于垃圾包围之中。例如，广州市郊堆放的各种废物就占地168.5公顷，其中仅垃圾堆放就占地69公顷。随着我国经济的发展和人们生活水平的提高，固体废物的产生量会越来越大，如不进行及时有效的处理和利用，固体废物侵占土地的问题会变得更加严重。

五、其他污染

除了可造成上述环境污染问题以外，固体废物还可产生其他的环境污染或危害。如生长在废物处置场附近或复垦的填埋场上的农作物，将从污染的土壤和废物本身通过根的吸收吸入有害化学物，一些化学物可以从根部转移到植物的上部，有害物质可能超标而无法食用；生活垃圾携带的有害病原菌可传染疾病，对人体形成生物污染；堆放在厂区、城市街区角落等处的部分未经处理的工业废渣、垃圾，它们除了导致直接的环境污染外，还严重影响了厂区、城市的容貌和景观，形成"视觉污染"。

习　　题

1. 固体废物对环境的危害主要表现在哪几个方面？
2. 固体废物填埋处理后产生的填埋气是如何造成环境污染的？
3. 查阅相关资料，简述我国目前固体废物污染土壤、侵占土地的状况。

第四节　固体废物监测的作用和意义

一、固体废物监测的作用和意义

《中华人民共和国固体废物污染环境防治法》明确规定，我国对固体废物污染环境的防治，实行减少固体废物的产生、充分合理利用固体废物和无害化处置固体废物的原则。要进行固体废物的特性鉴别，防止固体废物在预处理、综合利用、储存、中间处理处置过程中对环境的二次污染。实施固体废物的科学的、法制化的环境监督管理，首先必须获得固体废物的分类、状态、危险特性和有害成分等信息。固体废物环境监测的作用、意义表现在以下几个方面。

① 通过对固体废物的环境监测，可调查其环境污染状况，评价对环境及人体健康的影响程度，判断是否含危险废物，为开展有关的环境医学、环境化学及环境治理等学科研究提供科学的分析测试手段和监测统计数据。

② 为制定固体废物环境污染控制的卫生标准和排放标准提供科学依据。

③ 为监督有关环境法规与标准的执行情况提供技术支持，为实施固体废物的总量控制计划提供科学依据，推进废物环境管理制度的实施，响应有关的地区或国际公约等。如准确获得废物处理处置方面的情报数据；判断处理处置方法是否符合技术标准；判断是否符合相关的环境排放限制标准等。

④ 为突发性固体废物环境污染事故处理处置措施的制定以及事故纠纷的仲裁提供科学的判断依据。

⑤ 可用于获得在收集运输以及中间处理等过程中是否能够混合的情报，以防止事故和灾害；还可用于对固体废物的综合利用潜力与效果的评估。也可以用于处理处置效果的技术评价与咨询，可获得处理处置设施正确的设计资料情报；进行处理处置设施的改良、改善、更新所属的情报、数据；为处理处置设施维护管理提供完整的情报数据；对废物堆进行详细的定期监测，了解潜在的危害

因素，特别是对一些尚未加以控制的复杂废物堆的鉴定以及对废物堆释放出来的有害物质进行监督监测，可以估计废物堆的危险程度以及对环境的污染情况。

二、试验与监测分析方法的类型

在固体废物的处理处置、资源化等过程中要充分把握的事项纵然多种多样，但把握废物的物理组成及化学性状，有害物质种类、含量、溶出量等是其他工作的前提。这些测定分析不仅是法规条例的需要，也是对各种设施予以正确地维护管理，把握处理性能并采取适当措施的需要。为了达到特定的环境管理目的，需要采用不同试验或监测分析方法对固体废物进行有害特性试验或有害成分的监测分析。

例如，有害性大小是通过有害物质含量来判定的。从废物中溶出的有害物质可污染地表水和地下水并经饮用水和食品危害人体健康，因此需要进行溶出试验。对于液态的废酸和废碱、易溶解的有机性污泥和水溶性无机污泥等的投海处置，由于所含有害物质可能全部溶解出来，因此，这些废物的有害特性要通过含量（或全量）试验进行监测。

对于危险废物的越境转移，经由特定的废弃途径排出的废物或含有特定成分的废弃物，作为具有有害特性的规定对象，要根据有害特性的判定试验对废弃物进行监测。包括评价爆炸性的热分析试验，评价引火及可燃性的闪点测定试验，评价氧化性的自燃性试验和燃烧试验，评价与水反应生成可燃气体的反应性试验，评价急性毒性的经口、经皮及吸入毒性试验，评价腐蚀性的金属性试验等。对于危险废物判定标准中的有害物质，要基于溶出试验进行有害特性大小的判定。

废弃物处理设施需要根据排放标准监测排气和排水中有害物质的浓度，管理型处置场地需要对浸出水处理设施的排水进行监测。为了防止有害物质向外部渗漏，要进行防水渗漏设施破损与否的监测。虽然目前对填埋气的监测仅限于 CH_4 和 CO_2，但今后还需要监测多种多样的有害物质。填埋场关闭后，美国规定的监测期限为

20年。基于填埋场的监测记录,可以降低填埋场地开发利用中伴随的风险并采用综合措施设计利用。

虽然可以采用各种各样的方法组合对固体废物进行监测,但归纳起来大致有三类试验监测分析方法。

1. 危险废物有害毒性的鉴别试验

危险废物有害毒性的鉴别试验包括:溶出试验、含量或全量试验、热分析试验、闪点测定试验、自燃性试验和燃烧试验、急性毒性试验、金属腐蚀性试验、遇水反应性试验。

作为危险废物的判定试验,溶出试验是为了把握有害物质从填埋场地渗漏对周围地表水、地下水污染的可能性,需要采用与填埋场地内相同的条件进行试验,为此,提出了许多溶出方案(表1-2)。在这些试验方法中,根据溶出操作中溶剂的变换与否可分成间歇式和连续式。间歇式根据溶出操作是否重复进行又分为单一型和反复型。在不重复进行的溶出操作方法中,既有在特定条件下只试验一次的,也有改变条件进行多次溶出试验的。在反复型中,有

表 1-2 溶出试验方法的分类

据溶出方法进行的分类		举 例	可获得的信息
间歇式	单一型	如:日本环告 13;美国 TCLP;DIN38414;Availability Test	特定条件下的溶出量
	平行型	MBLP	溶出条件对溶出量的影响
	反复型	Concentration build-up,如:SLT-procedure C	最大溶出浓度
		Serial batch extraction,如:MEP;NFX31210;SBT;ENA;TVA	目标成分的溶出模式(行为),总溶出量
		Sequential batch extraction,如:SCE	对目标成分按组别进行分类
连续式		Flow-around extraction,如:ANS.16.1;DLT;NVN5432;MULP	从固化物中溶出的动力学行为
		Flow-through extraction,如:Column Test(NVN 2508)	最终处置场地中溶出的模拟

在溶出操作后将溶出液分离再加入新的废弃物的 Concentration build-up 法；有向分离后的废弃物中加入新的相同溶剂的 Serial batch extraction 法；也有加入溶出能力更大的溶剂的 Sequential batch extraction 法。在连续型中，有向容器中连续加入溶剂的 Flow-through extraction 法。

2. 生物评价实验

填埋场浸出液中含有多种多样的有机物质，不过能同时测定的物质只是很少的一部分。要全面把握废弃物的风险，利用分析化学方法在目前是不可能的。因此，作为对含多种有害物质的废弃物排气、排水等毒性的综合评价方法，提出了生物评价方案。

生物评价试验，采用最多的是利用微生物调查变异原性的 Ames 试验法。另外，在美国部分州应用的还有基于荧光细菌死亡而导致发光强度减弱的试验方法。生物监测的有利之处是，有害物质在生物群的浓度水平通常高于在自然环境中的浓度水平，一些化合物即使在水中的含量很低，在鱼中的生物积累会明显地升高。通过对粮食和牲畜中污染物浓度的测量，不仅可提供环境污染的情况，也可估计由于消耗这些食物可能引起的危害。生物评价试验的另一个目的是评价对生物生态系统的风险。采用的试验方法有：藻类生长抑制试验、水蚤繁殖试验及鱼类急性毒性试验等。

3. 防渗漏机能的监测

防渗漏机能的监测方法大致可分为以下几个。

① 用于检查双层衬垫之间侵入的渗漏水的检知方法。

② 检查地下水水量和水质变化的检知方法。

③ 在防漏设施的上下设置电极，测定其间电绝缘性的检知方法。除此之外，在双层衬垫之间抽真空，由于破损时真空度下降，故也可进行监测。

为了尽可能地在地下水被污染之前发现破损并迅速进行修补，希望尽可能地准确把握破损的位置。方法①中，上下任一层衬垫破损时，均可通过分析漏水的水质加以判断，虽然仅当上层衬垫破损时可在地下水污染之前发现破损，但测定破损位置的精度不够高。

方法②中，与地下水混合之前难以检知漏水与否。另外，当地下水水位较低时，由于不能收集漏水而有可能无法检知。方法③中，若与双层衬垫组合，在衬垫之间设置电极，则可在地下水污染之前，检知出有无破损。另外，根据电极配置的密度相应地可以准确地测出破损位置。

上述方法的应用尚处于初始阶段，对于长期的监测尚无实绩。对于设备、材料耐久性等要求也有不确定的地方，方法③等在施工时检查防渗衬垫有无破损和接合不良等将是十分有效的，利用这些方法，可以大幅度地降低浸出水的渗漏风险。

三、我国固体废物环境监测的技术现状与发展趋势

1. 我国固体废物监测技术的现状

（1）采样与制样技术和方法　采样和制备有代表性的固体废物样品是获得准确可靠监测数据的前提条件。我国虽然在这方面做了一些工作，但多为引用或原则性的规定或建议，尚缺乏系统的试验数据。如《工业固体废物采样制样技术规范》（HJ/T 20—1998）推荐的采样方法有简单随机采样法、分层随机采样法、系统随机采样法和权威采样法。至于采样方法、样品数、份样量、采样点位设置等因素与采样误差的关系，仍偏重于理论解释或介绍，若要制定并规定我国的固体废物采样方法并使之标准化，尚需大量的科学试验数据为依据。

关于制样方法，问题的焦点在于样品的粉碎程度以及浸取液的制备方法，尤其是有机污染物的浸取方法无论是从理论上还是实践上均存在很多问题。前者经过"八五"攻关研究已初步得出试样粉碎至 40~60 目较适宜的结论。后者尚无统一的认识，也无相对统一的制样方法。

从对环境的潜在影响考虑，固体废物中有害污染物总量的分析测定在环境管理上具有重要意义；另一方面，从废物资源化、处理处置方法的正确选择等方面考虑，首先也要知道废弃物中某些成分的总含量。我国在"七五"，尤其是"八五"期间在此领域进行了集中研究，结果表明，高压釜酸溶和微波辅助消解方法较好。前者

设备简单,便于推广普及,但赶酸时仍有二次污染且费时,后者克服了这些缺点,但设备较贵。

目前,用于总量分析的制样方法,如微波辅助溶样等技术尚未得到推广应用。用于有机污染物分析的样品制备方法相对滞后,一些先进的有机样品制备方法如超临界流体萃取法(SFE)、固相萃取法(SME)等尚未得到充分应用。

(2) 有害特性鉴别试验方法 我国有害特性的定义与鉴别方法基本参考了美国的定义与鉴别方法。颁布的浸出毒性试验方法,由于浸出液制备需要 2~3 个工作日,在实施过程中较困难。另外,有害特性鉴别标准的项目较少,应增加被控污染物的种类以满足多方面的需要。我国尚无易燃性、反应性鉴别实验标准方法,试行方法缺少权威性,致使执法不利,各单位自行其是,试验结果无法比对。目前进行的危险废物有害特性的试验多采用浸出毒性试验方法,其他有害特性的试验与鉴定研究很少。

(3) 监测分析方法 "八五"以前,我国先后颁布了《工业废渣监测检验方法》和《工业固体废物有害特性试验与监测分析方法》(试行);中国环境监测总站"八五"期间建立了部分无机污染物和有机污染物的新方法,但常规监测仍沿用 1986 年的"试行本"。

2. 存在的问题与差距

虽然我国在固体废物环境监测领域取得了一定的进展,就整个监测技术方法体系而言,仍存在许多问题与差距。

① 采样方法多为移植或等效法,具体的科学实验研究很少。由于固体废物种类繁多,性状各异,排放和存在形式又多种多样,使得具有代表性样品的工作十分复杂和困难。鉴于这是分析测定的最关键步骤之一,应大力开展相关研究。

②《工业固体废物有害物性试验与监测分析》(试行本)中所列浸出毒性和腐蚀性鉴别标准是有色金属工业固体废物污染控制的行业标准,不便在其他领域执行。

③ 有的实验方法适用面窄,不能满足各类废物的分析测定要求,对此要进行更新、修改和补充研究。如易燃性鉴别实验的开口

杯法只适用于液态废物,可参照美国的试验程序进一步完善,以适用于各类废物。由于缺乏统一或标准试验方法,我国尚未完成对固体废物进行鉴别和分类。另外,试行方法缺少权威性,致使执法不利,各单位自行其是,试验结果无法比对。对此即要考虑浸出毒性鉴别,又要考虑用于处置场环境影响评价的需要,参照国外经验以及近年来我国的研究成果和实际情况进行修订完善。

④ 现有的污染物分析方法很有限,不仅比较分散、缺乏系统性,而且由于没有规范化而缺乏可比性,尤其缺乏有机物的分析方法,有待开发建立并标准化的分析方法和分析项目很多。从分析技术来看,目前无机污染物的分析多采用分光光度法和原子吸收法,有机污染物的分析多采用填充柱气相色谱法。环境监测技术与手段落后及监测人员水平较低导致无法全面掌握固体废物的污染现状。《固体废物污染环境防治法》颁布以后,根据现实的需要,急需研究制定一系列配套的标准监测分析方法。

⑤ 关于 QA/QC,我国固体废物环境监测分析方法不仅没有系统的 QA/QC 程序,就个别分析方法而言,QA/QC 措施也不完善,所得数据的准确性、权威性无法得到保证。我国固体废物本身的标准样品甚少,用于分析测定的标液种类也不够,需要加快这方面的研究与研制工作。

⑥ 控制现有的固体废物是一方面,另一方面需要对已发现有环境致突变等作用的化学危险废物,以及预计今后会投入使用的大量新材料可能产生的有害废物,预先研究鉴别其有害性的试验与分析测定方法,我国目前在这方面的研究几乎是空白。

四、我国固体废物监测技术路线

固体废物监测的目的是通过分析监测固体废物本身的理化特性及其在处理过程中可能排放的环境污染物,来鉴别或判定其对周围环境的危害程度,为固体废物的环境管理和污染防治提供科学的依据。根据固体废物的管理体系与构成要素,中国环境监测总站制定了中国固体废物环境监测技术路线。

1. 基本原则

在研究制定我国固体废物环境监测技术路线的过程中，应遵循以下基本原则。

① 围绕我国固体废物环境污染防治的总体思路和重点工作，设计的技术路线具有切实为固体废物管理、监督执法与法规制（修）定服务能力的原则。

② 从国情出发，突出重点，面向未来并与国际接轨，继续提高我国固体废物环境监测技术水平，即先进性与现实可行性结合的原则。

③ 设计的技术路线具有综合性、指导性、完整性和可操作性的原则。

④ 以较少的资金投入，获得较完善的固体废物监测技术方法体系的原则。

2. 技术路线

采用现代毒性鉴别试验与分析测试技术，以危险废物和城市生活垃圾填埋厂、焚烧厂等重点处理处置设施的在线自动监测为主导，以重点污染源排放的固体废物的人工采样-实验室常规监测分析为基础，逐步建立并形成我国完整的固体废物毒性试验与监测分析的技术体系，使我国环境监测系统具备全面执行固体废物相关法规和标准的监测技术支撑能力。

3. 监测内容

（1）危险废物的毒性试验鉴别　危险特性的必测项目包括：易燃性、腐蚀性、反应性、浸出毒性、急性毒性、放射性。选测项目为：爆炸性、生物蓄积性、刺激性、感染性、遗传变异性、水生生物毒性。

（2）固体废物的监测分析　必测项目包括：As、Be、Bi、Cd、Co、Cr、Cr(Ⅵ)、Cu、Hg、Mn、Ni、Pb、Sb、Se、Sn、Tl、V、Zn、氯化物、氰化物、氟化物、硝酸盐、硫化物、硫酸盐、油分、pH值、卤代挥发性有机物、非卤代挥发性有机物、芳香族挥发性有机物、半挥发性有机物、1,2-二溴乙烷/1,2-二溴-3-氯丙烷、丙烯醛/丙烯腈、酚类、酞酸酯类、亚硝胺类、有机氯农药及PCBs、硝基芳烃类和环酮类、多环芳烃类、卤代醚、有机磷农药类、有机磷化合物、氯代除草剂、二噁英类等。

4. 监测频次

固体废物的常规监测频次为 2 次/年。特殊目的监测可根据实际情况加大监测频次。

5. 监测分析方法

（1）无机污染成分　无机污染成分的分析方法主要采用分光光度分析技术（SP）、离子色谱法（IC）、火焰原子吸收光谱技术（FLAAS）、石墨炉原子吸收光谱技术（GFAAS）、氢化物发生原子吸收光谱技术（HGAAS）、氢化物发生原子荧光光谱技术（HGAFS）、ICP 发射光谱技术（ICP）和 ICP-MS 技术。分析溶液的制备方法主要采用高压釜酸分解技术和微波辅助酸溶解技术，试液主要采用单酸或混酸消解的前处理方法并结合其他分离富集技术来获得。

（2）有机污染成分　有机污染成分的分析方法主要采用气相色谱技术（GC）、气相色谱-质谱联用技术（GC-MS）和高效液相色谱技术（HPLC）。有机污染成分的提取方法主要采用快速溶剂萃取技术或微波辅助溶剂萃取技术；有机污染物的分离富集方法主要采用精制硅藻土柱色谱净化法、Florisil 柱色谱净化法和薄层色谱分离法；待测试液的进样主要采用吹扫-捕集技术（PT）、顶空技术（HS）和热脱附等技术。

6. 固体废物处理处置过程中的污染控制分析

（1）与焚烧设施有关的分析

① 排气分析的技术手段　（a）在线连续自动分析系统（CEMS）的分析项目为烟粉尘、SO_2、NO_x、HX、CO；（b）自动采样-实验室分析的分析项目为重金属、二噁英等。

② 排水分析的技术手段　执行污水监测技术路线。

③ 焚烧残余物分析的技术手段　人工采样-实验室分析的项目为灰分（%）、烧失量（%）等，其他项与固体废物分析相同。

（2）与填埋设施有关的分析

① 填埋场排气分析的技术手段　在线连续自动分析的分析项目为 CH_4、CO_2、恶臭、VOCs 等。

② 渗滤液及其处理排水分析　渗滤液执行污水监测技术路线，处理后的排水采用污水在线自动监测系统技术路线，主要分析项目为 COD、氨氮、总氮、总磷等。

习　题

1. 简述固体废物监测的作用和意义。
2. 对固体废物进行监测大致有几种试验和监测分析方法？
3. 危险废物有害毒性的签别实验包括哪些？
4. 固体废物监测分析必测项目有哪些？
5. 查阅资料了解我国固体废物监测的最新动态。

本章能力考核要求

能力要求	范　围	内　容
理论知识	固体废物概念	1. 固体废物的定义 2. 固体废物的特征 3. 固体废物的来源与分类
	固体废物污染	1. 固体废物污染的特征 2. 固体废物污染的危害 3. 固体废物污染的现状
	固体废物监测	1. 固体废物监测的概念与意义 2. 固体废物监测的主要内容 3. 固体废物监测实验与监测分析方法的类型 4. 固体废物监测的现状与进展

第二章 固体废物试样的采集和制备

学习指南 本章主要介绍固体废物试样的采集和制备方法。学习本章时要求学生了解固体废物采样方案的设计,掌握采样的程序、采样方法及采样方法的选择;掌握固体废物样品制备方法。

第一节 采样技术与方法

与水质及大气试验不同,从废物这样的不均匀的批量中采集代表性的试样很困难。在排放单位,生产工艺的复杂导致废弃物产生途径的复杂多样化。而且像化工厂这类生产内容每天均有显著变化的情况下,产生的废弃物虽少但种类繁多。基于法规条例进行的测定分析,所采试样的分析结果将决定废弃物的去向,并与危险废物的判定、处理处置方法的选择直接相联系。在进行废弃物的测定分析时,要获得具有代表性的样品,就必须有科学化、标准化、规范化的采样技术和方法。如采样量、采样位置和部位、采样方法、采样容器、试样保存容器、保存场所与温度等。采样前还应调查研究生产工艺过程、废物类型、排放数量、堆积历史、危害程度和综合利用情况。

在固体废物的采样制样技术规范中,涉及以下术语和定义。

(1) 批:进行鉴别、环境污染监测、综合利用及处置的一定质量的固体废物。

(2) 批量:构成一批固体废物的质量。

(3) 份样:用采样器一次操作从一批的一个点或一个部位按规定质量所采取的固体废物。

(4) 份样量：构成一个份样的固体废物的质量。

(5) 份样数：从一批中所采取的份样个数。

(6) 小样：由一批中的两个或两个以上的份样或逐个经过粉碎和缩分后组成的样品。

(7) 大样：由一批的全部份样或全部小样或将其逐个进行粉碎和缩分后组成的样品。

(8) 试样：按规定的制样方法从每个份样、小样或大样所制备的供特性鉴别、环境污染监测、综合利用及处置分析的样品。

(9) 最大粒度：筛余量约5%时的筛孔尺寸。

一、采样方案的设计

在固体废物采样前，应首先进行采样方案（采样计划）的设计。方案内容包括采样目的和要求、背景调查和现场踏勘、采样程序、安全措施、质量控制、采样记录和报告等。

1. 采样目的

采样的基本目的是：从一批固体废物中采集具有代表性的样品，以便查明固体废物中污染物的种类和含量的特征。任何一个样品常常受到时间和空间的限制，因此，要做到有"代表性"并不容易。任何一项固体废物的采样都是为了获得能够评价固体废物信息的样品，但由于人力、物力和财力的限制，必须在设计采样方案时，应首先明确以下具体目的和要求，做出详细的采样计划。

① 特性鉴别和分类。

② 环境污染和物理化学组成及特性监测。

③ 综合利用或处置。

④ 污染环境事故调查分析和应急监测。

⑤ 科学研究。

⑥ 环境影响评价。

⑦ 法律调查、法律责任、仲裁等。

2. 背景调查和现场踏勘

采样目的明确后，进行现场踏勘时，应着重了解固体废物以下几方面。

① 固体废物的产生（处理）单位、产生时间、产生形式（间断还是连续）、储存（处置）方式。

② 固体废物的种类、形态、数量、特性（含物性和化性）。

③ 固体废物试验及分析的允许误差和要求。

④ 固体废物污染环境、监测分析的历史资料。

⑤ 固体废物产生、堆存、处置或综合利用等情况，现场及周围环境。

3. 采样程序

采样按以下步骤进行。

① 确定批量废物。

② 选派采样人员。

③ 明确采样目的和要求。

④ 进行背景调查和现场踏勘。

⑤ 确定采样方法、份样量、确定份样数。

⑥ 确定采样点。

⑦ 选择采样工具。

⑧ 制定安全措施。

⑨ 制定质量控制措施。

⑩ 采样，组成小样（或）大样。

4. 采样记录和报告

采样时应记录固体废物的名称、来源、数量、性状、包装、储存、处置、环境、编号、份样数、采样点、采样法、采样日期、采样人等。必要时，根据记录填写采样报告。填好的采样表一式三份，分别存于有关部门。固体废物采样表见表 2-1。

二、采样技术

1. 采样方法

固体废物的采样通常有准确度和精确度的要求。样品的准确度主要受采样方法控制，所以要根据采样目的和固体废物不同的产生

表 2-1　固体废物采样表

样品登记号		样品名称	
采样地点		采样数量	
采样时间		废物所属单位名称	
采样现场简述			
废物产生过程简述			
样品可能含有的主要成分			
样品保存方式及注意事项			
样品采集人及接受人			
备注			
负责人签字			

排放形式选择不同的采样方法。

(1) 简单随机采样法　当对一批废物了解很少，且采取的份样比较分散也不影响分析结果时，对其不做任何处理，不进行分类也不进行排队，而是按照其原来的状况从中随机采取份样。此法有抽签法和随机数字表法。

抽签法：先对所有采份样的部位进行编号，同时把号码写在纸片上（纸片上号码代表采份样的部位），掺和均匀后，从中随机抽出份样数的纸片，抽中号码的部位，就是采份样的部位，此法只宜在采份样点不多时使用。

随机数字表法：先对所有采份样的部位进行编号，有多少部位就编多少号，最大编号是几位数，就使用随机数表的几栏（或几行），并把几栏（或几行）合在一起使用，从随机数字表的任意一栏、任意一行数字开始数，碰到小于或等于最大编号的数码就记下来（碰到已抽过的数就不要它），直到抽够份数为止。抽到的号码，就是采份样的部位。

(2) 系统采样法　一批按一定顺序排列的废物，按照规定的采样间隔，每隔一个间隔采取一个样份，组成小样或大样。

在一批废物以运送带、管道等形式连续排出的移动过程中，按一定的质量或时间间隔采份样,份样的间隔可根据表 2-2 规定的份样数和实际批量按式(2-1)计算。

$$T \leqslant \frac{Q}{n} \text{ 或 } T' \leqslant \frac{60Q}{Gn} \qquad (2\text{-}1)$$

式中　T——采样质量间隔,t;
　　　Q——批量,t;
　　　n——按份样数计算公式计算出的份样数或表 2-2～表 2-4 中规定的份样数;
　　　G——每小时排出量,t/h;
　　　T'——采样时间间隔,min。

表 2-2　批量大小与最少份样数

单位:固体/t;液体/1000L

批量大小	最少份样个数	批量大小	最少份样个数
<1	5	100～500	30
1～5	10	500～1000	40
5～30	15	1000～5000	50
30～50	20	5000～10000	60
50～100	25	≥10000	80

表 2-3　储存容器数量与最少份样数

容器数量	最少份样数	容器数量	最少份样数
1～3	所有	344～517	7～8
4～64	4～5	730～1000	8～9
65～125	5～6	1001～1331	9～10
217～343	6～7		

表 2-4　人口数量与生活垃圾分析用最少份样数

人口数量/万人	<50	50～100	100～200	>200
最少份样数	8	16	20	30

采第一份样时,不可在第一间隔的起点开始,可在第一间隔内

随机确定。采样间隔可由式（2-2）来确定。

$$采样间隔 \leqslant \frac{批量}{规定的份样量度} \quad (2\text{-}2)$$

在运送带上或落口处采样，需截取废物流的全截面。

所采份样的粒度比例应符合采样间隔或采样部位的粒度比例，所得大样的粒度比例应与整批废物流的粒度分布大致相符。

（3）分层采样法　根据对一批废物已有的认识，将其按照有关标志分成若干层，然后在每层中随机采取份样。

一批废物分次排出或某生产工艺过程的废物间歇排出过程中，可分 n 层采样，根据每层的质量，按比例采取份样。同时，必须注意粒度比例，使每层所采份样的粒度比例与该层废物粒度分布大致相符。

第 i 层采样份数按式（2-3）计算。

$$n_i = \frac{nQ_L}{Q} \quad (2\text{-}3)$$

式中　n_i——第 i 层应采份样数；

　　　n——按份样数计算公式计算出的份样数或表 2-1～表 2-3 中规定的份样数；

　　　Q_L——第 i 层废物质量，t；

　　　Q——批量，t。

（4）两段采样法　简单随机采样、系统采样、分层采样都是一次就直接从废物中采取份样，称为单阶段采样。当一批废物由许多车、桶、箱、袋等容器盛装时，由于各容器比较分散，所以要分阶段采样。首先从批废物总容器件 N_0 中随机抽取 n_1 件容器，然后再从 n_1 件的每一件容器中采 n_2 个份样。

推荐当 $N_0 \leqslant 6$ 时，取 $n_1 = N_0$；当 $N_0 > 6$ 时，按式（2-4）计算。

$$n_1 \geqslant 3N_0^{1/3} \text{（小数进整数）} \quad (2\text{-}4)$$

推荐第二阶段的采样数 $n_2 \geqslant 3$，即 n_1 件容器中的每个容器均随机采上、中、下最少 3 个份样。

(5) 权威采样法 由对被采固体废物非常熟悉的个人来采取样品而置随机性于不顾。这种采样方法的有效性完全取决于采样者的知识。尽管权威采样有时也能获得有效的数据，但对大多数采样情况，建议不采用这种采样方法。

2. 份样量确定

一般地说，样品量多一些才有代表性。因此，份样量不能少于某一限度；但份样量达到一定限度之后，再增加质量也不能显著提高采样的准确度。份样量取决于废物的粒度上限，废物的粒度越大，均匀性越差，份样量就应越多，它大致与废物的最大粒度直径某次方成正比，与废物的不均匀度成正比。份样量可按切乔特公式计算。

$$Q \geqslant Kd^\alpha \qquad (2-5)$$

式中 Q——份样量应采的最低质量，kg；

d——废物中最大粒度的直径，mm；

K——缩分系数，代表废物的不均匀程度，废物越不均匀，K 值越大，可用统计误差法由实验测定，有时也可由主管部门根据经验指定；

α——经验常数，随废物的均匀程度和易破碎程度而定。

对于一般情况，推荐 $K=0.06$，$\alpha=1$。

液态批废物的份样量以不小于 100mL 的采样瓶（或采样器）所盛量为准。

除计算法外，实际工作时也可参考表 2-5 和表 2-6 选择最小份样量。

表 2-5 根据固体废物最大颗粒直径选取的最小份样量

最大颗粒直径/mm	最小份样量/kg	最大颗粒直径/mm	最小份样量/kg
>150	15	30~40	2.5
100~150	10	20~30	2
50~100	5	5~20	1
40~50	3	<5	0.5

表 2-6　根据生活垃圾最大颗粒直径选择的最小份样量

废物最大颗粒直径/mm	最小份样量/kg	
	相当均匀的废物	很不均匀的废物
120	50	200
30	10	30
10	1	1.5
3	0.15	0.15

3. 份样数

（1）公式法　当已知份样间的标准偏差和允许误差时，可按式（2-6）计算份样数。

$$n \geqslant \left(\frac{ts}{\Delta}\right)^{1/2} \tag{2-6}$$

式中　n——必要的份样数；

　　　s——份样间的标准偏差；

　　　Δ——采样允许误差；

　　　t——选定置信水平下的概率度。

取 $n \to \infty$ 时的 t 值作为最初 t 值，以此算出 n 的初值。用对应于 n 初值的 t 值代入，不断迭代，直至算得的 n 值不变，此 n 值即为必要的份样数。

（2）查表法　当份样间的标准偏差和允许误差未知时，可按表 2-2～表 2-4 经验确定份样数。

运输的一批固体废物，当车数不多于该批废物规定的份样数时，每车应采份样数（小数应进为整数）=规定份样数/车数。当车数多于规定的份样数时，按表 2-7 选出所需最少的采样车数，然后从所选车中各随机采集一个份样。

表 2-7　所需最少的采样车数

车数	<10	10～25	25～50	50～100	>100
所需最少采样车数	5	10	20	30	50

4. 采样点

对于堆存、运输中的固态固体废物和大池（坑、塘）中的液态固体废物，可按对角线形、梅花形、棋盘形、蛇形等点分布确定采样点（采样位置）。如图 2-1 所示。

图 2-1　采样布点法

对于粉末状、小颗粒的工业固体废物，可按垂直方向一定深度的部位确定采样点（采样位置）。

对于运输车及容器内的固体废物，可按上部（表面下相当于总体积的 1/6 深处）、中部（表面下相当于总体积的 1/2 深处）、下部（表面下相当于总体积的 5/6 深处）确定采样点（采样位置）。在车中，采样点应均匀分布在车厢的对角上，端点距车角大于 0.5m，表层去掉 30cm，如图 2-2 所示。当车数多于采样份数时，按表 2-7 确定最少的采样数，然后从所选车厢中采集样品。

图 2-2　车厢中的采样布点

废渣堆采样时，在废渣堆侧面距堆底 0.5m 处画一条横线，然后每隔 0.5m 画一个横线；再在横线上每隔 2m 画一条垂线，其交

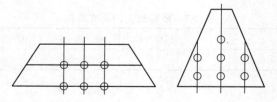

图 2-3　废渣堆中采样点的分布

点作为采样点,如图 2-3 所示。按表 2-2 确定的份样数确定采样点数。在每点上从 0.5～1m 深处各随机采样一份。

采样点设计时,还要根据采样方式(简单随机采样、分层采样、系统采样、两段采样等)来确定采样点(采样位置)。

三、采样类型

1. 固体废物采样

(1) 采样工具

① 钢锹或铁铲　适用于散装堆积的块、粒状废物的采样。

② 长铲式采样器　适用于盛装在桶、箱、槽、罐、车内或堆存在池(坑、塘)内含水量较高的废物的采样。

③ 套筒式采样器　适用于盛装在桶、箱、槽、罐、车内的粉状废物的采样。

④ 取样铲　适用于散装堆积的块、粒状废物的采样。

⑤ 土壤采样器　适用于常年堆积的废渣山或者垃圾山的采样。

⑥ 勺式采样器　适用于用传送带或者管道输送的废物流采样。

⑦ 探针　适用于盛装在袋中的粉末状或者泥状废物的采样。

⑧ 气动和真空探针　适用于盛装在较大废物料仓中的粉末状废物的采样。

(2) 件装采样　按两段采样法确定份样数,按切乔特公式确定份样量,按简单随机采样法确定具体的采样方法,再按容器中的固体废物确定采样点。

选择合适的采样工具,按其操作要求采取份样后,组成小样(即副样)或大样。组成小样或大样的方式可按需要采用下列任一方式(见图 2-4～图 2-6)。

如果各个小样系由不同数目的份样组成,按图 2-4 制样时测定结果应加权平均;按图 2-5 各个小样如果单独制样时,应在各小样制备至相同阶段,按比例合成大样(每个小样的质量应不少于该粒度的缩分留样量)。

(3) 散装采样

图 2-4　组样方式一

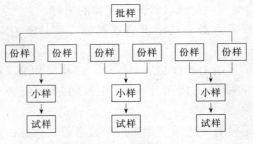

图 2-5　组样方式二

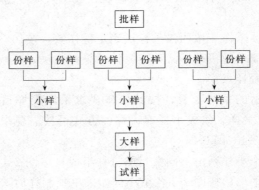

图 2-6　组样方式三

① 静止废物采样　按公式法或查表法确定份样数，按切乔特公式确定份样量，选择合适的采样方法并确定采样点。

选择合适的采样工具，按其操作要求采取份样后，组成小样（即副样）或大样。组成小样或大样的方式与件装采样法相同。

② 移动废物采样 按公式法或查表法确定份样数，按切乔特公式确定份样量，按系统采样法或分层采样法确定具体的采样方法，根据确定的采样方法确定采样点。

选择合适的采样工具，按其操作要求采取份样后，组成小样（即副样）或大样，组成试样的方法与上同。

2. **液态废物（高浓度液体废物）采样**

(1) 采样工具

① 采样管 适用于盛装在较小容器中的液态废物的采样（见图 2-7）。

② 采样勺 适用于盛装在槽、罐中的液态废物的采样（见图 2-8）。

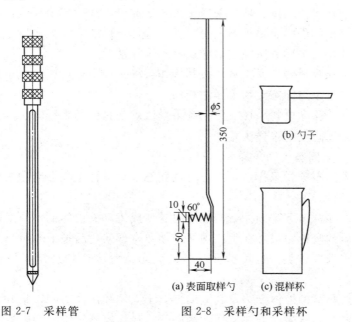

图 2-7 采样管　　图 2-8 采样勺和采样杯

③ 重瓶采样器 适用于盛装在较大储罐或储槽中的液态废物

分层采样。

④ 勺式采样器　适用于积存池、坑、塘内的液态废物的采样。

⑤ 各种搅拌器　用于物料的混匀。

(2) 件装采样　按两段采样法确定份样数和具体的采样方法，按液态批废物的份样量要求确定份样量，再按容器中的固体废物确定采样点。

对于小容器（瓶、罐），可用手摇晃混匀；对于中等容器（桶、听），可用滚动、倒置或手工搅拌器混匀；对于大容器（储罐、槽车、船舱），可用机械搅拌器、喷射循环泵混匀。之后，选择合适的采样工具，按其操作要求采取份样后，组成小样或大样（方法与固态废物采样法相同）。

对于多相液体不易混匀时，可按分层采样法确定具体的采样方法。

(3) 大池（坑、塘）采样按公式法或查表法确定份样数，按液态批废物的份样量要求确定份样量，选择合适的采样方法后，再根据所选择的采样方法确定采样点（不同深度）。

选择合适的采样工具，按其操作要求采取份样后，组成小样或大样（方法与固态废物采样法相同）。

(4) 移动废物采样　按系统采样法确定具体的采样方法，其他程序与固态废物采样法相同。

3. 半固态废物采样

半固态废物采样，原则上可按固态废物采样或液态废物采样的规定进行。

对在常温下为固体，当受热时易变成流动的液体而不改变其化学性质的废物，最好在生产现场或加热全部溶化后按液态废物采样的规定采取样品；也可劈开包装按固态废物采样的规定采取固态样品。

对黏稠的液体废物，其流动性介于固体和液体之间，最好在生产现场按系统采样方法采样；当必须从最终容器中采样时，要选择合适的采样器按液态废物件装采样法采取样品。由于此种废物难于混匀，所以份样数建议取按规定方法所确定份样数的 4/3 倍。

四、安全措施

无论所采样品的性质如何，都要遵守下面采样操作的规定。

① 采样地点要有出入安全的通道，符合要求的照明、通风条件。

② 设置在固定装置上的采样点必须满足上述的规定外，还要满足所取物料性质的特殊要求。

③ 在储罐或槽车顶部采样时要预防掉下去，还要防止堆垛容器或散装货物的倒塌。

如果所采样品是危险品，应遵守下面的一般规定。

① 在任何情况下，采样者都必须确保所有被打开的部件和采样口按照要求重新关闭好。

② 装有样品的容器，应使用适当的运载工具来运输，此运输工具的设计和制造应便于操作并尽量避免样品容器的破损及由此引起的危险性。

③ 采样设备（包括所有的工具和容器）要与待采样品的性质相适应并符合使用要求。

④ 应在采样前或尽早地在容器上作出标记。记明样品的性质及其危险性。

⑤ 采样者要完全了解样品的危险性及预防措施，并受过使用安全设施的训练。若对毒物进行采样，采样者一旦感到不适时，应立刻向主管人报告。

⑥ 采样者应有第二者陪伴，此人的任务是确保采样者的安全。

五、质量控制

采样的成功与否直接决定了固体废物鉴别试验与分析结果的代表性、准确性、精密性、可比性和完整性。因此，为保证在允许误差范围内获得固体废物的具有代表性的样品，应在采样全过程进行质量控制。

① 在固体废物采样前，应设计详细的采样方案（采样计划）；在采样过程中，应认真按采样方案进行操作。

② 对采样人员应进行培训。固体废物采样是一项技术性很强的工作，应由受过专门训练、有经验的人员承担。采样人员应熟悉固体废物的性状、掌握采样技术、懂得安全操作的有关知识和处理方法。

③ 采样工具、设备所用材质不能和待采样的固体废物有任何反应，不能使待采固体废物污染、分层和损失。采样工具应干燥、清洁，便于使用、清洗、保养、检查和维修。任何采样装置（特别是自动采样器）在正式使用前均应做可行性试验。

④ 采样过程中要防止待采固体废物受到污染和发生变质。与水、酸、碱有反应的固体废物，应在隔绝水、酸、碱的条件下采样（如反应十分缓慢，在采样精确度允许的条件下，可以通过快速采样消除这一影响。）；组成随温度变化的固体废物，应在其正常组成所要求的温度下采样。

⑤ 盛样容器应满足以下要求：材质与样品物质不起作用，没有渗透性；具有符合要求的盖、塞或阀门，使用前应洗净、干燥；对光敏性固体废物样品，盛样容器应是不透光的（使用深色材质容器或容器外罩深色外套）。

⑥ 样品盛入容器后，在容器壁上应随即贴上标签。标签内容包括：样品名称及编号；固体废物批及批量；生产单位；采样部位；采样日期；采样人等。

⑦ 样品运输过程中，应防止不同固体废物样品之间的交叉污染；盛样容器不可倒置、倒放，应防止破损、浸湿和污染。

⑧ 填写好、保存好采样记录和采样报告。

⑨ 采样过程应由专人负责。

习　题

1. 固体废物样品的采集与水质及大气采样有何不同？
2. 固体废物样品采集前要开展哪些调查研究工作？
3. 请解释固体废物样品采集及制样中涉及的批、批量、份样、份样量、份样数、小样、大样、试样及最大粒度的含义。
4. 简述固体废物采样方案应包含的内容。

5. 固体废物有哪些采样方法？其选择的依据是什么？
6. 固体废物采样时，如何确定采样份样量及份样数？
7. 为什么固体废物采样量与粒度有关？
8. 写出从固体废物运输车采样的方法。

第二节 制样技术与方法

一、方案设计（制样计划制定）

在固体废物制样前，应首先进行制样方案（制样计划）设计。方案内容包括制样目的和要求、制样程序、安全措施、质量控制、制样记录和报告。

1. 制样目的

制样目的是从采取的小样或大样中获得最佳量、具有代表性、能满足试验或分析要求的样品。在设计制样方案时，应首先明确以下具体目的和要求。

① 特性鉴别实验；

② 废物成分分析；

③ 样品量和粒度要求；

④ 其他目的和要求。

2. 制样程序

制样按以下步骤进行：

① 选派制样人员；

② 确定小样或大样的样量和最大粒度直径；

③ 明确制样的目的和要求；

④ 按 $Q \geqslant Kd^a$ 确定制样操作和选择制样工具；

⑤ 制定安全措施；

⑥ 制样；

⑦ 送样和保存。

3. 制样记录和报告

制样时应记录固体废物的名称、数量、性状、包装、处置、储存、环境、编号、送样日期、送样人、制样日期、制样方法、制样人等。必要时根据记录填写制样报告。

二、制样技术

1. 制样的一般要求

① 在制样的全过程中，应防止样品产生任何化学变化和污染。若制样过程中，可能对样品的性质产生显著影响，则应尽量保持原来状态。

② 湿样品应在室温下自然干燥，使其达到适于破碎、筛分、缩分的程度。

③ 制备的样品应过筛后（筛孔为5mm），装瓶备用。

2. 制样工具

制样工具主要有：颚式破碎机、圆盘粉碎机、玛瑙研钵或玻璃研钵、标准套筛、十字分样板、分样铲及挡板、分样器、干燥箱、盛样容器。

3. 固态废物制样

固体废物样品制备包括风干、粉碎、筛分、混合和缩分等步骤。

(1) 自然风干　湿样品应在室温下自然干燥，使其达到适合于破碎、筛分、缩分的程度。

(2) 样品的粉碎　根据样品硬度、粒度大小和样品用途选用合适的机械方法或人工方法破碎或研磨方法，把全部样品逐级破碎达到相应分析所要求的最大粒度。在粉碎样品过程中，不可随意丢弃难于破碎的粗粒。制样后残留在破碎机内部的样品必须注意全部取出防止损失。

(3) 样品的筛分　根据粉碎阶段排料的最大粒度，选择相应的筛号，分阶段筛出一定粒度范围的样品，使样品保证95%以上处于某一粒度范围。

(4) 样品的混合　用机械设备或人工转堆的方法，使过筛的一定粒度范围的样品充分混合，使样品达到均匀分布。

(5) 样品的缩分　将样品缩分成两份或多份，以减少样品的质量。样品的缩分可以采用下列一个方法或几个方法并用。

① 份样缩分法 本方法是具有缩分比大且精密度高的定量缩分方法。但球状和块状样品,因其自由滚动,破碎前不宜使用本法缩分。

缩分程序如下。

a. 将样品置于平整、洁净的台面(地板革)上,充分混匀后,根据厚度铺成长方形平堆。样品最大粒度,样品层厚度和分样铲尺寸表2-8、图2-9(a)。

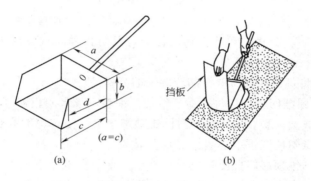

图2-9 分样铲

b. 将样品平堆划成等分的网格,缩分大样不少于20格,缩分小样不少于12格,缩分份样不少于4格(见图2-10)。

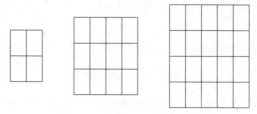

图2-10 样品等分网格图

c. 用表2-8规定的分样铲,从每格中随机取一满铲,收集一个份样。

d. 将挡板垂直插至底部,然后分样铲于距挡板约等于 c 处垂直

表 2-8　样品最大粒度、样品层厚度和分样铲尺寸

样品最大粒度/mm	样品层厚度/mm	分样铲尺寸/mm				分样铲材料厚度	分样铲容积/mL
		a	b	c	d		
10	25～35	60	35	60	50	1	约300
5	20～30	50	30	50	40	1	约125
3	15～25	40	25	40	30	0.5	约75
1	10～15	30	15	30	25	0.5	约15

插入平堆底部，水平移动分样铲至分样铲开口端部接触挡板［见图2-9(b)］，将分样铲和挡板同时提起，以防止样品从分样铲开口处流出。

e. 将每格随机所取样品合并为缩分样品。

② 圆锥四分法　将样品于清洁、平整不吸水的板面（地板革）上，堆成圆锥型，每铲物料自圆锥顶端落下，使其均匀地沿锥尖散落，注意勿使圆锥中心错位。反复转堆至少三周，使其充分混匀，然后将圆锥顶端轻轻压平成圆形，用十字板自上而下压下，分成4等份，取两个对角的等份，重复操作数次，缩分至不少于该粒度规定的最小留量，如图2-11所示。

混匀四等分　　任取对角两份　　再混匀四等分　　任取对角两份　　至设计采样量

图 2-11　四分法缩分示意图

③ 二分器缩分法　有条件的实验室，可采用此法缩分。

二分器（见图2-12）是非机械式样品缩分器，样品通过被分成二等分，相邻的格槽排料至相对的接收器，样品缩分时通常用手工给料。格槽宽度至少为样品最大粒度的2.5倍，二分器的一半格槽一般为8个以上。

如果测定不稳定的氰化物、总汞、有机磷农药以及其他有机物，则应将采集的新鲜固体废物样品剔除异物后研磨均匀，然后直接称样测定。但需同时测定水分，最终测定结果以干样品表示。

4. 液态废物制样（高浓度液体废物制样）

液态废物制样主要为混匀、缩分。

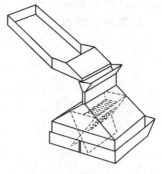

图 2-12　密封式二分器

（1）样品的混匀　对于盛小样或大样的小容器（瓶、罐），可用手摇晃混匀；对于盛小样或大样的中等容器（桶、听），可用滚动、倒置或手工搅拌器混匀；对于盛小样或大样的容器（储罐），可用机械搅拌器、喷射循环泵混匀。

（2）样品的缩分　样品混匀后，采用二分法，每次减量一半，直至试验用量的 10 倍为止。

5. 半固态废物制样

半固态废物的制样，原则上可按固态废物和液态废物的制样规定进行。

黏稠的不能缩分的污泥，要进行预干燥，至可制备状态时，再进行粉碎、过筛、混合、缩分。

对于有固体悬浮物的样品，要进行搅拌，摇动混匀后，再按需要制成试样。

对于含油等难以混匀的液体，可用分液漏斗等分离，分别测定体积，分层制样分析。

三、质量控制

为保证在允许误差范围内获得固体废物的具有代表性的样品，应在制样全过程进行质量控制，其过程与固体废物采样的质量控制基本相同。

四、样品的保存

制备好的样品应密封于容器中保存,每份样品保存量至少应为试验和分析需要量的 3 倍。样品保存的过程中要注意以下问题。

① 样品装入容器后应立即贴上样品标签。标签上应注明:编号、废物名称、采样地点、批量、采样人、制样人、时间。

② 对易挥发废物,采取无顶空存样,并取冷冻方式保存。

③ 对光敏的废物,样品应装入深色容器中并置于避光处。

④ 对温度敏感的废物,样品应保存在规定的温度之下。

⑤ 对与水、酸、碱等易反应的废物,应在隔绝水、酸、碱等条件下储存。

⑥ 样品保存应防止受潮或受灰尘等污染。

⑦ 样品应在特定场所由专人保管。

⑧ 撤销的样品不许随意丢弃,应送回原采样处或处置场所。

制备好的样品,一般保存期为 1 个月(易变质的不受此限制)。特殊样品可采取冷冻或充惰性气体等方法保存。

五、样品水分的测定

称取样品 20g 左右,测量无机物时可在 105℃下干燥,恒重至 ±0.1g,测定水分含量。测量样品中有机物时应于 60℃下干燥 24h,确定水分含量。固体废物测定结果以干样品计算,当污染物含量小于 0.1%时以 mg/kg 表示,含量大于 0.1%时则以百分含量表示,并说明是水溶性或总量。

习 题

1. 固体废物制样要求有哪些?
2. 固体废物制样的工具有哪些?
3. 简述固体废物制样的步骤。
4. 试述固体废物样品水分测定的方法。
5. 对测定不稳定的氰化物、总汞、有机磷农药及其他有机物的样品采集后应如何处理？

本章能力考核要求

能力要求	范围	内容
理论知识	固体废物采样技术与方法	1. 采样方案的设计 2. 采样份样量的确定 3. 采样份样数的确定 4. 采样点的确定 5. 固体废物采样的类型
	固体废物制样技术与方法	1. 固体废物制样的基本要求 2. 固体废物制样常用工具 3. 固体废物固态、液态及半固态样品的制样方法 4. 固体废物样品的保存方法
操作技能	固体废物样品水分的测定	1. 固体废物样品中水分测定的原理 2. 固体废物样品水分测量的意义 3. 固体废物样品的制备 4. 数据处理与结果的正确计算

第三章　固体有害物质的监测方法

学习指南　本章主要介绍了固体废物有毒有害特性的检测方法及有害物质的监测方法。学习本章时要求学生掌握有害固体废物鉴别的依据；掌握有害废物的特性及有害特性的鉴别标准；掌握固体废物有毒有害特性的监测方法；掌握固体废物浸出液的制备方法及待测液的前处理方法。

第一节　固体废物有毒有害特性的检测方法

一、有害固体废物鉴别依据及特性

1. 有害固体废物鉴别的依据

在固体废物中，凡是对人体健康或者环境造成危害或产生潜在危害的统称为有害固体废物。有害固体废物在环境中任意排放或者处置不当，除直接污染水体、大气、土壤以外，还会造成燃烧、起火、爆炸。一种废物是否有害可依据以下四点来鉴别：

① 是否会引起或严重导致死亡率增加；

② 是否会引起各种疾病的增加；

③ 是否会降低对疾病的抵抗力；

④ 是否会在处理、储存、运送、处置或其他管理不当时，对人体健康或环境造成现实的或潜在的危害。

2. 有害废物的特性及有害特性鉴别标准

国家环保总局把国际上关于有害废物越境转移的《巴塞尔公约》中规定的 45 类具有危险特性之一的废物定义为有害废物。这些特性包括：易燃性、腐蚀性、放射性、浸出毒性、急性毒性

（包括口服毒性、吸入毒性致皮肤吸收毒性）以及其他毒性（包括生物蓄积性、刺激或过敏性、遗传变异性、水生生物毒性和传染性等）。凡具有一种或一种以上上述特性的废物即可称为有害固体废物。

我国对有害特性定义如下。

① 急性毒性　能引起小鼠（大鼠）在 48h 内死亡半数以上者，并参考制定有害物质卫生标准的实验方法，进行半致死剂量（LD_{50}）试验，评定毒性大小。

② 易燃性　含闪点低于 60℃ 的液体以及经摩擦或吸湿和自发的变化具有着火倾向的固体，着火时燃烧剧烈而持续以及在管理期间会引起危险。

③ 腐蚀性　含水废物，或本身不含水但加入定量水后其浸出液的 pH≤2 或 pH≥12.5 的废物，或最低温度为 55℃ 对钢制品的腐蚀深度大于 0.64cm/年的废物。

④ 反应性　其中以下特性之一者。

a. 不稳定，在无爆震时就很容易发生剧烈变化；

b. 和水剧烈反应；

c. 能和水形成爆炸性混合物；

d. 和水混合会产生毒性气体、蒸汽或烟雾；

e. 在有引发源或加热时能爆震或爆炸；

f. 在常温、常压下易发生爆炸和爆炸性反应；

g. 根据其他法规所定义的爆炸品。

⑤ 放射性　含有天然放射性元素的废物，放射性活度大于 3700Bq/kg 者；含有人工放射性元素的废物或者比放射性活度大于露天水源限制浓度的 10～100 倍（半衰期＞60d）者。

⑥ 浸出毒性　按规定的浸出方法进行浸取，当浸取液中有一种或者一种以上有害成分的浓度超过所规定鉴别标准的物质。

国外对有害废物的定义略有区别。表 3-1 是美国对有害废物的规定。

表 3-1 美国对有害废物的定义及鉴定标准

序号	有害物质的特性及定义		鉴别值
1	易燃性	闪点低于定值,或经过摩擦、吸湿、自发的化学变化有着火的趋势,或在加工制造过程中发热,在点燃时燃烧剧烈而持续,以致管理期间会引起危险	美国 ASTM 法,闪点低于 60℃
2	腐蚀性	对接触部位作用时,使细胞组织、皮肤有可见性破坏或不可治愈的变化,使接触物质发生变质,使容器泄漏	pH$>$12.5 或 $<$2 的液体,在 55.7℃ 以下对钢制品腐蚀率大于 0.64cm/年
3	反应性	通常情况下不稳定,极易发生剧烈的化学反应,与水猛烈反应,或形成可爆炸性混合物,或产生有毒的气体、臭气,含有氰化物或硫化物,在常温、常压下即可发生爆炸反应,在加热或有引发源时可爆炸,对热或机械冲击有不稳定	
4	放射性	由于核变,而能放出 α、β、γ 射线的废物中放射性同位素量超过最大允许浓度	^{226}Ra 浓度等于或大于 370000Bq/g 废物
5	浸出毒性	在规定的浸出或萃取方法的浸出液,任何一种污染物的浓度超过标准值。污染物指:镉、汞、砷、铅、铬、硒、银、六氯化苯、甲基氯化物、毒杀芬 2,4-D 和 2,4,5-T 等	美国 EPA/EP 法实验,超过饮用水的 100 倍
6	急性毒性	一次投给试验动物的毒性物质,半致死量(LD_{50})小于规定值的毒性	美国国家安全局卫生研究所试验方法口服毒性 $LD_{50}\leqslant$50mg/kg 体重,吸入毒性 $LD_{50}\leqslant$2mg/kg 体重,皮肤吸收毒性 $LD_{50}\leqslant$200mg/kg 体重
7	水生生物毒性	用鱼类试验,常用 96h 半数(TLm96)受试鱼死亡的浓度值小于定值	$TLm<1000\times10^{-6}$(96h)
8	植物毒性		半抑制浓度 $TLm50<$1000mg/L
9	生物积蓄性	生物体内富集某种元素或化合物达到环境水平以上,试验时呈阳性结果	阳性
10	遗传变异性	由毒物引起的有丝分裂或减数分裂细胞的脱氧核糖核酸或核糖核酸的分子变化产生致癌、致变、致畸的严重影响	阳性
11	刺激性	使皮肤发炎	使皮肤发炎$\geqslant$8级

二、固体废物有毒有害特性的检测方法

1. 急性毒性的初筛试验

有害废物中含有多种有害成分,组分分析难度较大。急性毒性的初筛试验可以简便易行地鉴别并表达有害废物的综合急性毒性。

按照《危险废物急性毒性初筛试验方法》进行,对小白鼠(大白鼠)经口灌胃,经过48h,死亡超过半数者,则该废物是具有急性毒性的危险物。

本书所述的急性毒性初筛试验方法适用于任何生产过程及生活所产生的固态危险废物的急性毒性初筛鉴别。

(1) 浸出液制备　将样品100g置于三角瓶中,加入100mL蒸馏水(即固液比为1:1),在常温下静止浸泡24h,用中速定量滤纸过滤,滤液待灌胃实验用。

(2) 实验动物　以体重18~24g的小白鼠(或体重200~300g的大白鼠)作为实验动物。若是外购鼠,必须在本单位饲养条件下饲养7~10天,仍活泼健康者方可使用。实验前8~12h和观察期间禁食。

(3) 灌胃　采用1mL或5mL注射器,注射针采用9号或12号,去针头,磨光,弯曲成新月形。对10只小白鼠(或大白鼠)进行一次灌胃。

(4) 灌胃量　小鼠不超过0.4mL/20g体重,大鼠不超过1.0mL/100g体重。

(5) 结果判定　对灌胃后的小鼠(或大鼠)进行中毒症状的观察,记录48h内实验动物的死亡数。根据实验结果,对该废物的综合毒性做出初步评价,如出现半数以上的小鼠(或大鼠)死亡,则可判定该废物是具有急性毒性的危险废物。

2. 易燃性的试验方法

通过测定废物的闪点鉴别其易燃性。闪点较低的液态废物和燃烧剧烈而持续的非液态废物,由于摩擦、吸湿、点燃等自发的化学变化会发热、着火,或可由于它的燃烧引起对人体或环境的危害。

鉴别试验用专用的闭口闪点测定仪（见图 3-1）测定，采用 1 号温度计（-30～170℃）或闭口闪点用 2 号温度计（100～300℃）。防护屏用镀锌铁皮制成，高度 550～650mm，宽度以适用为度，屏身内壁漆成黑色。

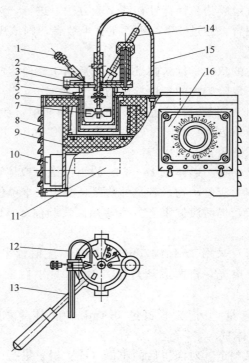

图 3-1　闭口闪点测定仪
1—点火器调节螺丝；2—点火器；3—滑板；
4—油杯盖；5—油杯；6—浴套；7—搅拌桨；
8—壳体；9—电炉盘；10—电动机；11—铭牌；
12—点火管；13—油杯手柄；14—温度计；
15—传动软轴；16—开关箱

测定操作步骤如下。

① 按闭口闪点测定仪的说明书调试好仪器。

② 将样品注入油杯中。试样注入油杯时，试样和油杯的温度都不应高于试样脱水的温度。

③ 加热。用煤气灯或带变压器的电热装置加热时，试样闪点低于50℃的试样，从试验开始到结束要不断地进行搅拌，并使试样温度每分钟升高1℃；试验闪点高于50℃的试样，开始加热要均匀上升，并定期进行搅拌。到预计闪点前40℃时，调整加热速度，使在预计闪点前20℃时，升温速度控制在每分钟升高2～3℃，并还要不断进行搅拌。

④ 点火。试样温度到达预期闪点前10℃时，对于闪点低于104℃的试样，每升高1℃就进行点火试验；对于闪点高于104℃的试样每升高2℃进行一次点火试验。

试样在试验期间都要转动搅拌器进行搅拌，只有在点火时才停止搅拌。点火时，使火焰在0.5s内降到杯上含蒸气的空间中，留在这一位置1s立即迅速回到原位。如果看不到闪火，就继续搅拌试样，按上述要求重复进行点火试验。

⑤ 试样上方出现蓝色火焰时，立即读出温度计上的温度值，作为闪点的测定结果。得到最初闪火之后，用原试样更换测试仪上的试样重新进行试验，若重复实验结果相同，就可认为测定有效。闪点低于60℃，为易燃性固体废物。

大气压对闪点有影响，要注意进行修正。当大气压高于$1.03×10^5$Pa或低于$0.99×10^5$Pa时，试验所得的闪点按式（3-1）修正（计算到1℃）。

$$t_0 = t + \Delta t \tag{3-1}$$

式中　t_0——在$1.01×10^5$Pa时的闪点，℃；

　　　t——在实际大气压p（Pa）时的闪点，℃；

　　　Δt——修正数（℃），$\Delta t = 0.0345 (1.01×10^5 \text{Pa})$。

对常温下呈固态，在稍高温度下呈流态状的样品，也可使用上述方法测其闪点。对污泥状样品，可取上层试样和搅动均匀的试样分别测量，以闪点较低者计。对于在较高温度下仍呈固态的废物，可以参考反应性废物摩擦感度试验的方法进行鉴别。同时还可借用组成相近的原材料的试验方法标准测定燃烧温度、速率、自燃点等参数。

对含水量大于 0.05% 的样品，必须进行脱水处理。脱水处理是在试样中加入新煅烧并冷却的食盐、硫酸钠或无水氯化钙进行，试样闪点估计低于 100℃ 时，可以加热到 50~80℃。脱水后，取上层澄清部分进行实验。

3. 腐蚀性的试验方法

腐蚀性废物既可能腐蚀损伤接触部位的生物细胞组织，也可能腐蚀盛装容器造成泄漏，引起污染。

固体废物的腐蚀性一般采用 pH 玻璃电极法（pH 值的测定范围 0~14）测定废物浸出液的 pH 值，鉴别其腐蚀性。实验方法的原理是用 pH 玻璃电极为指示电极、饱和甘汞电极为参比电极组成测量电池。在 25℃ 条件下，氢离子活度变化 10 倍，使电池电动势偏移 59.16mV，通过与试样 pH 值相近的 pH 标准缓冲溶液进行校正，在仪器上直接读取测定溶液的 pH 值。

测定操作步骤如下。

（1）浸出液的制备　称取 100g 试样（以干基计，固体试样风干、磨碎后应能通过 ϕ5mm 的筛孔），置于浸取用的混合容器中，加水 1L（包括试样的含水量）。将浸出用的混合容器垂直固定在振荡器上，在室温下振荡 8h，静置 16h 后，通过过滤装置分离固液相，滤后立即测定滤液的 pH 值。

（2）浸出液 pH 值的测定　用与浸取液 pH 值相差不超过两个 pH 值的标准液校准仪器后，再在与标准液相同的条件测定浸出液的 pH 值。

浸出液的 pH≤2 或 pH≥12.5 的废物则可判定该废物是具有腐蚀性的废物。上述实验方法可用于固态、半固态的固体废物的浸出液和高浓度液体的 pH 值的测定。

此外也可以用废物的浸出液对钢制品的腐蚀深度进行鉴别，在温度为 55℃ 以下时，浸出液对钢制品的腐蚀深度大于 0.64cm/年的废物，也是具有腐蚀性的废物。

固体废物的 pH 值测定要注意的问题。

① 对含水量高、呈流态状的稀泥或浆状物料，可将电极直接插入进行 pH 值测量。

② 对黏稠状物料可离心或过滤后，测其液体的 pH 值。

③ 粒、块状物料，称取制备好的样品 50g（干基），置于 1L 的塑料瓶中，加入新鲜蒸馏水 250mL，使固液比为 1∶5，加盖密封后，放在振荡机上，于室温下，连续振荡 30min，静置 30min 后，测上清液的 pH 值，每种废物取两个平行样品测定其 pH 值，差值不得大于 0.15，否则应再取 1~2 个样品重复进行试验，取中位值报告结果。

④ 对于高 pH 值（10 以上）或低 pH 值（2 以下）的样品，两个平行样品的 pH 值测定结果允许差值不超过 0.2，还应报告环境温度、样品来源、粒度级别、试验过程的异常现象以及特殊情况下试验条件的改变及原因。

4. 反应性的试验方法

固体废物的反应性通常是指在常温、常压下不稳定或在外界条件发生变化时发生剧烈变化，以致产生爆炸或释放出有毒有害气体。如果一种废物具有下列性质之一则可视为反应性废物。

① 通常情况下不稳定，极易发生剧烈的化学反应。

② 与水猛烈反应，或形成可爆炸性的混合物或产生有毒的气体、臭气。

③ 含有氰化物或硫化物，可产生有毒气体、蒸气或烟雾。

④ 在常温、常压下即可发生爆炸反应，在加热或引发时可爆炸。

⑤ 其他所规定的爆炸品或按规定的试验方法可以着火、分解、对热或冲击有不稳定性。

由于固体废物种类多，且影响因素复杂，因此鉴别方法也多种多样，需根据某种固体废物样品的反应性质选择相应的鉴别方法。

(1) 撞击感度测定　撞击感度的测定是测定样品对机械撞击作用的敏感程度。一般采用立式落锤仪进行测定，其原理为：一定的样品，受一定重量的落锤，自一定高度自由落下的一次冲击作用，观察是否发生爆炸（冒烟，有痕迹，声响明显）、燃烧（冒烟，有痕迹，有响声）和分解（变色，有气味，有气体产生），测定其爆炸百分数，即为撞击感度值。依式（3-2）算出一组试验的爆炸百分数。

$$P = X/25 \times 100\% \qquad (3-2)$$

式中　P——爆炸百分数；

X——25次试验中，分解、燃烧、爆炸的总次数。

若 P 在 2% 以上可视为反应性废物。

试验前，样品应进行干燥处理。可在 40~50℃ 下恒温 4h 或在 50~60℃ 下恒温 2h，烘好后放入干燥器中冷却 1~2h，烘好的样品放入干燥器中冷却 1~2h，方可使用。必要时，样品应先过筛处理。

测定样品前，要用标准试样对仪器标定，合格后方可进行样品测定。标定时，若锤重 10kg，落高 25cm，则用标准特屈儿标定，其爆炸百分数为 48%±8%。若落锤重 5kg，落高 25cm，则应用标准黑索今标定，其爆炸百分数为 48%±8%。

（2）摩擦感度测定　摩擦感度用于测定样品对摩擦作用的敏感程度，用摆式摩擦仪及摩擦装置进行测定。其原理是：将一定量的试验样品夹在试验装置的两个滑柱端面之间，并沿上滑柱的轴线方向施加一定的压力。当上滑柱受到摆锤从某一摆角释放的侧击力作用时，将相对于受压的样品滑移。观察样品受摩擦作用后是否发生爆炸、燃烧和分解。在一定条件下的发火率即作为样品摩擦感度的标度。

实验时，将称量好经干燥处理（在 40~50℃ 下恒温 4h 或在 50~60℃ 下恒温 2h，烘好后放入干燥器中冷却 1~2h）的样品（0.020g±0.001g）装入摆式摩擦仪的滑柱套内，再将上滑柱轻轻地放入。为保证样品均匀地分布在整个滑柱面上，可在放入滑柱后轻轻转动上滑柱 1~2 圈。然后将装好的摩擦装置放入摩擦仪的爆炸室内，在摆角 $\pi/2$ rad、压力 4MPa 条件下，观察样品有无分解、燃烧、爆炸等现象发生。依式（3-2）算出一组（25次试验）的爆炸百分数，若 P 在 2% 以上可视为反应性废物。

（3）差热分析测定　该项目是确定样品的热不稳定性，用差热分析仪测定。将样品（5~25mg）及参比样品（Al_2O_3 等）分别放入相同的坩埚内，将热电偶测量头与坩埚接触好，选择合适的升温速度及差热量程。仪器预热及调零后，使加热炉以某一恒定的速度升温，在记录仪上记录表示吸热或放热过程的温度-时间曲线。样品受热后分解的情况可以从温度-时间曲线得到，通过温度峰与峰型判断样品的热不稳定性。

比较样品的热不稳定性必须在升温速度、样品粒度、样品量等完全一致条件下进行；由于差热分析使用的样品量较少，所以要注意所取样的代表性。

（4）爆发点测定　爆发点是测定样品对热作用的敏感度。从样品开始受热到爆炸有一段时间，这叫延滞期。采用 5s 延滞期的爆发点来比较样品的热敏感度。

实验时将实验样品（25mg）放入爆发点测定仪铜管壳中，将铜管壳投入伍德合金浴中，试验在不同的浴温（浴温的范围为125~400℃）下进行，温度由高逐渐下降，每隔一定温度，于恒温下进行试验，浴温一直降到爆炸、点燃、不发生明显的分解为止，记录在每个温度下爆炸前延滞的时间。

如果在 360℃，5min 不发生爆炸，样品就可以从合金浴中取出。以横坐标表示介质的温度 t(℃)，以纵坐标表示延滞期 T(s)，作图求出 5s 延滞期爆发点。

该法在测定样品的反应性时，带有一定的主观性。

（5）火焰感度测定　火焰感度是测定样品对火焰的敏感程度。被测样品与黑火药柱保持一段距离，用灼热的镍铬丝点燃标准黑火药柱，观察黑火药柱燃烧产生的热量能否点燃样品，用火焰感度仪测定。

在一定实验条件下，只要能发火即说明样品对火焰有一定感度，而对火焰的敏感度可用样品与黑药柱相距一定距离内发火百分数或 50% 发火高度表示。

5. 遇水反应性的实验方法

固体废物的遇水反应性实验包括温升实验和释放有害气体实验。

(1) 温升实验　温升实验是指固体废物与水发生剧烈反应放出的热量，使体系的温度升高，测定其固-液体系界面的温度变化，以确定温升值。

在半导体点温度计探头上外套一个一头封闭的玻璃管（为防止损热敏元件），玻璃套管上装一个与 100mL 比色管适合的橡皮塞，使点温计、绝热泡沫块与温升试验容器组装成一套测定温升的装置。将温升试验容器插入绝热泡沫块 12cm 深处，然后将一定量的固体废物（1g、2g、5g 或 10g）置于温升试验容器内，加入 20mL 水，再将点温计探头插入固-液界面处，用橡皮塞盖紧，观察温升。将点温计开关转到"测"处，读取电表指针最大指示值，此值减去室温即为温升测定值。

测定时，至少测两个平行样，报告算术平均值或中位值及最高值；若样品为反应剧烈的固体废物，宜从少量样品开始试验。

(2) 释放有害气体实验　释放有害气体实验是在有害固体样品与水在密封条件下充分与水接触反应，取容器上部气体，分析有毒的乙炔、硫化氢、砷化氢、氰化氢等气体的浓度，评价其有害程度。

实验反应装置由 250mL 高压聚乙烯塑料瓶、橡皮塞（将塞子打一个 6mm 的孔）、插入玻璃管组成。实验步骤如下。

a. 称取固体废物 50g（干重），置于 250mL 的反应器内，加入 25mL 水（用 1mol/L HCl 调节 pH 值为 4），加盖密封后，固定在振荡器上，振荡频率为 (110±10) 次/min，振荡 30min 后停机，静止 10min。

b. 用注射器抽 50mL 注入不同 5mL 吸收液中，测定其氰化氢、硫化氢、砷化氢、乙炔的含量。第 n 次抽 50mL 气体的测量校正值为：

$$校正值 = 测得值 \times (275/225)^n \; (mg/L) \quad (3-3)$$

式中　225——塑料瓶空间体积，mL；
　　　275——塑料瓶空间体积和注射器体积之和，mL。

① 乙炔气的测定　当含有碳化钙的固体废物与水相遇时，碳化钙与水反应生成乙炔气。

$$CaC_2 + H_2O \longrightarrow C_2H_2\uparrow + Ca(OH)_2$$

硝酸银与炔键氢反应生成炔化银，析出硝酸。

$$R-C_2H + 2AgNO_3 \longrightarrow R-C_2 \cdot Ag \cdot AgNO_3 + HNO_3$$

用标准氢氧化钠溶液滴定析出的硝酸，即可测出试样中乙炔的含量，检出下限为 0.5mg/L。

具体操作如下：用100mL注射器准确抽取固体废物与水反应生成的气体50mL，注入装有20mL 2.5％硝酸银乙醇吸收液的50mL三角瓶中，滴入3滴指示剂，加盖摇匀，这时溶液呈紫红色，用0.01mol/L NaOH标准化溶液滴定至亮黄色即为终点；同时进行空白试验和扣除酸性气体试验。在20mL 95％乙醇溶液中，注入50mL气体，用标准NaOH溶液滴定，此值为酸性气体含量。通过式（3-4）算出样品中乙炔的含量。

$$乙炔含量(mg/L) = [V - V_0 - (275/225) \times V_n]M \times$$
$$24.02 \times (1000/50) \times (275/225) \quad (3-4)$$

式中　　　　V——吸收气体的硝酸银乙醇溶液消耗氢氧化钠体
　　　　　　　　　积，mL；
　　　　　V_0——空白硝酸银吸收液消耗氢氧化钠溶液的体
　　　　　　　　　积，mL；
$(275/225) \times V_n$——吸收气体的95％的乙醇吸收液消耗氢氧化钠
　　　　　　　　　溶液的体积，换算为吸收同量气体的硝酸银乙
　　　　　　　　　醇溶液中酸性气体所消耗的氢氧化钠溶液的体

积，mL；

225——反应容器的体积，mL；

50——抽出气体的体积，mL；

M——标准氢氧化钠的浓度，mol/L。

② 硫化氢气体的测定 当含有硫化物的固体废物遇到酸性水或酸性固体废物遇水时便可使固体废物中的硫化物释放出硫化氢气体。

$$MS + 2HCl \longrightarrow MCl_2 + H_2S\uparrow$$

乙酸锌溶液可吸收硫化氢气体，在含有高铁离子的酸性溶液中，硫离子与对氨基二甲基苯胺生成亚甲基蓝，其蓝色与硫离子含量成正比，通过测量有色溶液在665nm波长处的吸光度，即可求出固体废物与水反应所产生气体中的硫化氢气体的浓度。

实验操作如下：在固体废物与水反应的反应瓶中，用100mL注射器抽气50mL，注入盛有5mL吸收液（称取50g乙酸锌、12.5g乙酸钠，溶于水中稀释至1L，若溶液浑浊，需过滤后使用）的10mL比色管中，摇匀，然后加入0.1%对氨基二甲基苯胺溶液1.0mL、12.5%硫酸高铁铵溶液0.20mL，用水稀至刻线，摇匀。15～20min后用1cm比色皿，以空白试剂为参比，在665nm波长处读取吸光度，用工作曲线法（标准系列：0.00mL、1.00mL、2.00mL、3.00mL的4.00μg/mL硫化钠标准溶液）定量分析求算样品中的硫化氢含量。

$$硫化氢浓度(S^{2-}, mg/L) = \frac{测得硫化物量(\mu g)}{注入吸收液的体积(mL)} \times (275/225)^n$$

(3-5)

式中 n——抽气次数。

本方法测定硫化氢气体的下限为0.0012mg/L。

③ 砷化氢气体的测定 当固体废物含有砷及还原性物质，且在酸性体系中将会产生砷化氢气体，气态砷化氢吸收于DDC-Ag（二乙基二硫代氨基甲酸银-三乙醇胺-氯仿）吸收液中，生成红色胶体银，其色度与浓度成正比。

实验操作如下：在固体废物与水反应瓶中，用注射器抽出

50mL 气体,慢慢注入 5mL DDC-Ag 吸收液中,加入 (1+1) 硫酸 8mL、15%碘化钾 4mL、40%氯化亚锡 2mL,混匀放置 5min,然后向各吸收管内加入 5.0mL DDC-Ag 吸收液,插入导气管迅速向各发生瓶中加入称好的 4g 无砷锌粒,塞紧瓶塞,在室温下反应 1h,用氯仿补充吸收液至 5.0mL,用 1cm 比色皿,以氯仿作参比,在 530nm 波长下测定吸光度,用工作曲线法(标准系列:0.00mL、0.20mL、0.50mL、1.00mL、2.00mL、3.00mL 10μg/mL 的砷标准溶液)定量分析求解样品中砷的含量。

$$砷化氢浓度(As^-,mg/L) = \frac{测得砷量(\mu g)}{注气体积(mL)} \times (275/225)^n \quad (3-6)$$

式中 n——抽气次数。

本法的检测限为 0.006mg/L。

④ 氰化氢气体的测定 含氰化物的固体废物,当遇到酸性水时,可放出氰化氢气体,而氢氧化钠吸收液吸收氰化氢气体。在 pH=7 时,氰离子与氯胺 T 生成氯化氰,而后与异烟酸作用,并经水解生成戊烯二醛,再与吡唑酮进行缩合反应,生成蓝色染料,其色度与氰化物浓度成正比,依此可测得氰化物的含量。本法的检测下限为 0.007mg/L。

取固体废物与水反应生成的气体 50mL,注入 5mL 的吸收液中,用 0.05mol/L 氢氧化钠定容 5mL,然后向管内加入磷酸盐缓冲溶液(34.0g 磷酸二氢钾和 35.5g 磷酸氢二钠于烧杯中,加水溶解后稀释至 1000mL,pH=7)2mL,摇匀。迅速加入 1%氯胺 T 0.2mL,立即盖紧塞子,摇匀。反应 5min 后向管中加入异烟酸-吡唑啉酮 2mL,摇匀,用水定容至 10mL。在 40℃左右水浴上显色,颜色由红→蓝→绿蓝。以空白作参比,用 1cm 比色皿,在 638nm 波长处测定吸光度,用工作曲线法(标准系列:0.00mL、0.50mL、1.00mL、2.00mL、3.00mL、4.00mL 1.00μg/mL 的氰标准溶液)定量分析求解样品中砷的含量。

$$氰化氢浓度(CN^-,mg/L) = \frac{测得氰化物量(\mu g)}{注气体积(mL)} \times (275/225)^n \quad (3-7)$$

式中　n——抽气次数。

在进行遇水反应性实验时,要注意以下问题。

a. 由于砷化氢等气体有剧毒,所以整个反应应在通风橱内或通风良好的室内进行。

b. 用注射器向吸收液中注入气体时,应控制注气速度,每分钟注入 10mL 气体。

c. 记录固体废物遇水反应结束时的 pH 值,当 pH 值大于 7 时,不必测定硫化氢、砷化氢、氰化氢。

d. 用注射器抽取砷化氢气体时,应在玻璃管的前端装上乙酸铅脱脂棉。

习　题

1. 固体废物腐蚀性的鉴别标准是什么?
2. 固体废物急性毒性的鉴别标准是什么?
3. 固体废物易燃性的有害特性鉴别标准是什么?
4. 固体废物爆炸性的有害特性鉴别标准是什么?
5. 固体废物摩擦感度测定的目的是什么?
6. 写出差热分析测定法测定样品不稳定性的原理。
7. 在固体废物遇水反应溶液的 pH 值大于 7 时,为什么不必测定硫化氢、砷化氢、氰化氢?

第二节　固体废物有害成分监测

一、固体废物浸出液的制备方法

固体废物受到水的冲淋、浸泡,其中有害成分将会转移到水相中而污染地表水、地下水,导致二次污染,因此,浸出毒性是评价固体废物可能造成环境污染,特别是水环境污染的重要指标,既可用于固体废物有害特性的鉴别,又可用于污染源、堆放场及填埋场的环境影响评价。

浸出实验方法主要有翻转法和水平振荡法。

1. 翻转法

固体废物浸出毒性翻转式浸出方法,适用于固体废物中无机污染物(氰化物、硫化物等不稳定污染物除外)的浸出毒性鉴别,亦适用于危险物储存、处置设施的环境影响评价。

操作步骤:称取干基试样70.0g,置于1L浸提容器中。加入700mL去离子水或同等纯度的蒸馏水,盖紧瓶盖后固定在翻转式搅拌器上,调节转速为(30 ± 2)r/min,在室温下翻转搅拌浸提18h后取下浸提容器,静止30min,于预先安装好的$0.45\mu m$微孔滤膜(或中速蓝带定量过滤纸)的过滤装置上过滤。收集全部滤出液,即为浸出液,摇匀后供分析用。如果不能马上分析,则浸出液按各待测组分分析方法中规定的保存方法进行保存。

2. 水平振荡法

水平振荡法是固体废物的有机污染物浸出毒性浸提方法的浸出程序及质量保证措施,适用于固体废物中有机污染物的浸出毒性鉴别与分类。

当样品粒径在5mm以下,浸提容器为2L具有封闭塞广口聚乙烯瓶(当对大批量样品做浸出性试验时,可利用大的具有密封塞比色管作为浸取容器),浸提剂为去离子水或同等纯度的蒸馏水,采用$0.45\mu m$微孔滤膜或中速蓝带定量滤纸时,也适用于固体废物中无机污染物的浸出毒性鉴别分析。浸出程序如下。

① 浸提剂的制备

Ⅰ号浸提剂:在500mL蒸馏水中加入5.7mL冰醋酸及64.5mL 1.0mol/L氢氧化钠溶液,然后将总体积稀释至1L,其pH值为4.93 ± 0.05。

Ⅱ号浸提剂:将5.7mL冰醋酸用蒸馏水稀释至1L,其pH值为2.88 ± 0.05。

② 浸提剂的选择 称取样品5.0g于500mL烧杯中,加入96.5mL蒸馏水,搅拌5min,测pH值。若pH<5,则选用Ⅰ号浸提剂;若pH>5,则加入3.5mL 1.0mol/L的盐酸溶液,混匀后,加热至50℃,维持10min,冷至室温测定其pH值。若pH<5,则

选用Ⅰ号浸提剂；若pH>5，则选用Ⅱ号浸提剂。

③ 操作步骤　称取干基试样100g，置于2L浸提容器中，加入1L浸提剂，盖紧瓶盖后固定于往复式水平振荡器上，调节频率为(110±10)次/min，在室温下振荡浸提8h，静置16h后取下浸提容器，于预先安装好的0.45μm微孔滤膜（或中速蓝带定量过滤纸）的过滤装置上过滤。收集全部滤出液，即为浸出液，摇匀后供分析用。如果不能马上进行分析，则浸出液按各待测组分分析方法中规定的保存方法进行保存。

用翻转法或水平振荡法制备浸出液时，如果样品的含水率大于等于91%，则将样品直接过滤，收集其全部滤出液，供分析用；样品的含水率较高但小于91%时，则在浸出液实验时应根据样品的含水量，补加与按规定的固液比（1∶1）计算所需浸提剂量相差的数量的浸提剂后，再进行浸出液的制备；用于危险废物储存、处置设施的环境影响评价时，应根据当地的降水、地表径流及地下水的水质和水量选择相应pH值的浸提剂，再进行浸取实验。

3. 注意事项

① 进行水分测定后的样品，不得用于浸出毒性实验。

② 每批样品（最多20个样品）至少做一个浸出空白。

③ 每批样品至少做一个加标样品回收。

④ 对每批滤膜均应做吸收或溶出待测物实验。

⑤ 在浸提过滤过程时，每个浸提容器中的液相部分必须全部通过过滤装置，并且必须收集滤出液，摇匀后供分析用。

⑥ 样品必须在保存期内完成浸取毒性试验和分析测定。

⑦ 做浸取试验的每批样品，按照浸提程序做平行双样率不得低于20%。

⑧ 浸出空白、加标样品、平行双样测得的结果不得大于方法规定的允许差。

⑨ 填写好浸出试样记录，保存全部质量控制资料，以备查阅或审查。

浸出液分析项目按有关标准的规定及相应的分析方法进行。浸出毒性测定方法见表 3-2；浸出毒性鉴别可参考我国 1996 年颁布的危险废物浸出毒性鉴别标准（GB 5085.3—1996）。浸出液中任何一种危害成分的浓度超过表 3-2 所列的浓度值，则该废物是具有浸出毒性的危险物，必须进行安全填埋处理。

表 3-2　浸出毒性的测定方法及浸出毒性鉴别标准

项　　目	方　　法	浸出液最高允许浓度/(mg/L)
有机汞	气相色谱法	不得检出
汞及其化合物(以总汞计)	冷原子吸收分光光度法	0.05
铅(以总铅计)	原子吸收分光光度法	3
镉(以总镉计)	原子吸收分光光度法	0.3
总铬	(1)二苯碳酰二肼分光光度法 (2)直接吸入火焰原子吸收分光光度法 (3)硫酸亚铁铵滴定法	10
六价铬	(1)二苯碳酰二肼分光光度法 (2)硫酸亚铁铵滴定法	1.5
铜及其化合物(以总铜计)	原子吸收分光光度法	50
锌及其化合物(以总锌计)	原子吸收分光光度法	50
铍及其化合物(以总铍计)	铍试剂 I 光度法	0.1
钡及其化合物(以总钡计)	电位滴定法	100
镍及其化合物(以总镍计)	(1)直接吸入火焰原子吸收分光光度法 (2)丁二酮分光光度法	10
砷及其化合物(以总砷计)	二乙基二硫代氨基甲酸银分光光度法	1.5
无机氟化物(不包括氟化钙)	离子选择性电极法	50
氰化物(以 CN^-)	硝酸银滴定法	1.0

二、待测液的前处理方法

由浸出试验制得的浸出液要尽量立即进行分解及测定操作。在不能马上进行这些操作时，在保存过程中，由于容器的吸附等原因，在取样中，会引起部分目标成分的损失。此时，有必要在保存时向所得浸出液中加硝酸或盐酸使 pH≈1。此时要正确记录下向浸出液中所加酸的量（与浸出液量的比率）、测定量，必须对所取的待测试液量予以校正。

对于测试液中共存的有机物、悬浮物及金属配合物的分解,虽然主要是采用加酸、加热方法,但根据测试液的性状和采用的测定方法,要选择适当的分解方法。

1. HCl 或 HNO$_3$ 酸性煮沸方法

HCl 或 HNO$_3$ 酸性煮沸方法适用于含极少量有机物和悬浮物的检液。

操作步骤:取 100mL 检液,加 5mL 盐酸或 5mL 硝酸,静静煮沸约 10min,制备溶液。冷却后,全部移入容量瓶中,加一定量的水定容。

注意:若采用石墨炉原子吸收法进行样品分析,检液必须采用硝酸处理。这是因为采用盐酸的情况下,测定操作中在加热灰化期间镉的盐酸盐易挥发掉。所以当含有盐酸时,要将检液加热至近干,加硝酸制成一定量的溶液。此时不可以将溶液蒸干,这是因为有可能由于蒸干而生成难溶于硝酸中的氧化物。

2. HCl 或 HNO$_3$ 分解法

当检液中含少量有机物、水合氧化物、氧化物、硫化物、磷酸盐等悬浮物时,可采用 HCl 或 HNO$_3$ 分解法进行处理。但这些悬浮物通常在制备检液过程中应在过滤或离心分离操作过程中大部分被除去。当检液中有微小颗粒和胶体状物时,应怀疑存在这些化合物。

操作步骤:取 100mL 检液,加入 5mL 盐酸或 5mL 硝酸后加热,浓缩至约 15mL 增强酸的浓度,以溶解悬浊物和胶状物。残存不溶物时用 5 号 B 滤纸过滤,滤纸用水充分洗净。将过滤液与洗涤液全部转入容量瓶中加水至一定量(过滤中,当溶液酸度足以侵蚀滤纸,则加约 10mL 温水稀释后再过滤)。

当判断用盐酸与硝酸混酸分解有利时,向检液中加入 5mL 盐酸或硝酸,加热浓缩至 15mL 后,加入作为混酸的另一种酸,在烧杯上加盖表面皿,再静静加热约 20min。反应此时已终止,所以随后取下表面皿继续加热,赶尽氮氧化物同时浓缩至约 5mL。此时,若判断因酸不足而有不溶物,则再加适量盐酸与硝酸继续加热至完全溶解。

放冷后，加15mL温水，用5号B滤纸过滤，用水洗涤滤纸。将滤液与洗涤液全部移入容量瓶中定容。当采用石墨炉原子吸收法测定时，要注意去除多余的盐酸。

3. HNO_3-$HClO_4$ 分解法

当检液呈现颜色时，多半存在有机物，可采用 HNO_3-$HClO_4$ 分解法。

操作步骤：取适量检液（200～300mL）于烧杯中，加10mL硝酸加热，溶液约10mL时将烧杯移离热源，加5mL硝酸，在烧杯上盖上表面皿，保持在硝酸沿着烧杯壁流下状态下，继续加热。当由于有机物的分解产生的氮氧化物气体完全终止时，将烧杯移离热源，放冷后，用少量水洗涤表面皿及烧杯内壁。

接下来加10mL 60%高氯酸继续加热，若开始产生高氯酸白烟，则用表面皿盖上烧杯，保持在高氯酸沿器壁流下的状态下分解有机物。通常据此操作可分解完全。残留的高氯酸，取下表面皿加热至冒白烟，蒸发至留下1～2mL溶液。在此状态下将烧杯移离热源，放冷后则溶液呈无色。共存有盐分时则形成结晶，分解操作完毕。

加约50mL水（温水更好）稀释，静静加热数分钟，溶解可溶成分。用5号B滤纸过滤不溶物，用水洗净滤纸。将滤液与洗涤液全部移入容量瓶中，加水定容。

4. HNO_3-H_2SO_4 分解法

本方法适用于多种检液，但测定采用火焰原子吸收法时，检液中存在的硫酸会干扰测定。还有，由于含铅时会因生成沉淀而产生误差，所以要蒸完溶液以赶出硫酸，此时需要加盐酸加热以溶解残余物。在这种情况下，最好采用 HNO_3-$HClO_4$ 分解法。

操作步骤：取适量检液（200～300mL）于烧杯中，加5～10mL硝酸加热至剩余约10mL，将烧杯移离热源，再加5mL硝酸和10mL（1+1）硫酸，加热至产生硫酸白烟以分解有机物。此时，若分解有机物有困难，再加5～10mL硝酸静静地加热，用表面皿盖上烧杯，保持在酸液器壁流下状态下分解有机物。至停止产生氮氧化物气体,即有机物的分解反应终止时,取下表面皿,蒸发至冒白烟并使溶液量减至 1～2mL。

加水约 50mL 稀释,静静加热数分钟以溶解可溶成分。用 5 号 B 滤纸过滤不溶物,用水洗净滤纸。将滤液与洗涤液全量移入容量瓶中,加水定容。

三、固体废物有害物质成分的分析方法

固体废物监测分析,其目的在于通过理化性质的实验和组成分析,掌握其毒性的大小与污染程度,便于判断固体废物潜在的总污染负荷,选择合适的处置方法。

根据国内外研究现状以及设计固体废物环境监测技术路线的基本原则,固体废物必测项目包括:As、Bi、Be、Cd、Co、Cr、Cr(Ⅵ)、Cu、Hg、Mn、Ni、Pb、Sb、Sn、Ti、V、Zn、氯化物、氰化物、氟化物、硝酸盐、硫化物、硫酸盐、油分、pH 值;卤代挥发性有机物、非卤代挥发性有机物、芳香族挥发性有机物、半挥发性有机物、1,2-二溴乙烷/1,2-二溴一氯丙烷、丙烯醛/丙烯腈、酚类、酞酸酯类、亚硝胺类、有机氯农药及多氯联苯(PCBs)、硝基芳烃类和环酮类、多环芳烃类、卤代醚、有机磷农药、有机磷化合物、氯代除草剂、二噁英类。固体废物的常规监测频次为 2 次/年。

1. 烷基汞化合物

烷基汞化合物中,甲基汞和乙基汞均为脂溶性,能以简单扩散的方式通过生物膜,也容易随血流通过血脑屏障进入脑组织而产生蓄积毒性,损害神经系统。

鉴于汞对人具有毒性和危害,为控制汞对环境的污染,世界各国均制定了汞在各种环境中的限量标准。1973 年 WHO 规定成人每周摄入总汞量不得超过 0.3mg,其中甲基汞摄入量每周不得超过 0.2mg。烷基汞化合物的测定方法有气相色谱法和薄层色谱分离-原子吸收法,本教材重点介绍气相色谱法。

(1) 方法原理 将试液(含 2mol/L 盐酸的酸性溶液)与苯振摇混合抽提烷基汞。将苯层与 L-半胱氨酸-乙酸钠溶液混合振荡以

使烷基汞反萃取至水层，向水层中加盐酸使呈酸性，再用苯萃取，用带电子捕获检测器的色谱仪进行检测，从所得色谱图上确定烷基汞的色谱峰。如果认为是该峰，为进一步确定其为烷基汞峰，可取部分前述的苯层，加入 L-半胱氨酸-乙酸钠反萃取，此时对苯层按同样的操作进行色谱分析，若先前的烷基峰消失，则可确认该峰为烷基汞峰。

（2）实验步骤　取 200mL 浸出实验制备的测试液于容量为 500mL 的分液漏斗中，用氨水或 HCl 中和后，使溶液呈现 2mol/L 盐酸酸性。分别两次向溶液中加入 50mL 苯，剧烈振摇混合约 2min，静止，将水相移至另一个容量为 500mL 的分液漏斗中，保留苯层。向水相中加入 50mL 苯，剧烈振摇混合约 2min，静置后弃去水相。将萃取苯层合并，加入 20mL 200g/L 的 NaCl 溶液，振摇混合约 1min 洗涤（在存在大量无机汞时，采用电子捕获检测器时，由于无机汞也能在甲基汞的位置产生峰，所以要仔细地反复洗涤。另外，在洗净后的苯层中若残留有 HCl，则由于半胱氨酸不能全部抽提出烷基汞，所以要将洗涤液反复洗净至中性），静置后弃去水相。

向保留的苯层中加 8mL L-半胱氨酸-乙酸钠溶液，剧烈振摇混合约 2min，静置后，将水层转移至容量为 20～30mL 的分液漏斗中，加 2mL HCl 和 5mL 苯进行萃取，用微量进样器将一定量的苯层注入气相色谱柱进行分析，求汞的含量，再用另外的 200mL 水进行全程序空白实验后，依式（3-8）可算出汞的浓度（mg/L）。

$$汞浓度 = (a-b) \times \frac{1000}{测试液体积} \quad (3-8)$$

式中　a——用工作曲线求得的测试液中的汞量，mg；
　　　b——用工作曲线求得的空白实验所得的校正值，mg。

（3）注意事项

a. 若试样中含硫化物、硫氰化物时，向 2mol/L 酸性试样中加入 100mg $CuCl_2$ 粉末，充分搅混，稍静置后过滤，滤纸上残留的沉淀物用 (1+5) HCl 洗 2～3 次，将滤液与洗涤液合并。

b. 若进样分析苯层残留有水分，会使色谱图产生异常峰，所以要用无水硫酸钠除去残留水分。

c. 该法的检测下限为 0.0005mg/L，若该结果在定性有疑问时，最好采用"薄层色谱法分离-原子吸收法"进行试验。

2. 汞及其化合物

(1) 冷原子吸收分光光度

① 原理

在硫酸-硝酸介质及加热的条件下，用高锰酸钾和过硫酸钾等氧化剂将试样中的各种汞化合物消解，使所含的汞全部转化为二价汞离子。用盐酸羟胺将过量的氧化剂还原，在酸性条件下，再用 $SnCl_2$ 将 $Hg(II)$ 还原成金属汞。在室温下通入空气或氮气，使金属汞汽化，通入冷原子吸收测汞仪，在 253.7nm 处测定吸光度值，求得试样中汞的含量。

本法适用于固体废物浸出液中总汞的测定。在最佳条件下（测汞仪灵敏度高，基线飘移及试剂空白值极小），当试液体积为 200mL 时，最低检出浓度可达 $0.1\mu g/L$。在一般情况下，测定范围为 $0.2\sim50\mu g/L$。

② 试验步骤

a. 样品的保存　采用表面光洁的硬质玻璃容器，在接受浸出液的器皿中应预先加入适量的固定液（将 0.5g 重铬酸钾溶于 950mL 水中，再加 50mL 硝酸）。样品应在 40℃ 下保存，最长不超过 28d。

b. 试液的准备　本法推荐用高锰酸钾-过硫酸钾消解试样。

移取 10~50mL 试液（视其中汞含量而定）于 125mL 的锥形瓶中，若取样量不足 50mL 时，应补充适量无汞蒸馏水至约 50mL。依次加入硫酸 1.5mL，高锰酸钾 4mL（如果在 5min 内紫色褪去，应补加适量的高锰酸钾溶液）。插入小漏斗，置于沸水中使试液在近沸状态保温 1h（近沸保温法），取下冷却。或者向试液中加数粒玻璃珠或者沸石，插入小漏斗，擦干瓶底，在电热板上加热煮沸 10min（煮沸法）。取下冷却。在临测定时，边摇边滴加盐酸羟胺溶液，直至刚好高锰酸钾褪色及生成的二氧化锰全部溶解为止。转移至 100mL 容量瓶中,用稀释液定容待测。

c. 测定 取出汞还原吹气头,逐个吸取 10.00mL 处理过的试液或空白溶液注入汞还原器中,加入 1mL 20%的氯化亚锡溶液,迅速插入吹气头,通入载气,测定各试液的吸光度值。依样品的性质,选择好定量分析法,求出试液中汞的浓度,然后依式(3-9)算浸出液中汞的浓度 $c(\mu g/L)$。

$$c = c_1 \frac{V_0}{V} \qquad (3-9)$$

式中 c_1——被测试液中汞的浓度,$\mu g/L$;
　　V_0——制样时定容体积,mL;
　　V——试样的体积,mL。

③ 注意事项

a. 当碘离子浓度大于 3.8mg/L 时,明显影响精密度和回收率。苯、苯胺等不饱和芳香烃,CO_2,SO_2,Cl_2,NO_x,水汽等在 253.7nm 处产生吸收,使测定结果偏高。若有机物含量较高,规定的消解试剂最大量不足以氧化样品中的有机物,则方法不适用。

b. 当采用抽气或吹气把汞蒸气带入吸收池时,载气流速太大,会稀释吸收池内汞蒸气浓度;太小,导致汽化速度减慢,均会降低灵敏度。一般以 0.7~1.2mL/min 为宜。载气流量应恒定。

c. 温度对测定灵敏度有影响。当室温低于 10℃时不利于汞的挥发,灵敏度较低。并要注意标准溶液与试液温度一致。

d. 反应瓶体积和气液比对测定也有影响。反应瓶体积大小应根据测定试液体积而定。用抽气或吹气鼓泡法进样时,气液比以 2:1~3:1 最好。经验证明气液比大时,灵敏度有增加的趋势。

e. 在氯化亚锡溶液中加入锡粒可防止其氧化成高价锡而失效。

f. 用盐酸羟胺还原高锰酸钾会产生氯气,必须放置数分钟使氯气逸失,以免干扰汞的测定。

g. 汞容易被吸附在仪器壁及导气管上,联结导管宜用塑料导管而不用橡皮管,所用器皿应充分洗涤。尤其反应管内壁及鼓气头上常沾有少量的 $Sn(OH)_2$ 白色沉淀物,它极易吸附汞,在连续测定中会使测定值越来越低。每测定 5~10 个样，必须用热的稀硝酸冲洗。

h. 为了使工作曲线稳定，绘制时可采用平行样测定。

i. 试剂中的汞及在紫外区有吸收的挥发性杂质，可预先通净化空气或氮气除去。

j. 双光束冷原子吸收测汞仪精密度高，可克服电压波动、光源不稳定的影响，还可以克服环境气氛等因素的影响。

(2) 冷原子荧光光谱法

① 实验原理　在过氧化氢、硝酸及微波加热条件下，将试液中有机物消解，各种汞化合物消解溶出，使所含的汞全部转化为二价汞离子，样品中的 Hg(Ⅱ) 用硼氢化钾（KBH_4）还原成原子态汞，由载气（Ar）带入原子化器中。在特制汞空心阴极灯照射下，基态汞原子被激发至高能态，去活化回到基态后发射出特征波长的荧光，其荧光强度与汞含量成正比，据此可求出试样中的汞含量。

本法适用于固体废物浸出液中总汞的测定。在最佳条件下，最低检出限可达 $0.01\mu g/L$。在一般情况下，测定范围为 $0.05\sim50\mu g/L$。

② 实验步骤

a. 样品的保存　与上法相同。

b. 试液的制备　取适量浸出液加 2.5mL 硝酸，1.5mL 过氧化氢混匀后，在水浴锅上蒸 30min，冷却后微波消解。

将已经预处理的样品倒入消解罐中，拧上盖，把罐置于微波炉中，运用程序升压消解。在 0.5MPa，保持 15min；在 1.0MPa，保持 3.0min；在 1.5MPa，保持 5.0min。把微波消解好的试液转入 25mL 容量瓶中，用稀释液定容待测。

取 5 个 25mL 容量瓶，分别准确移入不同体积的汞标准溶液、2.5mL 盐酸，加稀释液定容后的浓度分别 0、$0.25\mu g/L$、$0.50\mu g/L$、$1.00\mu g/L$、$2.00\mu g/L$。

c. 测定　按仪器参考条件输入相应的参数和浓度单位，待仪器预热稳定后，依次测定标准系列溶液及样品溶液的荧光强度值。每测一个样品后，用载液冲洗氢化物发生进样器两次，待仪器读数恢复到零点时，再进行另一份试液的测定。

d. 结果表示　以经过空白校正的各测定值为纵坐标，相应标准溶液的汞浓度（$\mu g/L$）为横坐标绘制出校准曲线，求出被测试液中汞的浓度，然后按式（3-9）计算浸出液中汞浓度 $c(\mu g/L)$。

③ 注意事项　为使测定结果准确，避免过高的空白值，应注意以下几点。

a. 所用玻璃器皿均用稀硝酸浸泡过夜，冲洗干净，在105℃烘箱中烘2h备用。

b. 配制好的硼氢化钾溶液，应将其置于冰箱中保存，一周内可用，但不宜久存，以免其还原效率降低，影响分析结果。

3. 铅、镉、铜、锌及其化合物

（1）直接吸入火焰原子吸收分光光度法

① 原理　将试液直接喷入火焰，空气-乙炔中，铅、镉、铜、锌的化合物解离为基态原子，并对空心阴极灯的特征辐射线产生选择性吸收。在一定条件下，根据吸光度与待测样中金属浓度成正比进行定量分析。

直接吸入火焰原子吸收分光光度法适用于固体废物浸出液中铅、镉、铜、锌的测定。定量范围分别为铅 $0.30\sim10mg/L$、镉 $0.03\sim1.0mg/L$、铜 $0.08\sim4.0mg/L$ 和锌 $0.05\sim1.0mg/L$。

② 实验步骤

a. 样品的保存　浸出液如不能很快进行分析，应加硝酸至1%，时间不要超过一周。

b. 校准曲线的绘制　参考表3-3，在50mL容量瓶中，用0.2%硝酸稀释混合标准溶液，配制至少4个工作标准溶液，其浓度范围应包括试样中铅、镉、铜、锌的浓度。

按所选的仪器工作参数调好仪器，用0.2%硝酸调零后，参考表3-4测量条件，由低浓度到高浓度为顺序测量每份溶液的吸光度，用测得的吸光度和相应的浓度绘制校准曲线。

表 3-3　标准系列浓度

混合标准溶液加入体积/mL	0.00	0.50	1.00	2.00	3.00	5.00
工作标准溶液浓度(Pb)/(mg/L)	0.00	0.40	0.80	1.60	2.40	4.00
工作标准溶液浓度(Cd)/(mg/L)	0.00	0.10	0.20	0.40	0.60	1.00
工作标准溶液浓度(Cu)/(mg/L)	0.00	0.20	0.40	0.80	1.20	2.00
工作标准溶液浓度(Zn)/(mg/L)	0.00	0.10	0.20	0.40	0.60	1.00

表 3-4　一般测量条件

元　　素	铅	镉	铜	锌
测定波长/nm	228.8	283.3	324.7	213.8
灯电流/mA	4	5		
通带宽度/nm	1.3	2.0	1.0	1.0
其他可选取谱线/nm	217.0;261.4	326.2	327.4;225.8	307.6

c. 测定　在测量标准溶液的同时,测量空白和试样。

d. 计算　根据扣除空白后试样的吸光度,从校准曲线查出试样中铅、镉、铜、锌的浓度后,按式(3-9)算出浸出液中金属离子的浓度(mg/L)。

③ 注意事项

a. 当钙的浓度高于 1000mg/L 时,抑制镉的吸收。所以测定钙渣浸出液时,为减少钙的干扰,需将浸出液适当稀释。

b. 测定铬渣浸出液中的铅时,除适当稀释浸出液外,为防止铅的测定结果偏低,在 50mL 试液中加入 1% 抗坏血酸 5mL 将 Cr(Ⅵ)还原成 Cr(Ⅲ),以免生成 $PbCrO_4$ 沉淀。

c. 当样品中硅的浓度大于 20mg/L 时,加入钙 200mg/L,以免锌的测定结果偏低。

d. 在测定试样过程中,要定时复测空白的工作标准溶液,以检查基线的稳定性和仪器灵敏度是否发生了变化。

e. 当样品组成复杂或成分不明时,应制作标准加入法曲线用以考查样品是否宜用校准曲线法。具体操作如下:在 5 支编号的 50mL 容量瓶中分别加入 5.00~10.00mL(视铅、镉、铜、锌的含量而定)浸出液,并加入与绘制校准曲线时用的混合标准溶液 0、

0.50mL、1.00mL、1.50mL、3.00mL，用 0.4％硝酸稀释至 50mL。在绘制校准曲线的同一坐标上，用测得的吸光度和相应加入标准溶液的浓度绘制标准加入法的工作曲线。

如果两条工作曲线平行，则说明可用标准曲线法直接测定样品；如果两条线相交，说明试样存在基体干扰。应采用标准加入法、萃取-火焰原子吸收法，或者将试样适当稀释后再进行测定。

(2) ICP-AES 发射光谱法

① 原理　电耦合等离子体原子发射光谱法（ICP-AES）可测定溶液中的金属和非金属元素。本方法具有快速、简便、检出限低、灵敏度高和精密度高、线性范围宽、基体效应小且可以有效校正、可同时进行多元素分析等特点。

将浸出液中的待测金属离子用二乙基二硫代氨基甲酸盐萃取到四氯化碳溶剂中，再将萃取物蒸发干燥后，用硝酸溶解残渣，然后将样品溶液直接雾化引入电感耦合等离子体焰炬中，分析物在高温等离子体焰炬中激发并发射出元素的特征谱线，根据谱线的强度，确定样品中元素的浓度。

本法在选定的条件下，各元素的最低检出浓度（$3 \times Sb$）分别为：铅 0.05mg/L、镉 0.004mg/L、铜 0.01mg/L、锌 0.006mg/L。

② 步骤

a. 待测溶液的制备　在 50mL 试液中加 1 滴甲基橙，溶液用 0.25mol/L 乙酸钠或 0.1mol/L 硝酸调至呈黄色后，转入含有 5.0mL 乙酸钠（pH=5.0）和 2.0mL 5％ Na-DDTA（二乙基二硫代氨基甲酸钠）的分液漏斗中，用 10mL 四氯化碳分两次振荡萃取 2min，合并两次萃取物于 50mL 烧杯中，在电热板上低温赶走四氯化碳。在残渣中加入 0.1mL 浓硝酸，继续缓慢加热至溶液澄清后，将此溶液转移容量瓶（容积依浓缩倍数可变）中，用水稀释至刻度待用。

b. 将上述溶液喷入等离子体焰炬中，分别在指定的波长处测定待测元素的发光强度。

c. 取与在待测液的前处理操作中所用待测液等量的水作为空

白液，进行与待测液的处理相同的操作，以校正由待测液所得的发光强度。

d. 从工作曲线上求出各元素的含量，并算出待测液中各元素的浓度（mg/L）。

4. 砷及其化合物

(1) 二乙基二硫代氨基甲酸银分光光度法

① 原理 在碘化钾与 $SnCl_2$ 存在下，固体废物浸出液中的 As(Ⅴ) 还原成 As(Ⅲ)。在酸性条件下，溶液中的 As(Ⅲ) 被用锌还原成的原子氢还原成气态氢化物（AsH_3）。用二乙基二硫代氨基甲酸银-三乙醇胺-氯仿溶液吸收，生成红色胶体银，在530nm处测量吸收液的吸光度。

② 实验步骤

a. 样品的保存 制备好的浸出液置于玻璃瓶中，用硫酸调节 pH<2，于 4℃下保存，不要超过 7d。

b. 显色 取适量浸出液（含砷量不超过 25μg），于 AsH_3 发生器中，用水稀释到 50mL。加入（1+1）硫酸 8mL，15% KI 5.0mL，40% $SnCl_2$ 2mL，摇匀放置 10min。

吸取 AsH_3 吸收液（称取 0.25g DDC-Ag，用少量氯仿溶液溶成糊状，加入三乙醇胺 2mL，再用氯仿稀释到 100mL，振摇溶解后，于暗处放置 24h，用定性滤纸过滤至棕色瓶中，在冰箱中保存）5.0mL，置于吸收管中，插入导气管，将其与发生瓶连接好。

加入 4g 无砷锌粒于 AsH_3 发生瓶中，立即将导气管与 AsH_3 发生瓶连接好，保证反应装置密闭不漏气。

在室温下反应 1h，使 AsH_3 气体完全释放出来，加氯仿于吸收管中，补充其吸收液体积为 5.0mL，并混匀。

c. 测量 用 10mm 比色皿，以氯仿为参比，在 530nm 处测量吸收液的吸光度，减去空白值（以水代替试样显色测定）后从校准曲线查得试样的含砷量（μg）。

d. 于 8 个 AsH_3 发生瓶中，分别加入 0、1.00mL、2.50mL、5.00mL、10.00mL、15.00mL、20.00mL、25.00mL 的 1.0mg/L

砷标准溶液，加水至 50mL。按步骤 b、c 进行。减去空白值后，以修正后的吸光度为纵坐标，与之对应的砷量为横坐标作图。要经常绘制校准曲线，最好与被测试样同时进行。

e. 浸出液中砷的浓度 $c(\text{mg/L})$ 按式（3-10）计算。

$$c = m/V \tag{3-10}$$

式中 m——于校准曲线上查得试样中的砷量，mg；

V——试样体积，mL。

用二乙基二硫代氨基甲酸银分光光度法测砷时，要注意以下问题。

a. 锑、铋、硫离子共存时产生正干扰。

b. AsH_3 是剧毒，整个反应应在通风橱内或通风良好处进行。

c. 吸收液的高度应保持在 8～10cm 为宜，且各管的高度应一致。

d. 各反应瓶的温度及酸度应保持一致，否则会影响精密度。

e. 在 AsH_3 气体完全释放后，吸收管内的胶体溶液在 2.5h 内稳定，应在这段时间内测定吸光度。

f. 试样的保存应用硫酸调至 pH<2，不可用硝酸。因硝酸浓度在 0.01mol/L 时对砷的测定有负干扰。

g. 有时空白值偏高是因为二乙基二硫代氨基甲酸银试剂变质。

h. 二乙基二硫代氨基甲酸银溶液颜色变深时，需要重配或用活性炭脱色后再用，否则会引起空白偏高。

i. 当环境温度很高时，还原反应速率激烈时，可适当减小浓硫酸的用量或将 AsH_3 发生器放入冰水中，并不断补充氯仿于吸收管中，使吸收液高度一致。

j. 当实验装置中的醋酸铅棉稍有变黑时，即应更换。

（2）氢化物发生-原子吸收分光光谱法 在 pH<3 的盐酸介质中，试液中的 As(Ⅲ) 被 $NaBH_4$ 还原成 AsH_3 气体，经载气（Ar 或 N_2）带入空气乙炔火焰上的石英管中，AsH_3 受热分解为气态 As 原子，于 193.7nm 处测定吸光度值，用适当的定量方法可求出 As(Ⅲ) 的含量。随后 2.0mL 50% KI 溶液将试液中的 As(Ⅴ) 还

原为 As(Ⅲ) 后，5.0mol/L 盐酸介质中按上述方法测出总砷的含量，二者之差即为 As(Ⅴ) 的含量。

在用此法测砷时，要注意以下问题。

a. 酸度对 As(Ⅲ) 和 As(Ⅴ) 的氢化反应影响很大，试验表明，As(Ⅲ) 在 pH 值为 5.5～7.0 盐酸介质中，吸光度最大且稳定。但 As(Ⅴ) 的灵敏度比 As(Ⅲ) 低近一倍，且当 pH＞3.0 后，As(Ⅴ) 的氢化反应几乎不能发生。

b. 试验表明，试液中加入 1～5mL 50％ KI 均可将 As(Ⅴ) 还原为 As(Ⅲ)。实际测定时，也可加入固体 KI，常温下，反应 15min 即可。

c. $NaBH_4$ 用量直接影响 As(Ⅲ) 的氢化反应，用量过少，氢化反应不完全，吸光度偏低；用量过大，反应管内产生大量氢气，易降低且不易获得稳定的吸光信号。测定前应根据所用氢化装置的特点选择合适的 $NaBH_4$ 浓度。

5. 铬及其化合物的测定

（1）六价铬化合物的测定　六价铬的测定方法有二苯碳酰二肼（DPC）分光光度法、硫酸亚铁铵滴定法、萃取火焰原子吸收法等。

① 二苯碳酰二肼分光光度法

a. 原理　在酸性介质中，Cr(Ⅵ) 与二苯碳酰二肼（DPC）反应生成紫红色配合物，对 540nm 波长的光有较强的吸收，其吸光度与溶液中的 Cr(Ⅵ) 成正比关系。该法适合固体废物浸出液中 Cr(Ⅵ) 的测定。当试样为 50mL，使用 30mm 比色皿时，检出限为 0.004mg/L。使用 10mm 比色皿时，测定上限为 1.0mg/L。

b. 实验步骤　取适量含 Cr(Ⅵ) 溶液于 50mL 比色管中［Cr(Ⅵ) 不超过 10μg］，中和后用水稀释至标线。加入（1+1）硫酸 0.5mL、（1+1）磷酸 0.5mL，摇匀，加显色剂Ⅰ（DPC 0.2g，溶于 50mL 丙酮中，加水稀释至 100mL，摇匀，于棕色瓶中，低温保存）2.0mL，摇匀，放置 10min。用 10mm 或 30mm 比色皿，于 540nm 处，以水作参比测定吸光度。用校准曲线法求出浸出液中 Cr(Ⅵ) 的浓度。

浸出液用氢氧化钠调至 pH 值为 8，在 24h 内测定。

试液的颜色、浑浊或者有氧化性、还原性物质及有机物等时均干扰测定。铁含量大于 1.0mg/L 也干扰测定。钼、汞与显色剂生成配合物有干扰，但在显色酸度为 0.05～0.3mol/L 硫酸的条件下，反应不灵敏。钒浓度大于 4.0mg/L 干扰测定，但在显色 10min 后，可自行褪色。因此，当样品有干扰物存在时，可按下列步骤处理后再进行测定。

（a）如样品色度影响测定时，可按下述方法校正。另取一份试液，以丙酮代替显色剂，其他操作程序与样品相同，以水作参比测定试样的吸光度。扣除此色度，校正吸光度值。

（b）还原物质的消除。取适量试样于 50mL 比色管中，中和后用水稀释至标线，加显色剂 Ⅱ（DPC 2.0g，溶于 50mL 丙酮中，加水稀释至 100mL，摇匀，于棕色瓶中，低温保存，显色剂颜色变深，则不能使用）4.0mL，放 5min 后，加（1+1）硫酸 1.0mL，摇匀，放 10min 后，按上述显色步骤显色测定，可消除 Fe^{2+}、SO_3^{2-}、$S_2O_3^{2-}$ 等还原物质的干扰，也可分离 Cr(Ⅲ) 后，用过硫酸铵将还原性物质氧化后再测定。

（c）有机物的消除。先用氢氧化锌沉淀分离掉三价铬，再用酸性高锰酸钾氧化分解有机物。取 50.00mL 试液 [Cr(Ⅵ) 不超过 10μg] 于 150mL 锥形瓶中，中和后，放几粒玻璃珠，加（1+1）硫酸 0.5mL、（1+1）磷酸 0.5mL，摇匀，加 4% $KMnO_4$ 2 滴，如紫红色消退，再加 $KMnO_4$ 溶液保持红色不变退，加热煮沸至溶液剩 20mL 左右，冷却后用中速定量滤纸过滤，于 50mL 比色管中，用水洗数次，洗涤液与滤液合并后，向比色管中加 20% 尿素溶液 1.0mL，摇匀，滴加 2% $NaNO_2$ 溶液 1 滴，摇匀，至溶液红色刚退，待溶液中气泡排完后，移入 50mL 比色管中，用水稀释至标线，加显色剂 Ⅰ 2.0mL，摇匀，放 10min 后进行测定。

（d）次氯酸盐氧化性物质的消除。取适量试样于 50mL 比色管中，中和后用水稀释至标线，加（1+1）硫酸 0.5mL、（1+1）磷酸 0.5mL、20% 尿素 1.0mL，摇匀，逐滴加入 2% $NaNO_2$ 溶液，边加边摇,待溶液中气体排完后,加显色剂Ⅰ 2.0mL,摇匀,放10min后进行测定。

实验过程中,要注意以下问题。

a. 试样中 Cr(Ⅵ) 的浓度高时,可用 5.00μg/mL Cr(Ⅵ) 标准溶液,并用 10mm 比色皿测定。

b. 显色酸度以 0.05~0.3mol/L 酸度为宜,以 0.2mol/L 最好。

c. 试样需中和后测定。

d. 所用玻璃器皿均不可用重铬酸钾洗液洗涤。

e. 显色剂的用量一般控制为 1mol Cr(Ⅵ),加入 1.5~2.0mol 的显色剂。

f. 配制显色剂时,若加苯二甲酸酐,在暗处可保存 30~40d。

g. 显色剂变为橙色,不可使用。

② 硫酸亚铁铵滴定法 当固体废物浸出液中 Cr(Ⅵ) 含量较高时,可采用硫酸亚铁铵滴定法开展测定分析。在硫酸和磷酸介质中消除 Cr(Ⅲ) 的干扰,以 N-苯基代邻氨基苯甲酸为指示剂,用硫酸亚铁铵溶液滴定 Cr(Ⅵ),使 Cr(Ⅵ) 还原为 Cr(Ⅲ),过量的硫酸亚铁铵与指示剂反应,溶液呈黄绿色为终点。根据硫酸亚铁铵标准溶液的用量计算出固体废物浸出液中的 Cr(Ⅵ) 含量。反应方程式如下:

$$2Na_2CrO_4 + 7H_2SO_4 + 6FeSO_4 \cdot (NH_4)_2SO_4 \longrightarrow$$
$$Cr_2(SO_4)_3 + 2Na_2SO_4 + 6(NH_4)_2SO_4 + 3Fe_2(SO_4)_3 + 8H_2O$$

该法的定量下限为 1mg/L。

实验时要注意以下问题。

a. 浸出液应置于内表面光洁的硬质玻璃瓶或聚乙烯瓶中,加入 NaOH 调节样品的 pH 值为 7~9,并尽快分析。如果样品在 24h 内不能进行分析,就应取等份样品,并加入已知量的 Cr(Ⅵ),均在 4℃下储存。并在分析浸出液的同时,也要分析曾加入已知量的 Cr(Ⅵ) 浸出液样品,以便确定样品在储存期间 Cr(Ⅵ) 是否有变化。如果其浓度没有变化,储存的浸出液才可以用于分析

Cr(Ⅵ)的含量。

b. N-苯基代邻氨基苯甲酸指示剂具有还原性，滴定时不宜多加，宜配成较稀的溶液使用，并在大部分 Cr(Ⅵ) 被滴定后（溶液变为淡黄色）再加，而且每份的用量大致一样。

c. 钒对测定有干扰，除钒渣浸出液外一般浸出液中的钒的含量不会影响测定。Fe(Ⅲ) 也有干扰，当 Fe(Ⅲ) 浓度（mg/L）为 Cr(Ⅵ) 的 175 倍时，可引入 2.8% 的相对误差。

（2）总铬的测定　总铬的测定可用 $KMnO_4$ 或过硫酸铵将 Cr(Ⅲ) 氧化成 Cr(Ⅵ) 后，再用二苯碳酰二肼分光光度法或硫酸亚铁铵滴定法测定，也可采用直接吸入火焰原子吸收分光光度法进行分析。用直接吸入火焰原子吸收分光光度法测定时，应注意以下问题。

a. Cr(Ⅵ) 和 Cr(Ⅲ) 的灵敏度稍有不同，如果浸出液中 Cr(Ⅲ) 和 Cr(Ⅵ) 共存，只用 Cr(Ⅵ) 作标准系列制作校准曲线，会造成测定误差。由于易得到 Cr(Ⅵ) 的基准试剂，制备标准溶液也方便，所以用过硫酸将浸出液中可能存在的 Cr(Ⅲ) 氧化成 Cr(Ⅵ) 再进行测定。

b. 铬易形成耐高温氧化物，因此，其原子化效率受火焰性质影响较大。必须使用富燃性（还原型）空气-乙炔火焰，否则灵敏度降低。

c. 铬的测定波长比较多，以 357.9nm 线最灵敏，可测定低含量的铬。359.4nm 和 360.5nm 线灵敏度稍低于 357.9nm 线，也可以使用。但测定高含量的铬时，建议使用 425.4nm、427.5nm 或 429.0nm 线，灵敏度比 357.9nm 低 3～5 倍。

d. 当样品基体成分复杂或不明时，应制作标准加入法曲线，用于考查样品是否宜用校准曲线法直接定量。如果标准加入法曲线与校准曲线法平行，则可用校准曲线法直接定量，否则，说明有基体干扰存在，应用标准加入法定量，或者采用溶剂萃取、共沉淀等分离方法，分离基体干扰成分后，再进行测定。

6. 镍及其化合物

（1）直接吸入火焰原子吸收分光光度法

① 原理 将固体废物浸出液直接喷入火焰，在空气-乙炔火焰的高温下，镍化合物离解为基态原子。该气态的基态原子对镍空心阴极灯发射的特征谱线 232.0nm 产生选择吸收。在规定条件下，吸光度与试样中镍的浓度成正比。测定范围为 0.08～5.0mg/L。

② 实验步骤

a. 样品的保存 浸出液如不能很快进行分析，应加硝酸达到 1%，保存时间不要超过 1 周。

b. 空白实验 用水代替试样，采用和试样相同的步骤和试剂，在测定试样的同时测定空白值。

c. 参照表 3-5，在 50mL 容量瓶中，用 0.2%硝酸将 50mg/L 镍标准溶液配制成至少 5 个工作标准溶液，其浓度范围应包括固体废物浸出液中镍的浓度，必要时可将试样富集或稀释。

表 3-5 标准系列配制和浓度

50mg/L 镍标准溶液加入体积/mL	0.00	0.50	1.00	2.00	3.00	5.00
标准液浓度/(mg/L)	0.00	0.50	1.00	2.00	3.00	5.00

将工作标准系列以从低到高的顺序吸入火焰，用测得的吸光度和相应的浓度绘制校准曲线。

d. 试样的测定可在测量标准溶液和空白试样的同时进行。据扣除空白后试样的吸光度，从校准曲线查得试样中镍的浓度。

在测定试样过程中，要定时复测空白和工作校准溶液，以检查校准曲线的稳定性和仪器灵敏度是否发生了变化。

e. 计算 浸出液中镍浓度 $c(\text{mg/L})$ 按式（3-11）计算。

$$c = \frac{c_1 V_0}{V} \quad (3-11)$$

式中 c_1——被测试样中镍的浓度，mg/L；

V——试样的体积，mL；

V_0——试样的定容体积，mL。

由于镍 232.0nm 线处于紫外区，盐类颗粒物、分子化合物等产生的光散射和分子吸收影响比较严重。NaCl 分子吸收覆盖着

232.0nm 线；3500mg/L 的钙对 232.0nm 线产生的光散射约相当于 1mg/L 镍的吸收值；1000mg/L 的钙使 2mg/L 镍的测定结果偏高 9%；200～2000mg/L 的铁使 40mg/L 的镍的测定产生 9%～13% 的误差；2000mg/L 的钾使 20mg/L 镍的测定偏高 15%；此外，200～5000mg/L 高浓度下的 Ti、Ta、Cr、Mn、Co、Mo 等对于 2～20mg/L 镍的测定都有干扰。

当上述干扰元素的存在量能够干扰镍的测定时，可以采用丁二肟-乙酸正戊酯萃取等分离手段消除。用丁二肟-乙酸正戊酯萃取时，应在 pH 值为 9.0～10.0，含酒石酸铵 3% 的条件下进行，加入丁二酮肟后，在 10min 内用乙酸正戊酯萃取，防止丁二肟镍沉淀，导致回收率偏低。

(2) 丁二胴肟分光光度法

① 原理　在柠檬酸铵-氨水介质中，有氧化剂碘存在时，镍与丁二酮肟作用，形成组成比为 1∶4 的酒红色可溶性配合物。配合物在 440nm 及 530nm 处有两个吸收峰，摩尔吸光系数分别为 $1.5×10^4$ L/(mol·cm) 和 $6.6×10^3$ L/(mol·cm)。为了消除柠檬酸铁等的影响，可选择灵敏度稍低的 530nm 波长进行测定。

本法适合于含镍废渣浸出液的测定。检测浓度为 0.1mg/L，测定上限为 4mg/L。

② 干扰及消除　铁、钴、铜离子干扰测定，加入乙二胺四乙酸二钠溶液，可消除 300mg/L 铁、100mg/L 钴及 50mg/L 铜对镍测定的干扰。若铁、钴、铜的含量超过上述浓度，则可采用丁二酮肟-正丁醇萃取分离消除干扰。

氰化物亦干扰测定。可在测定前在样品中加入 2mL NaClO 溶液和 0.5mL 硝酸加热分解镍氰配合物。

③ 实验步骤

a. 样品的保存　浸出液制备后，应立即加入浓硝酸酸化至 pH 值为 1～2。保存时间不要超过 1 周。

b. 样品的前处理　必要时，取适量试样（含镍不超过 100μg）于烧杯中，加 0.5mL 硝酸，置于电热板上，在近沸状态下蒸发到近干，冷却后，再加 0.5mL 硝酸和 0.5mL 高氯酸继续加热消解，蒸发至近干。用（1+1）硝酸溶解，若溶液仍不澄清，则重复上述操作，直至清澈为止。将溶液转移到 25mL 容量瓶中，用少量蒸馏水冲洗烧杯后显色。

c. 显色　取适量试样（含镍不超过 $100\mu g$），置于 25mL 容量瓶中并用水稀释至约 10mL，用约 1mL 2mol/L NaOH 使呈中性，加 2mL 500g/L 柠檬酸铵溶液，1mL 0.05mol/L 碘溶液，加水至约 20mL，摇匀，加 2mL 5g/L 丁二酮肟溶液，摇匀。加 2mL 50g/L 乙二胺四乙酸二钠溶液，加水至标线，摇匀。放置 5min。

d. 测量　用 10mm 比色皿，以水为参比，在 530nm 处测量显色溶液的吸光度并扣除空白所测得的吸光度，用适当的定量方法求出浸出液中镍的浓度。

7. 氟化物

氟化物的测定方法主要有：氟离子选择电极法、离子色谱法、氟试剂比色法、茜素磺酸锆比色法和硝酸钍滴定法。我国固体废物监测分析方法中推荐采用氟离子选择电极法。

（1）实验原理　当氟离子电极、饱和甘汞电极与含氟试液接触时，电池的电动势 E 随溶液中氟离子活度（待测氟离子浓度小于 10^{-3}mol/L 时，活度系数为 1，可以用浓度代替活度）变化而变化（遵守能斯特方程）。当溶液的总离子强度为定值且足够时，服从关系式（3-12）。

$$E = E_0 - \frac{2.303RT}{F} \lg c_{F^-} \quad (3\text{-}12)$$

E 与 $\lg c_{F^-}$ 成直线关系，$\dfrac{2.303RT}{F}$ 为该直线的斜率，亦为电极的斜率。

工作电池可表示如下。

Ag｜AgCl，Cl^-(0.33mol/L)，F^-(0.001mol/L)｜LaF_3｜试液‖饱和甘汞电极

本方法适用于固体废物浸出液中氟化物的测定。检测限为

0.05mg/L（以 F^- 计），检测上限 1900mg/L。

（2）测定步骤

① 样品的保存　浸出液应该用聚乙烯瓶收集和储存，若样品为中性，可保存数月。

② 样品的处理　当浸出液不太复杂时，可直接取出测定。若含有氟硼酸盐或成分复杂，应先进行蒸馏。

在沸点较高的酸性溶液中，氟化物可形成易挥发的氢氟酸和氟硅酸与干扰组分分离。常用的水蒸气蒸馏的方法如下：准确取适量（例如，25.00mL）试液，置于蒸馏瓶中，再不断摇动缓慢加入15mL 高氯酸，连接好装置，加热，待蒸馏瓶内溶液温度约为130℃时，开始通入蒸汽，并维持温度在 140℃±5℃，控制蒸馏速度约 5～6mL/min，待接收瓶馏出液体积约为 150mL 时，停止蒸馏，并用水稀释馏出液至 200mL，供测定用。

③ 样品的测定　吸取适量的试样，置于 50mL 容量瓶中，用 15%乙酸或盐酸调节至中性，加入 TISAB，用水稀释至标线，摇匀。将其转移到 100mL 聚乙烯杯中，放入一只塑料搅拌子，以浓度由低到高的顺序分别依次插入电极，连续搅拌溶液，待电位稳定后，在连续搅拌下读取电位值 E。依样品的性质选择合适的定量方法求出样品中氟的含量。当样品的组成复杂或者成分不明时，宜采用一次标准加入法，以减小基体的影响。先按上述步骤测定试液的电位值 E_1，然后向试液中加入一定量（与试液中氟含量相近）的氟化物标准溶液，在相同条件下测定加标后的电位值 E_2。E_2 和 E_1 的毫伏值以相差 30～40mV 为宜。用式（3-13）算出待测试液中氟的浓度。

$$c_\mathrm{x}=\frac{c_\mathrm{s}[V_\mathrm{s}/(V_\mathrm{x}+V_\mathrm{s})]}{10^{(E_2-E_1)/S}-[V_\mathrm{x}/(V_\mathrm{x}+V_\mathrm{s})]} \quad (3\text{-}13)$$

式中　c_s——加入标液的浓度，mg/L；

c_x——待测试液的浓度，mg/L；

V_s——加入标准溶液的体积，mL；

V_x——测定时所取试液的体积，mL；

E_1——测得试液的电位值,mV;

E_2——试液加入标准后测得电位值,mV;

S——电极的实测斜率。

(3) 注意事项

① 总离子强度调节缓冲溶液(TISAB)常用的有以下三种类型。

a. 0.2mol/L 柠檬酸钠-1mol/L 硝酸钠(TISAB Ⅰ):称取 58.8g 二水合柠檬酸钠和 85g 硝酸钠,加水溶解,用盐酸调节 pH 值至 5~6。转入 1000mL 容量瓶中,稀释至标线,摇匀。

b. TISAB Ⅱ:量取约 500mL 水置于 1000mL 烧杯中内,加入 57mL 冰醋酸,58g 氯化钠和 4.0g 环己烷二胺四乙酸,或者 1,2-环己亚基二胺四乙酸,搅拌溶解,置烧杯于冷水浴中,慢慢地在不断搅拌下加入 6mol/L 氢氧化钠溶液(约 125mL)使 pH 值达到 5.0~5.5 之间,转入 1000mL 容量瓶中,稀释至标线,摇匀。

c. TISAB Ⅲ:称取 142g 六亚甲基四胺和 85g 硝酸钾,9.97g 钛铁试剂加水溶解,调节 pH 值至 5~6,转入 1000mL 容量瓶中,稀释至标线,摇匀。

当水样成分复杂,偏酸性(pH 值为 2)或偏碱性(pH 值为 12 左右)时,用 TISAB Ⅲ 可不调节试液的 pH 值。

② 根据氟化物的络合稳定常数及干扰实验研究的结果,Al^{3+} 的干扰最严重,Zr^{4+}、Sc^{3+}、Th^{4+}、Ce^{4+} 等次之,高浓度的 Fe^{3+}、Ti^{4+}、Ca^{2+}、Mg^{2+} 也有干扰。加入适当的络合剂可消除它们的影响。

③ 一次标准加入法加入标准溶液的浓度(c_s)应比试液浓度(c_x)高 100 倍左右,加入的体积为试液体积的 1/100 左右,以使体系的 TISAB 浓度变化不大。

④ 水蒸气蒸馏比直接蒸馏安全。当试液中含有机物,应用硫酸代替高氯酸,以防爆炸。

⑤ 测定过程中,如果测了高浓度试液后,要测定低浓度试液,应充分冲洗电极和搅拌子,消除其记忆效应后方可测定低浓度试液。

8. 氰化物

(1) 硝酸银滴定法

① 测定原理　经蒸馏得到的碱性馏出液,用硝酸银标准溶液滴定,形成可溶性的银氰配合物[$Ag(CN)_2^-$],过量的银离子与试银灵指示剂反应,溶液由黄色变为橙色,从而指示滴定终点。

当试样中银化物含量在 1mg/L 以上时,可采用硝酸银滴定法进行测定。检测上限为 100mg/L。

② 实验步骤

a. 浸出液的制备和预分离　称取试样 100g(干基)于 2L 聚乙烯瓶中,加入浸提液(用 0.1mol/L 氢氧化钠溶液调节蒸馏水 pH 值为 8～9) 1000mL,密封,在振荡器上振荡 4h(振荡频率为 100～200 次/min),放置,待澄清后,用 0.45μm 滤膜过滤,弃去初滤液 30mL 后,收集其余滤液于塑料瓶内。

取浸出液 5～200mL 于 500mL 蒸馏瓶中,加入水使瓶内总体积约为 200mL,加入数粒玻璃珠。在蒸馏瓶中加入 10%的乙二胺四乙酸二钠溶液 10mL 和甲基橙指示剂 7～8 滴。在 100mL 比色管中加入 1%氢氧化钠溶液 10mL,置于冷凝管下端,要插入吸收液中 1cm。在蒸馏瓶中迅速加入 10mL 磷酸,立即盖好瓶塞,使瓶内溶液保持红色,加热蒸馏。当馏出液近 100mL 时,停止蒸馏,用水稀释至标线,待测定。

b. 样品测定及计算　取 100mL 馏出液(若馏出液含氰量太高,可适当减少取样量,并用水稀释至 100mL)于 250mL 三角瓶中。于三角瓶中加入 7～8 滴试银灵指示剂,摇匀后用硝酸银标准溶液滴定至溶液由黄色刚变为橙色为止,记下所消耗的硝酸银标准溶液的体积(V_A)。同时用含有相同量氢氧化钠的实验用蒸馏水作空白滴定(操作同上)。记下所消耗的硝酸银标准溶液的体积(V_B)。然后按式(3-14)算出浸出液中氰化物的含量 c(mg/L)。

$$c = \frac{c_s(V_A - V_B) \times 52.04 \times \frac{V_1}{V_2} \times 100}{V} \quad (3\text{-}14)$$

式中 c_s——硝酸银标准溶液的浓度,mol/L;

V_A——滴定样品时所消耗的硝酸银标准溶液的体积,mL;

V_B——滴定空白溶液时所消耗的硝酸银标准溶液的体积,mL;

V_1——馏出液总体积,mL;

V_2——滴定时所取馏出液的体积,mL;

V——蒸馏时所取浸出液的体积,mL。

③ 注意事项

a. 用硝酸银标准溶液滴定试液前,应以 pH 试纸检查试液的 pH 值。必要时,应加氢氧化钠溶液调节 pH>11。

b. 浸出液中氰化物的测定应在当天进行,如果不能及时测定,应加入固体氢氧化钠,使滤液 pH 值为 12,放入冰箱,在 4℃ 的条件下保存。

(2) 异烟酸-吡唑啉酮分光光度法

① 实验原理 在 pH<2 并有乙二胺四乙酸二钠盐存在时,加热蒸馏,能使大部分络合氰化物和简单氰化物形成氰化氢而被蒸出,用碱液吸收。蒸馏出的氰化氢在 pH=7 时,氰化物与氯胺T反应生成氯化氰,再与异烟酸作用,经水解后生成戊烯二醛,最后与吡唑啉酮缩合成蓝色染料,其色度与氰化物的含量成正比,在 638nm 波长进行光度测定。

方法的检测限为 0.004mg/L,测定范围为 0.004~1mg/L。

② 实验步骤

a. 浸出液的制备和预分离 与硝酸银滴定法相同。

b. 样品测定 取 1~10mL 馏出液于 25mL 具塞比色管中,加水至 10mL 左右,向管中加磷酸盐缓冲溶液 5mL,摇匀后迅速加入 1%氯胺T溶液 0.2mL,立即盖塞摇匀,放置 3~5min 后,向各管中加入异烟酸-吡唑啉酮混合液(称取 1.5 异烟酸溶于 24mL 2%氢氧化钠溶液中,加水稀释至 100mL。称取 0.25g 吡唑啉酮溶于 20mL 二甲基甲酰中。临用前,将上述配好的异烟酸和吡唑啉酮溶液以 5:1 的比例混合) 5mL,混匀后用水稀释至标线并摇匀。

在25～35℃水浴中放置40min后，以空白试剂为参比，用10mm比色皿测定吸光度，用校正曲线法求出试样中氰化物浓度。

③ 注意事项

a. 浸出液若当天不能及时测定，应加入固体氢氧化钠调节其pH＞12，放入冰箱中保存。

b. 如果浸出液中含有大量硫化物时，应先进行除硫后再用氢氧化钠固定，否则，在碱性条件下，氰离子与硫离子作用生成硫氰酸根离子而影响测定。

c. 活性氯、大量的亚硝酸根离子、还原性物质、碳酸盐等对测定有影响，在样品预处理时，就要选择合适的方法消除其对测定的影响。

d. 实验用水必须不含氰化物和游离氯。

e. 氰化物酸化后形成的HCN极毒且易挥发，测定时，应戴防毒口罩，在通风橱中进行，并且操作迅速。

f. 氰化物标准使用液不稳定，应现用现配。

g. 氯胺T溶液出现浑浊时不能使用，应重新配制。

9. 硫化物

固体废物中的硫化物包括可溶性硫化物、酸可溶性金属硫化物以及未电离的有机、无机硫化物，在酸性条件下，有硫化氢形成从浸出液中逸散于空气，产生臭味，且毒性很大，危及人的生命。硫化氢除自身能腐蚀金属外，还可被污水中的微生物氧化成硫酸，进而腐蚀下水道。固体废物浸出中硫化物的分析主要采用亚甲基蓝分光光度法和碘量法。

(1) 亚甲基蓝分光光度法

① 实验原理　在有高铁离子的酸性溶液中，硫离子与对氨基二甲基苯胺作用生成亚甲基蓝，其色度与样品溶液中硫离子的含量成正比。

方法的检出限为0.04mg/L，测定范围为0.04～2mg/L。

② 实验步骤

a. 浸出液的制备与保存　称取100g（干基）渣于2L带盖的

聚乙烯瓶内,加入 pH=8.0 的水 1L(用 1mol/L 氢氧化钠溶液调节)。盖紧盖子,在振荡器上,以(110±10)次/min 的振荡频率振荡 4h,取下容器静置 1h 后,用 0.45μm 孔径的混合纤维滤膜抽滤浸出液。浸出液加入固体氢氧化钠,使溶液 pH>12,储于冰箱内保存。24h 内进行测定。

b. 预分离　浸出液无色且无明显干扰物时,可直接取样进行比色分析。浸出液有色、有干扰物质时,需用锌盐沉淀法、酸化吹气法或锌盐沉淀-酸化吹气法分离硫化物,以消除干扰。

(a) 锌盐沉淀法　取 5～20mL 浸出液于 50mL 离心试管内,加水至体积约 40mL,用广泛 pH 试纸测溶液 pH 值,当 pH>7 时,在搅拌下滴加 1mol/L 乙酸锌溶液 2mL,当 pH<7 时,在搅拌下滴加 1mol/L 氢氧化钠溶液至 pH≈8,再滴加 1mol/L 乙酸锌溶液 2mL,静置。待沉淀澄清后,离心,弃去上层清液,用 pH≈8 的水洗涤沉淀 2～3 次(每次洗涤要用搅拌棒搅拌,使沉淀浮起)。离心弃去洗涤水,沉淀留作测定用。

(b) 酸化吹气法　向反应瓶中加入 5～100mL 浸出液,用水稀释至总体积约为 100mL,接通氮气气源,以每秒 7～8 个气泡的速度通气 5min,停气后,于吸收管中加入 1%氢氧化钠溶液 10mL,储酸斗中加入 4mol/L 盐酸 30mL。接好吹气管装置,打开储酸漏斗的活塞,使 4mol/L 盐酸缓慢进入反应瓶,继续通气 30min,使产生的硫化氢进入吸收管中而被吸收。

c. 样品的测定　取 5～10mL 浸出液于 25mL 比色管中,用水稀释至约 20mL,经锌盐沉淀法预分离的锌酸盐沉淀,用 20mL 水分数次洗入 25mL 比色管中,经酸化吹气法预分离的碱吸收液,用水稀释至约 20mL,摇匀。加入 0.1%对氨基二甲基苯胺溶液 2.5mL,加入 12.5%硫酸高铁铵溶液 0.5mL,用水稀释至标线,摇匀。放置 15～20min 后,用 1cm 比色皿,以试剂空白为参比,在 665nm 处测定吸光度。选择合适的定量方法求出浸出液中硫化物的含量。

③ 注意事项

a. 废渣中的硫化物常来源于有机硫化物和无机硫酸盐的厌氧分解,当溶液 pH<7 并曝气时,硫化物会转变成硫化氢放出,也会被氧化成元素硫及多种含氧的硫化合物,因此,废渣中硫化物的浸提条件选用硫化物较为稳定的条件为宜,即 pH=8.0 的水进行浸提。

b. 为了提高硫化钠标准储备液的稳定性,可加入少量乙二胺四乙酸二钠盐和抗坏血酸。

c. 遇到有些浸出液显色很慢时,可在临显色前将 0.1% 对氨基二甲基苯胺溶液和 12.5% 硫酸高铁铵溶液以 5∶1 比例混合,于样品溶液中加入 3.0mL 该混合液使之显色。

d. 对于组分复杂且干扰大的浸出液,可进行两步分离,先进行锌盐沉淀分离,后按酸化吹气分离,依此消除干扰。

(2) 碘量法 碘量法是利用硫化物与乙酸锌生成白色硫化锌沉淀,将沉淀溶于酸中,加入过量的碘溶液,碘在酸性条件下和硫化物作用,过量的碘用标准硫代硫酸钠滴定,依滴定所消耗的硫代硫酸钠量计算硫化物的浓度。

本法适用于含硫化物大于 1mg/L 的浸出液的测定。

按亚甲基蓝分光光度法中浸出液的制备及预分离方法处理样品后,将经预分离的锌盐沉淀或酸化吹气的碱性吸收液转移至 250mL 碘量瓶中,用水分数次洗涤原容器,洗涤液并于碘量瓶中,使总体积约为 50mL。加入 0.0125mol/L 碘溶液 10.00mL,3mol/L 硫酸溶液 5mL,盖上瓶塞密封,于暗处放置 5min,用硫代硫酸钠标准溶液滴定过量的碘。当溶液变成淡黄色时,加入 0.5% 淀粉溶液 1mL,继续滴定至蓝色刚好消失即终点。同时以水为空白,按上述步骤进行滴定。按式(3-15)计算浸出液中硫化物的浓度 $c(mg/L)$。

$$c = \frac{(V_0 - V) N \times 16.03 \times 1000}{V_1} \quad (3\text{-}15)$$

式中 V_0——滴定空白时所消耗硫代硫酸钠标准溶液的体积,mL;

　　　　V——滴定样品时所消耗硫代硫酸钠标准溶液的体积，mL；

　　　　V_1——取浸出液的体积，mL；

　　　　N——硫代硫酸钠标准溶液的浓度，mol/L；

　　16.03——硫离子当量。

　　碘量法测定浸出液中硫化物时，要注意以下问题。

　　a. 本法适用于含硫化物大于1mg/L的浸出液的测定。

　　b. 碘量法测定硫化物的干扰因素较多，采用锌盐沉淀法或酸化吹气法预分离能除去大量干扰，但对于体系复杂的浸出液，可采用锌盐沉淀-酸化吹气两步分离法，消除干扰。

　　c. 对于有机物较多、氧化-还原性较强的浸出液，会引起硫化物状态的不稳定，使精密度和准确度变差。

　　10. 有机物

　　(1) 有机磷化合物　有机磷农药是含磷的有机化合物，在农业生产中应用广泛。有些有机磷农药毒性较大，易发生急性中毒，有些品种在环境中有一定的残留期。

　　有机磷化合物的检测分析通常采用气相色谱法，用丙酮加水提取，二氯甲烷萃取、凝结法净化之后用氮磷检测器测定。具体操作如下：用水来振荡制备固体废物浸出液，取100mL浸出液放入500mL分液漏斗中，加入0.5mol/L KOH溶液调至pH值为4.5~5.0的10~15mL的冷凝剂（20g氯化铵和85%磷酸40mL，溶于蒸馏水中，用蒸馏水定容至200mL）和1g助滤剂（Celite 545），振摇20次，静置3min，过滤入另一500mL分液漏斗，按上述步骤再凝结2~3次，在滤液中加3g氯化钠，用50mL、50mL、30mL二氯甲烷萃取三次，合并有机相，移入装有1g无水硫酸钠和1g助滤剂的筒形漏斗干燥，收集于250mL平底烧瓶中，加0.5mL乙酸乙酯，先用旋转蒸发器浓缩至10mL，移入K-D浓缩器浓缩到1mL，在室温下用氮气或空气吹至近干，用丙醇定容至5mL，供色谱测定用。

　　分析时应采用硬质玻璃填充柱，固定相为5% OV-17（苯基甲基硅酮)。组分的出峰的顺序为速灭磷、甲拌磷、二嗪磷、异稻瘟净、甲基对硫磷、杀螟硫磷、水胺硫磷、溴硫磷、稻丰散、杀扑磷。

为了检测可能存在的干扰,用5% OV-17/Chromosorb Q,80~100目色谱柱测定后,再用5%OV-101/Chromosorb WHP,100~120目色谱柱在相同条件下进行确证检测色谱实验分析,可确定各组分及有无干扰。

(2) 有机氯农药类　有机氯农药化合物的检测分析通常也是采用气相色谱法,用丙酮-石油醚提取,以浓硫酸净化,用电子捕获检测器检测。检测分析的关键是分析液的制备,分三步进行。

① 固体废物样品的制备　将采好的固体废物样品风干去杂物,过60目筛,充分混匀,取500g装入样品瓶备用。样品应尽快分析,否则应保存在-18℃冷冻箱中。

② 试样的提取　准确称取20.00g试样放入小烧杯中,加蒸馏水2mL,硅藻土4g,充分混匀,全量移入滤纸筒内,上部盖一片滤纸,将滤纸筒装入索氏提取器中,加70mL石油-丙酮(1:1)于索氏提取器的圆底烧瓶中,另取30mL浸泡样12h后在75~95℃恒温水浴上加热提取4h,待冷却后,将提取液移入300mL的分液漏斗中,用10mL石油醚分三次冲洗提取器及烧瓶,将洗液并入分液漏斗中,加100mL硫酸钠溶液(20g/L),振摇1min,静置分层后,弃去下层丙酮水溶液,留下石油醚提取液待净化。

③ 提取液的净化　在分液漏斗中加入石油醚提取液体积的1/10的浓硫酸,振摇1min,静置分层后,弃去硫酸层(用硫酸净化过程中,要防止热爆炸,加入硫酸后,开始要慢慢振摇,不断放气,然后再剧烈振摇),按上述步骤重复数次,直至加入的石油醚提取液两相界面清晰均呈无色透明时为止。然后向弃去硫酸层的石油醚提取液中加入其体积量1/2左右的硫酸钠溶液,振摇十余次,静置分层后弃去水层。如此反复至提取液呈中性为止(一般2~4次),石油醚提取液再经装有少量无水硫酸钠的筒形漏斗脱水,滤入适当规格的容量瓶中,定容,供气相色谱测定。

色谱柱填充剂为 1.5% OV-17＋1.95% QF-1/Chromosorb AW-DMCS，80～100 目；或 1.5% OV-171.5% OV-17＋1.95% OV-210/Chromosorb W AW-DMCS-HP，80～100 目时，色谱图中各组分出峰顺序中 α-六六六、γ-六六六、β-六六六、δ-六六六、p,p'-DDE、o,p'-DDT、p,p'-DDD、p,p'-DDT。

(3) 硝基苯化合物　硝基苯类化合物主要存在于染料、炸药和人造革等工业排放物中。硝基苯类化合物进入水体后，可影响水的感官性状。人体可通过呼吸道吸入或皮肤吸收而产生毒性作用，硝基苯可引起神经系统症状、贫血和肝脏疾患。

硝基苯类化合物通常采用气相色谱法进行分析。用水平振荡法制备浸出液，浸出液用硫酸调节 pH 值至 2～3 后，用硬质玻璃瓶分装，在低温下避光保存。浸出液要经预处理后，方可进样分析。预处理方法如下：取 20mL 浸出液，加 4mL 苯于分液漏斗中萃取两次，每次振荡 5min，两次萃取液并于容量瓶中，定容，摇匀备用。

在涂有 OV-225 固定液的中极性色谱柱中，硝基苯类化合物因沸点不同而被分离，依沸点由低到高的顺序流出色谱柱。用电子捕获检测器（ECD）分别检测，测定其峰高，以外标法定量。

(4) 多氯联苯　多氯联苯（PCBs）是全球性污染物，它是各种氯化联苯的混合物。在动物实验中，PCBs 可导致肝和肠胃肿瘤。

PCBs 的检测分析通常采用气相色谱法。多氯联苯的物理化学性质与有机农药相似，在气相色谱测定时互相干扰，因此，采用气相色谱法定量，薄层色谱法进行确定实验。即采用碱破坏有机氯农药六六六，水蒸气蒸馏-液液萃取（必要时硫酸净化），然后用电子捕获检测器气相色谱法测定（实验分析过程见第三篇第一章技能训练六）。

(5) 多环芳烃类化合物　多环芳烃是分布最广，与人的关系密切，对人的健康威胁极大的环境致癌物。多环芳烃主要是有机质不完全燃烧的产物，在 800～1200℃供氧不足的燃烧中产生最多。煤焦化工及石油化工等现代工业的兴起和发展极大程度地增加了多环芳烃对人类环境的污染。

多环芳烃化合物种类很多，其性质和毒性作用差别很大。生活环境中危害性较大的多环芳烃主是萘、苊、蒽、菲和苯并芘等。

① 高效液相色谱法——总量分析　将固体废物用有机溶剂甲苯溶解，使液相的固相物质分离，液相用甲醇溶剂稀释，固相用甲苯溶剂超声提取法处理，用配备荧光检测器和紫外检测器的高效液相色谱仪（HPLC）分别测定各相中多环芳烃（PAHs）的含量。两相之和即为固体废物中PAHs的总量。

a. 样品的溶解和稀释　样品切碎，混合均匀，准确称取约 1.00g 样品，放入 20mL 烧杯内，加入 10mL 甲苯，用玻璃棒搅拌，待溶液成黑色，用滤纸过滤，滤液移入 50mL 容量瓶。以后每次向烧杯内加约 10mL 甲苯，重复上述操作。加入甲苯数次，样品全部溶解后，定容至 50mL。用移液管取 0.4mL 或 0.5mL 甲苯样液，放入 10mL 容量瓶，加入甲醇溶剂稀释至刻度。放入冰箱 4℃下保存，待 HPLC 分析用。

b. 干渣样制备　经甲苯溶解后残留在烧杯内的固体和用过的滤纸，放入通风柜内，使残存的溶剂挥发。得固体干渣，滤纸上的粉末刮下，合并到烧杯内，得干渣样。准确称取干渣质量。将渣样用玻璃研钵磨成粉末，混合均匀，放入冰箱内保存。

c. 超声提取与分离　准确称取约 0.20g 干渣样，放入 10mL 离心管，加入 5mL 甲苯，塞紧瓶盖，振摇离心管，使甲苯和渣样混合均匀，放置 75～90min，放置中要多次振摇离心管。加入 2mL 甲苯，将管壁冲净。离心管置于超声波发生器内，超声提取 20min 后，将离心管离心 5min，将上清液全部转移至 10mL 容量瓶，再分别用 3mL 甲苯按上述操作提取分离，上清液移入上述容量瓶。用 1mL 甲苯洗涤瓶塞与瓶壁，振摇离心管 1～2min，离心 3min，残渣浓缩在管底，上清液移入上述容量瓶，定容 10mL。放入冰箱内 4℃保存，待 HPLC 分析用。

d. HPLC 分析　将液相色谱仪调至最佳测试条件，用荧光检测器或紫外检测器检测，采用外标法定量。

e. 计算 PAHs 浓度计算公式如下：

$$c_i = \frac{K_i h_i V}{m_i V_i} \tag{3-16}$$

式中 c_i——PAHs 浓度，$\mu g/g$；

K_i——标样浓度×标样进样体积/标样峰高，$\mu g/mm$；

h_i——样品峰高，mm；或峰面积，mm^2；

V——样品定容体积或稀释体积，mL；

m_i——取样量，g；

V_i——样品进样体积，μL。

$$样品 PAHs 含量 = \frac{c_L W_L + c_S W_S}{W} \tag{3-17}$$

式中 c_L——液相 PAHs 浓度，$\mu g/g$；

W_L——液相质量，g；

c_S——固相 PAHs 浓度，$\mu g/g$；

W_S——固相质量，g；

W——固相总质量，g。

② 高效液相色谱法——浸出毒性实验 在实验室内，按一定程序测定样品的 pH 值，选择适当的浸提剂浸取固体废物样品，获得浸出液。测定浸出液中目标化合物的浓度值，并与鉴别标准值比较，若超标，则为危险废物。

浸出实验用的浸提液有两种。

Ⅰ号浸提剂 在 500mL 蒸馏水中，加入 5.7mL 冰醋酸及 64.3mL 1.0mol/L 的氢氧化钠溶液，用蒸馏水稀释至 1L，pH 值为 4.93±0.05。

Ⅱ号浸提剂 将 6.7mL 冰醋酸用蒸馏水稀释至 1L，其 pH 值为 2.88±0.05。

称取 5.0g 样品移至 500mL 烧杯，加入 95mL 去离子水，用磁力搅拌器强烈搅拌 5min，测定 pH 值，若 pH<5，则选用Ⅰ号浸提剂。若 pH>5，则加入 3.5mL 1.0mol/L 盐酸溶液，混匀，加热至 50℃，保持 10min，冷却至室温，测定 pH 值，若 pH<5，则使用Ⅰ号浸提剂；若 pH>5，则使用Ⅱ号浸提剂。

在监测分析的过程中要注意以下事项。

a. 在现场采集样品的固体废物，必须制备成粒径小于 5mm 的均匀样。

b. 制备样品迅速置于带盖的玻璃瓶内，放在冰箱内 4℃以下保存备用。

c. 用有机溶剂环己烷萃取浸出液，若乳化现象严重，必须破乳。向分液漏斗中加入蒸馏水，使浸出液体积达到 150mL，再进行环己烷萃取。

d. PAHs 是致癌物，实验时应注意安全，要有保护措施，如需要备有一次性手套。

(6) 二噁英　二噁英（PCDD/Fs）是指氯代二苯并对二噁英（PCDDs）和代二苯并呋喃（PCDFs）类物质的总称，属于氯代含氧三环芳烃类化合物。二噁英具有极强的致癌性、免疫毒性和生理毒性。已经证实这类化合物化学性质极为稳定，难于生物降解，并能在食物链中富集。

许多含氯化合物在生产和使用过程中都可能产生二噁英，在氯酚类（2,3,4-三氯酚、1,2,4,5-四氯苯酚、五氯苯酚）、氯代苯氧乙酸、多氯联苯、氯代苯醚农药等生产过程中，均伴随着痕量的 PCDD/Fs 的产生。这些化工厂及生产和使用这些化工产品的木材加工厂、纸浆厂、制革厂等的废渣中也可能含有 PCDD/Fs。

二噁英的检测分析通常采用同位素稀释高分辨毛细管气相色谱法-高分辨质谱法（HRGC-HRMS）联用技术。

四、生活垃圾特性测定

1. 垃圾采集和样品制备

从不同的垃圾产生地、储存场或堆放场提取有代表性的各类试样，既是垃圾特性研究的第一环节，也是保证获得研究数据准确性的重要前提。因此，实施生活垃圾采样之前，应对垃圾产地的自然环境和社会环境进行调查，如居住状况、生活水平等，同时也要考虑在收集、运输、储存等过程中可能发生的变化，然后对各种相关因素进行科学分析，制定出周密的采样计划，配备各种采样工具，掌握采样的基本技巧。采样过程必须详细记录采样地点、时间、种类、表观特性等，在记录卡传递过程中，必须有专人签署，便于核查。

（1）采样地点的确定　通常根据市区人口、主要功能区类和调查目的，按表3-6和表3-7确定点位及点数，并保证采样点垃圾具有代表性和稳定性。

表 3-6　各主要功能区采样点的确定

序号	1			2	3	4	5	6
分区	居　民　区			事业区	商　业　区	清扫区	特殊区	混合区
类别	燃煤区	半燃煤区	无燃煤区	办公文教	商店(场)、饭店、娱乐场所、交通场所	街道、园林广场	医院	使馆、领馆	垃圾堆放处理场

表 3-7　城市人口与采样点确定

市区人口/万人	50以下	50～100	100～200	200以上
最少采点数/个	8	16	20	30

（2）采样频率和时间　采样频率一般是每月两次，在因环境而引起垃圾变化的时期，可调整部分月份的采样频率或增加采样频率，但两次采样间隔时间应大于10天。此外还要求采样应在无大风、雨、雪的条件下进行；在同一市区每次各点的采样宜尽可能同时进行；各类垃圾收集点收运垃圾前进行。

（3）采样方法　生活垃圾采样的设备及工具有采样车、1t双排座货车、密闭容器、磅秤等，锹、耙、锯、锤子和剪刀等为常用的采样工具。采样的方法主要有以下几种。

① 在大于 $3m^3$ 的设施（箱、坑）中采样用立体对角布点法，如图3-2所示。在等距点（不少于3个）采等量垃圾，共100～200kg。

② 在小于 3m³ 的设施（箱、桶）中，每个设施采 20kg 以上，最少采集 5 个样品，共 100~200kg。

③ 在混合垃圾点采样时应采集当日收运到堆放处理场的垃圾车中的垃圾，在间隔的每辆车内或在其卸下的垃圾堆中采用立体对角线法在 3 个等距点采等量垃圾共 20kg 以上；最少采 5 车，共采 100~200kg。

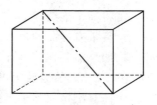

图 3-2　立体对角线布点采样法

采样量也可依式（3-18）来确定各类垃圾样品的最低量，即：

$$G = 0.06d \tag{3-18}$$

式中　G——样品质量，kg；

　　　d——垃圾的最大粒度，mm。

（4）样品预处理　测定垃圾密度后将大块垃圾破碎至粒径小于 50mm 的小块，摊铺在水泥地面充分混合搅拌，再用四分法缩分 2（或 3）次至 25~50kg 样品，置于密闭容器运到分析场地。确实难全部破碎的可预先剔除，在其余部分破碎缩分后，按缩分比例，将剔除垃圾部分破碎加入样品中。样品根据情况进行粉碎、干燥再储存，其水分含量、pH 值、垃圾的质量、体积、容量等应按要求测定、记录。

经预处理后的样品应尽快进行相关指标的分析，否则必须将样品摊铺在室内避风阴凉的铺有防渗塑料胶布的水泥地面，厚度不超过 50mm，并防止样品损失和其他物质的混入，保存期不超过 24h。

2. 生活垃圾特性分析

（1）粒度的测定　一般借助筛分法来确定物料的粒度。由于物料只有在二维尺寸均小于筛孔时，才能通过筛孔，所以筛分法是掌握试样粒度分布的简单方法，试样筛分的步骤如下：

① 称出每一只筛子的质量，筛目的大小取决于筛网的材料。

② 将这些筛子按筛目规格序列排放，在最下面放一秤盘。

③ 在筛子上放置需筛分的试样。

④ 将筛子连续摇动 15min。

⑤ 将带有样品的每一只筛子称重。

⑥ 如果需要在试样干燥后再称重,可将筛子放在烘箱中,在 70℃下烘 24h,然后放干燥器中冷却,再称重。

⑦ 计算出每只筛子上的微粒百分比。

$$微粒百分比 = \frac{(微粒质量 + 筛子质量) - 筛子质量}{总样品质量} \times 100\%$$

(3-19)

(2) 淀粉的测定　垃圾在堆肥处理过程中,需借助淀粉量分析来鉴定堆肥的腐蚀程度。该分析化验的基础是利用垃圾在堆肥过程中形成的淀粉碘化配合物。这种配合物颜色的变化与堆肥降解度的关系,当堆肥降解尚未结束时,淀粉碘化配合物呈蓝色,当降解结束即呈黄色。堆肥颜色的变化过程是深蓝→浅蓝→灰→绿→黄。样品分析的步骤如下。

① 将 1g 堆肥置于 100mL 烧杯中,滴入几滴酒精使其湿润,再加入 20mL 36% 的高氯酸。

② 用纹网滤纸(90#纸)过滤。

③ 加入 20mL 碘反应剂(将 2g 反应剂溶解到 500mL 水中,再加入 0.08g I_2)到滤液中并搅动。

④ 将几滴滤液滴到白色板上,观察其颜色变化。

(3) 总有机碳的测定　垃圾试样的总有机碳含量测定在 TOC 测定仪上进行。燃烧氧化-非分散红外吸收法测定 TOC 方法原理如下。

垃圾试样放入反应管中,在 950℃、催化剂(铂和二氧化钴或三氧化二铬)和载气中氧的作用下,使样品中的有机化合物转化成为二氧化碳,并进入非色散红外线检测器。由于一定波长的红外线被二氧化碳选择吸收,并在一定浓度范围内,二氧化碳对红外线吸收的强度与二氧化碳的浓度成正比,故可进行总碳的定量测定。

早期的 TOC 测定仪只能测试水样中的有机碳,要想测定固体样品中的总有机碳必须先对固体样品进行水浸提,然后对浸提液进行分析,这样得到的仅是水溶性有机碳。目前,新型的 TOC 仪已具备了固体样品总有机碳的直接测试功能。

大量的实验表明,垃圾中的有机碳含量大约是有机物质的 47%。因此,在没有 TOC 测定仪的情况下,也可采用粗略估算法获得总有机碳的含量,即测定易挥发性固体的质量(VS),然后再乘以 47%,其测定步骤如下:

① 将垃圾试样在实验室内研磨并烘干。
② 将一个干燥的、燃烧过的且已冷却的坩埚称重。
③ 将适量已烘干的垃圾放入此坩埚中然后一起称重。
④ 在马弗炉内用 600℃ 温度燃烧 15min。
⑤ 移到干燥器中冷却并称重。
⑥ 两次称重的质量差即为挥发性固体的质量。

总有机碳(g/g)的估算公式为:

$$总有机碳含量 = 0.47 \times VS$$

而
$$VS = \frac{a-b}{a-c} \tag{3-20}$$

式中 a——垃圾加上坩埚的质量;
b——燃烧过的垃圾与坩埚的质量;
c——坩埚的质量。

(4)生物降解度的测定　垃圾中有机物质的含量是衡量垃圾质量的重要指标,它很大程度上决定了垃圾的处理方法,垃圾中有机物含量越高,则选择利用堆肥、焚烧等处理方法进行处理的可能性越大。在垃圾填埋厂设计和运行过程中,垃圾有机质的含量也是重要的参考指标。

垃圾中含有大量天然人工合成的有机物,有的容易生物降解,有的难以生物降解。生物降解度的测定是一种以化学手段估算生物可降解度的间接测试方法,类似于水中化学需氧量的测定。根据生物可降解有机物应比生物难降解有机物更容易被氧化这一点,在原有的"湿烧法"测定固体总有机质方法的基础上,采用了常温反应,并降低了强氧化剂溶液的氧化程度,使之有选择地氧化生物可降解物质。其测试方法为:在常温和强酸条件下,以强氧化剂重铬酸钾氧化垃圾中的有机质,过量的重铬酸钾以硫酸亚铁铵回滴,根据所消耗的氧化剂的量,可计算垃圾中有机质的量,并可换算为生物可降度(%)。如式(3-21)所示。

$$生物可降解度 = \frac{(V_0 - V_1) \times c \times 6.383 \times 10^{-3} \times 10}{W} \times 100\%$$

(3-21)

式中 V_0——空白实验所消耗的硫酸亚铁铵标准溶液的体积,mL;

V_1——样品测定所消耗的硫酸亚铁铵标准溶液的体积,mL;

c——硫酸亚铁铵标准溶液的浓度,mol/L;

6.383——换算系数(碳的换算系数3.0除以生物可降解物质的平均含碳量4.7%);

W——样品质量,g。

试验具体操作步骤如下。

① 称取0.5g已磨碎的烘干试样,放入500mL锥形瓶中,准确移入15mL重铬酸钾溶液和20mL硫酸,在室温下将这一混合溶液至于振荡器中振荡1h,放置12h。

② 取下锥形瓶,加水至标线,混合均匀,分取25mL于锥形瓶中,加入亚铁灵指示剂3滴,用硫酸亚铁铵标准溶液回滴,在滴定过程中颜色的变化是从棕绿→绿蓝→蓝→绿,在等当点时呈纯绿色,表明滴定至终点。

③ 用同样的方法在不放试样的情况下做空白实验。

如果加入指示剂时已出现绿色,则试验必须重做,必须再加入30mL重铬酸钾溶液。

(5) 垃圾热值的测定 由于城市垃圾含有一定量的可燃(发热)成分,因此具有一定的含热值(能)量。热值(单位质量物质的含热量)表明垃圾的可燃性质,是垃圾焚烧处理的重要指标。

对于生活垃圾类固体废物，单位量（1g或1kg）完全燃烧氧化时的反应热称为热值。热值分高热值（H_0）和低热值（H_u），垃圾中可燃物质的热值为高热值。但实际上垃圾中总含有一定量不可燃的惰性物质和水。当燃料升温时，这些惰性物质和水要消耗热量，同时燃烧过程中产生的水以蒸气的形式挥发也消耗热量。所以，实测的热值要低很多，这一热值称为低热值。由此可见，低热值更有使用价值。

高热值与低热值之间的换算如式（3-22）所示。

$$H_u = H_0 \left[\frac{100-(I+W)}{100-W_L} \right] \times 5.85W \qquad (3-22)$$

式中　H_u——低热值，kJ/kg；

　　　H_0——高热值，kJ/kg；

　　　I——惰性物质含量，%；

　　　W——垃圾的表面湿度，%；

　　　W_L——剩余的和吸湿性的湿度，%，通常W_L对结果的精确性影响不大，因而可以忽略不计。

热值的测定方法有量热法和热耗法。前者的困难是要了解比热容值，因为垃圾组分变化范围大，其中塑料和纸类比热容差异大。热耗大约与干物质的有机物所占比例相关联，所以能在垃圾的热耗和高热值之间建立相关性。

3. 垃圾渗滤液的分析

在生活垃圾的填埋、焚烧、堆肥三种大处理方法中，渗滤液主要来源于卫生填埋场，在填埋初期，由于地表水和地下水的流入、雨水的渗入以及垃圾本身的分解会产生大量的污水，该污水称之为垃圾渗滤液。垃圾渗滤液提取或溶出了垃圾组成中的物质，其水质与一般生活污水有很大的差异。垃圾渗滤液有机化合物含量相当高，严重影响地下水和地面水，对水和土壤环境及大气造成较为严重的污染。据监测某垃圾填埋场的渗滤液COD_{Cr}为50000～80000mg/L，BOD_5为20000～35000mg/L，总氮为400～2600mg/L，氨氮为500～2400mg/L（重金属未测），均超过国家《污水综合排放标准》三级标准几十至几百倍。但在渗滤液中几乎不含油类，因为生活垃圾具有吸收和保持油类的能力，在数量上至少达到 2.5g/kg 干废物。此外，渗滤液中几乎没有氰化物、金属和金属汞等水必测项目。

生活垃圾填埋场垃圾渗滤液排放控制项目为悬浮物（SS）、化学需氧量（COD_{Cr}）、生化需氧量（BOD_5）和大肠菌值。

生活垃圾渗滤液不得排入 GB 3838—1988 中规定的 Ⅰ、Ⅱ 类水域和 Ⅲ 类水域的饮用水源保护区及 GB 3097—1982 Ⅰ 类海域。对排入 GB 3838—1988 Ⅲ 类水域或 GB 3097—1982 Ⅱ 类海域的生活垃圾渗滤液，其排放限值执行表 3-8 中的一级指标值；对排入 GB 3838—1988 Ⅳ、Ⅴ 类水域或 GB 3097—1982 Ⅲ 类海域的生活垃圾渗滤液，其排放限值执行表 3-8 中的二级指标值；对排入设置城市二级污水处理厂的生活垃圾渗滤液，其排放限值执行表 3-8 中的三级指标值。

表 3-8　生活垃圾渗滤液排放限值（大肠菌值除外）　　　　/(mg/L)

项　　目	一　级	二　级	三　级
悬浮物	70	200	400
生化需氧量（BOD_5）	30	150	600
化学需氧量（COD_{Cr}）	100	300	1000
氨氮	15	25	—
大肠菌值	$10^{-1} \sim 10^{-2}$	$10^{-1} \sim 10^{-2}$	—

（1）渗滤液的特性　渗滤液的特性决定于其组成和浓度。由于不同国家、不同地区、不同的季节的生活垃圾组成变化很大，而且随着填埋时间的不同，渗滤液组成和浓度也会发生变化。

① 渗滤液的特点

a. 成分的不稳定性　主要取决于垃圾组成。

b. 浓度的可变性　主要取决于填埋时间。

c. 组成的特殊性　垃圾中存在的物质，渗滤液不一定存在。

垃圾渗滤液与一般工业废水、生活污水组成上和浓度上的极大差异，导致监测项目上的很大不同。

② 渗滤液的化学组成　渗滤液中的化学成分主要产生于以下三个方面。

a. 垃圾本身含有的水分及渗入垃圾的雨水溶解了大量的可溶性有机物和无机物。

b. 垃圾由于生物、化学、物理作用产生的可溶性有机物和无机物。

c. 覆土和周围土壤中进入渗滤液的可溶性物质。

③ 渗滤液的性质　垃圾渗滤液的性质随着填埋场的使用年限不同而发生变化，这是由于填埋场的垃圾在稳定化过程中不同阶段的特点决定的，大体上可以分为五个阶段。

a. 初调节阶段　水分在固体垃圾中积累，为微生物的生存、活动提供条件。

b. 氧化态转化阶段　垃圾中水分超过其含水能力，开始渗出，同时由于大量微生物的活动，系统从有氧状态转化为无氧状态。

c. 酸性发酵阶段　此阶段碳氢化合物分解成有机酸，有机酸分解成低脂肪酸，低脂肪酸占主要地位，pH 值随之下降。

d. 沼气产生阶段　在酸化段中，由于产氨细菌的活动，使氨态氮浓度增高，氧化还原电位降低，pH 值上升，为产甲烷菌的活动创造适宜的条件，专性产甲烷菌将酸化段代谢产物分解为以甲烷和二氧化碳为主的沼气。

e. 稳定化阶段　垃圾及渗滤液中有机物得到稳定，氧化还原电位又上升，渗滤液污染物浓度很低，沼气几乎不再产生。

（2）渗滤液监测

① 采样点的布置　设有垃圾渗滤液收集系统时，应以渗滤液集液井为采样点，在收集液井通向地面的井口取渗滤液样品；而无渗滤液收集系统，靠黏土天然防渗层吸附垃圾渗滤液的填埋场，应以吸附渗滤液的黏土作为渗滤液样品分析的样品。

② 渗滤液采样　应以硬质小塑料桶为取样器，不得用泵抽吸，每次取水样 500～1000mL。

③ 采样频次　填埋场启用后，渗滤液水质监测实行随时监测

和定期监测相结合的监测制度，定期监测频次一般每月 1~2 次，第二年以后每季度取 1 次，连续监测，对主要的污染因子最好实行逐日监测。

④ 监测项目及分析方法　我国根据实际情况，由上海环境卫生设计科研所起草，建设部提出了《垃圾渗滤液理化分析和微生物学检验方法》（CJ/T 3018.1~3018.5）。常规监测项目包括：水温、色度、pH 值、总固体、总溶解性固体、总悬浮性固体、硫酸盐、氨态氮、凯氏氮、氯化物、COD_{Cr}、BOD_5、总磷、钾、钠、细菌总数等。条件许可时，可加测硫化物、有机质、甲硫醇、二甲基二硫和重金属等项目。

垃圾堆放物周围孳生苍蝇、蚊子等各种有害生物，一般将苍蝇密度作为代表性监测项目。

4. 渗滤试实验

垃圾长期堆放可能通过渗漏污染地下水和周围土地，应进行渗漏模型实验。按图 3-3 所示的装置，将 0.5 孔径筛的固体废物装入玻璃管柱内，在上面玻璃瓶中加入雨水或蒸馏水以 12mL/min 的速度通过管柱下端的玻璃棉流入锥形瓶内，每隔一定的时间测定渗滤液中有害物质的含量，然后画出时间-渗滤液中有害物质浓度曲线。这一试验有利于研究废物堆放场所对周围环境的影响。

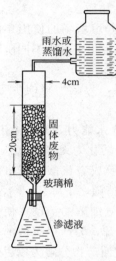

图 3-3　固体废物渗漏模型试验装置

习　题

1. 何为浸出毒性？浸出毒性实验方法有几种？在实际工作中如何选用？

2. 冷原子吸收法测定固体废物中汞的干扰物有哪些？应如何消除？

3. 用异烟酸-吡啶酮分光光度法测定固体废物中氰化物时的干扰物质有哪几类？

4. 写出固体废物中硫化物测定的浸出液制备方法及浸出液的保存方法。

5. 简述城市垃圾的来源和分类。

6. 城市生活垃圾特性分析包括哪些监测指标，分别简述其测定步骤。

7. 垃圾渗滤液有何特性？它的监测项目包括哪些？为什么垃圾堆场年限不同，渗滤液的产量和水质也不同？

8. 生活垃圾和固体废物热值测定对其处理有何作用？

本章能力考核要求

能力要求	范围	内容
理论知识	固体废物有害特性的监测方法	1. 有害固体废物鉴别的依据 2. 有害固体废物的特性及有害特性的鉴别标准 3. 有害固体废物有害特性的检测方法
	固体废物监测	1. 固体废物浸出液的制备方法 2. 待测液的前处理方法
操作技能	仪器使用	1. 分析天平的使用 2. 紫外可见分光光度计的使用 3. 原子吸光光谱仪的使用 4. 离子计的使用 5. 气相色谱仪及离子色谱仪的使用
	固体废物样品的分析测定	1. 固体废物样品的前处理 2. 固体废物样品中污染成分的提取 3. 各种仪器的结构及工作原理
	数据记录与处理	1. 记录内容的完整性 2. 有效数字的位数 3. 数据的正确处理 4. 报告的格式与工整性

参 考 文 献

1 李国刚编著. 固体废物试验与监测分析方法. 北京：化学工业出版社，2003
2 奚旦立，孙裕生，刘秀英编. 环境监测（第三版）. 北京：高等教育出版社，2004

3 陈玲，赵建夫主编．环境监测．北京：化学工业出版社，2004
4 万本太等编著．中国环境监测技术路线研究．湖南科学技术出版社，2003
5 齐文启，孙宗光，边归国编著．环境监测新技术．北京：化学工业出版社，2004
6 李秀金主编．固体废物工程．北京：中国环境科学出版社，2003
7 国家环保总局，水和废水监测分析方法编委会编．水和废水监测分析方法（第四版）．北京：中国环境科学出版社，2002
8 毛跟年，许牡丹，黄建文编著．环境中有害物质与分析检测．北京：化学工业出版社，2004
9 《环境监测技术基本理论（参考）试题集》编写组编．环境监测技术基本理论（参考）试题集．北京：中国环境科学出版社，2002
10 徐蕾主编．固体废物污染控制．武汉：武汉工业大学出版社，1998
11 中华人民共和国国家标准，GB/T 6679—2003 固体化工产品采样标准通则
12 中华人民共和国国家标准，GB 2007.1—87 散装矿产品取样、制样通则 手工取样方法
13 中华人民共和国国家标准，GB 261—83 石油产品闪点测定法（闭口杯法）

第二篇 土壤监测

第四章 土壤的组成与性质

学习指南 本章介绍了土壤监测的基本概念。学习本章要求学生了解土壤的组成与性质，了解土壤的环境背景与环境容量的基本概念及实际应用。

第一节 土壤的组成

土壤是由固体、液体、气体三相共同组成的复杂的多相体系。土壤固相包括矿物质、有机质和土壤生物；在固相物质之间为形状和大小不同的孔隙。孔隙中存在水分和空气。

$$\text{土壤组成}\begin{cases}\text{固体部分}\begin{cases}\text{无机体——土壤矿物质}\\\text{有机体——土壤有机质、土壤生物}\end{cases}\\\text{孔隙部分}\begin{cases}\text{液相——土壤及其水溶物}\\\text{气相——土壤空气}\end{cases}\end{cases}$$

土壤以固体为主，三相共存。三相物质的相对含量，因土壤种类和环境条件而异。图 4-1 显示土壤组分的大致比例。三相物质互

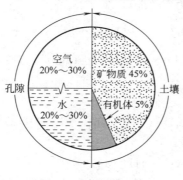

图 4-1 土壤的组成

相联系、制约，并且上与大气，下与地下水相连，构成一个完整的多介质多界面体系。

一、土壤矿物质

土壤矿物质是岩石经过物理风化和化学风化形成的。按其成因类型可将土壤矿物质分为两类：一类是原生矿物，它们是各种岩石（主要是岩浆岩）受到程度不同的物理风化而未经化学风化而形成，其原来的化学组成和结晶构造都没有改变，仅改变其形状为砂粒和粉砂粒；另一类是次生矿物，它们大多数是由原生矿物经化学风化后形成的新矿物，其化学组成和晶体结构都有所改变。在土壤形成过程中，原生矿物以不同的数量与次生矿物混合成为土壤矿物质。

1. 原生矿物

原生矿物主要有石英、长石类、云母类、辉石、角闪石、橄榄石、赤铁矿、磁铁矿、磷灰石、黄铁矿等，其中前五种最常见。土壤中原生矿物的种类和含量，随母质的类型、风化强度和成土过程的不同而异。在原生矿物中，石英最难风化，长石次之，辉石、角闪石、黑云母易风化。因而石英常成为较粗的颗粒，遗留在土壤中，构成土壤的砂粒部分；辉石、角闪石和黑云母在土壤中残留较少，一般都被风化为次生矿物。

岩石化学风化主要分为三个历程，即氧化、水解和酸性水解。

氧化：以橄榄石为例，其化学组成为 $2(Mg、Fe)SiO_4$，其中 $Fe(Ⅱ)$ 可以氧化为 $Fe(Ⅲ)$。

$$2(Mg、Fe)SiO_4(s) + \frac{1}{2}O_2(g) + 5H_2O \longrightarrow$$
$$Fe_2O_3 \cdot 3H_2O(s) + Mg_2SiO_4(s) + H_4SiO_4(aq)$$

水解：
$$2(Mg、Fe)SiO_4 + 4H_2O \longrightarrow$$
$$2Mg^{2+}(aq) + 4OH^-(aq) + Fe_2SiO_4(s) + H_4SiO_4(aq)$$

酸性分解：
$$(Mg、Fe)SiO_4(s) + 4H^+(aq) \longrightarrow$$
$$Mg^{2+}(aq) + Fe^{2+}(aq) + H_4SiO_4(aq)$$

风化反应释放出来的 Fe^{2+}、Mg^{2+} 等离子，一部分被植物吸收，一部分则随水迁移，最后进入海洋。$Fe_2O_3 \cdot 3H_2O$ 形成新矿；SiO_4^{2-} 也可与某些阳离子形成新矿。土壤中最主要的原生矿物有四类：硅酸盐类矿物、氧化物类矿物、硫化物类矿物和磷酸盐类矿物。其中硅酸盐类矿物占岩浆岩质量的 80% 以上。

原生矿物粒径比较大，土壤中 0.001～1mm 的砂粒和粉粒几乎全部是原生矿物。原生矿物对土壤肥力的贡献，一是构成土壤的骨架，二是提供无机营养物质，除碳、氮外，原生矿物中蕴藏着植物所需要的一切元素。

2. 次生矿物

土壤中次生矿物的种类很多，不同的土壤所含的次生矿物的种类和数量也不尽相同。通常根据性质与结构可分为三类：简单盐类、三氧化物类和次生硅酸盐类。

次生矿物中的简单盐类属水溶性盐，易淋溶流失。一般土壤中较少，多存在于盐渍土中。三氧化物和次生铝硅酸盐是土壤矿物质中最细小的部分，粒径小于 $0.25\mu m$，一般称之为次生黏土矿物。土壤很多重要物理、化学过程和性质都和土壤所含的黏土矿物，特别是次生铝硅酸盐的种类和数量有关。

（1）简单盐类 如方解石（$CaCO_3$）、白云石［Ca、$Mg(CO_3)_2$］、石膏（$CaSO_4 \cdot 2H_2O$）、泻盐（$MgSO_4 \cdot 7H_2O$）、岩盐（$NaCl$）、芒硝（$Na_2SO_4 \cdot 10H_2O$）、水氯镁石（$MgCl_2 \cdot 6H_2O$）等。它们都是原生矿物经化学风化后的最终产物，结晶构造也较简单，常见于干旱和半干旱地区的土壤中。

（2）三氧化物类 如针铁矿（$Fe_2O_3 \cdot H_2O$）、褐铁矿（$2Fe_2O_3 \cdot 3H_2O$）、三水铝石（$Al_2O_3 \cdot 3H_2O$）等，它们是硅酸盐矿物彻底风化后的产物，结晶构造较简单，常见于湿热的热带和亚热带地区土壤中，特别是基性岩（玄武岩、安山岩、石灰岩）上发育的土壤中含量较多。

（3）次生硅酸盐类 这类矿物在土壤中普遍存在，种类很多，是由长石等原生硅酸盐矿物风化后形成。它们是构成土壤的主要成分，故又称为黏土矿物或黏粒物。由于母岩和环境条件的不同，使岩石风化处在不同的阶段，在不同的风化阶段所形成的次生黏土矿物的种类和数量也不同。但其最终产物都是铁铝氧化物。例如，在干旱、半干旱的气候条件下，风化程度较低，处于脱盐基初期阶段，主要形成伊利石；在温暖湿润或半湿润的气候条件下，脱盐基作用增强，多形成蒙脱石和蛭石；在湿热气候条件下，原生矿物迅速脱盐基、脱硅，主要形成高岭石。再进一步脱硅的结果，矿物质彻底分解，造成铁铝氧化物的富集（即红土化作用）。所以土壤中次生硅酸盐可分为三大类，即伊利石、蒙脱石和高岭石。

次生矿物多数颗粒细小（粒径小于 0.001mm），具有胶体特性，是土壤固相物质中最活跃的部分，它影响着土壤许多重要的物理、化学性质，如土壤的颜色、吸收性、膨胀收缩性、黏性、可塑性、吸附能力和化学活性。

二、土壤有机质

土壤有机质是土壤中含碳有机物的总称。由进入土壤的植物、动物及微生物残体经分解转化逐渐形成。通常可分为两大类：一类为非腐殖物质，包括糖类化合物（淀粉、纤维素、半纤维素、果胶质等）、树脂、脂肪、单宁、蜡质、蛋白质和其他含氮化合物，它们都是组成有机体的各种有机化合物，一般占土壤有机质总量的 $10\%\sim15\%$；另一类是腐殖物质，是由植物残体中稳定性较大的木质素及其类似物，在微生物作用下，部分地被氧化而增强反应活性形成的一类特殊的有机物，它不属于有机化学中现有的任何一类。根据它们在酸和碱溶液中的行为分为富里酸（既溶于碱，又溶于酸，相对分子质量低，色浅）、腐殖酸（溶于碱，不溶于酸，相对分子质量较大，色较深）和腐黑物（酸碱均不溶，相对分子质量最大，色最深）三个组分，它们都属于高分子聚合物，都具有芳环结构，苯环周围连有多种官能团，如羧基、羟基、甲氧基、酚羟基和醇羟基以及氨基等，它们具有许多共同的理化特性，如较大的比表面，较高的阳离子代换量等。

土壤有机质一般占土壤固相总质量的5%左右，含量虽不高，却是土壤的重要组成部分，土壤有机质因其具有的多种官能团，对土壤的理化性质和土壤中的化学反应均有较大影响。

三、土壤水分

土壤水分是土壤的重要组成部分，主要来自大气降水和灌溉。在地下水位接近地面（2～3m）的情况下，地下水也是上层土壤水分的重要来源。此外，空气中水蒸气遇冷凝结成土壤水分。

水进入土壤以后，由于土壤颗粒表面的吸附力和微细孔隙的表面张力，可将一部分水保持住。但不同土壤保持水分能力不同。砂土由于土质疏松，孔隙大，水分容易渗漏流失；黏土土质细密，孔隙小，水分不容易渗漏流失。气候条件对土壤水分含量影响也很大。

土壤水分并非纯水，实际上是土壤中各种成分和污染物溶解形成的溶液，即土壤溶液。因此土壤水分既是植物养分的主要来源，也是进入土壤的各种污染物向其他环境圈层（如水圈、生物圈等）迁移的媒介。

四、土壤空气

土壤空气存在于未被水分占据的土壤空隙中。土壤空气组成与大气基本相似，主要成分都是N_2、O_2、CO_2。其差异有以下几个方面。①土壤空气存在于相互隔离的土壤孔隙中，是一个不连续的体系；②在O_2、CO_2含量上有很大差异。土壤空气中CO_2含量比大气中高得多。大气中CO_2含量为0.02%～0.03%，而土壤空气中CO_2含量一般为0.15%～0.65%，甚至高达5%，这主要由于生物呼吸作用和有机物分解产生。氧的含量低于大气。土壤空气中水蒸气的含量比大气高得多。土壤空气中还含有少量的还原性气体，如CH_4、H_2、H_2S、NH_3等。如果是被污染的土壤，其空气中还可能存在污染物。

土壤空气是土壤肥力的要素之一，土壤的状况（含量、组成）直接影响着土壤中潜在养分的释放，也影响着土壤性质及污染物在土壤中的迁移转化和归宿。

习 题

1. 简述土壤的主要组成。
2. 土壤矿物按成因类型可分为____和____两类。土壤中主要的原生矿物可分为____、____、____、____四类。次生矿物中的简单盐类可分为____、____、____三类。
3. 土壤有机质可分为____和____两大类。非腐殖物质包括____、____、____等,占土壤有机质总量的____。腐殖物质根据其在酸碱中的行为可分为____、____、____三个组分,它们都属于____。

第二节 土壤的性质

一、土壤的吸附性

土壤具有吸附并保持固态、液态和气态物质的能力,称为土壤的吸附性能。土壤中两个最活跃的组分是土壤胶体和土壤微生物,它们对污染物在土壤中的迁移、转化有重要作用。土壤胶体以巨大的比表面积和带电性而使土壤具有吸附性。

1. 胶体的性质

(1) 土壤胶体具有巨大的比表面积和表面能。比表面积是单位质量(或体积)物质的表面积。一定体积的物质被分割时,随着颗粒数的增多,比表面积也显著地增大。

物体表面的分子与该物体内部的分子所处的条件是不相同的。物体内部的分子在各方面都与它相同的分子相接触,受到的吸引力相等;而处于表面的分子所受到的吸引力是不相等的,表面分子具有一定的自由能,即表面能。物质的比表面积越大,表面能也越大。

(2) 土壤胶体的电性。土壤胶体微粒具有双电层,微粒的内部称微粒核,一般带负电荷,形成一个负离子层(即决定电位离子层);其外部由于电性吸引,而形成一个正离子层(又称反离子层,包括非活动性离子层和扩散层),即合称为双电层。决定电位层与液体间的电位差通常叫做热力电位,在一定的胶体系统内它是不变的。在非活动性离子层与液体间的电位差叫电动电位,它的大小视扩散层厚度而定,随扩散层厚度增大而增加。扩散层厚度决定于补偿离子的性质,电荷数量少而水化程度大的补偿离子(如 Na^+)形成的扩散层较厚,反之,扩散层较薄。

(3) 土壤胶体的凝聚性和分散性。由于胶体的比表面积和表面能都很大,为减少表面能,胶体具有相互吸引、凝聚的趋势,这就是胶体的凝聚性。但在土壤溶液中,胶体常带负电荷,即具有负的电动电位,所以胶体微粒又因相同电荷而相互排斥,电动电位越高,相互排斥力越强,胶体微粒呈现出的分散性也越强。

影响土壤凝聚性能的主要因素是土壤胶体的电动电位和扩散层厚度,例如,当土壤溶液中阳离子增多,由于土壤胶体表面负电荷被中和,从而加强了土壤的凝聚。阳离子改变土壤凝聚作用的能力与其种类和浓度有关。一般土壤溶液中常见阳离子的凝聚能力顺序如下:$Na^+ < K^+ < NH_4^+ < H^+ < Mg^{2+} < Ca^{2+} < Al^{3+} < Fe^{3+}$。此外,土壤溶液中电解质浓度、pH 值也将影响其凝聚性能。

2. 土壤胶体的离子交换吸附

在土壤胶体双电层的扩散层中,补偿离子可以和溶液中相同电荷的离子以离子价为依据作等价交换,称为离子交换(或代换)。离子交换作用包括阳离子交换吸附作用和阴离子交换吸附作用。

(1) 土壤胶体的阳离子交换吸附。土壤胶体吸附的阳离子,可与土壤溶液中的阳离子进行交换,其交换反应如下:

$$\boxed{土壤胶体}{\begin{matrix}-Na^+\\-Na^+\end{matrix}} + Ca^{2+} \rightleftharpoons \boxed{土壤胶体}= Ca^{2+} + 2Na^+$$

土壤胶体阳离子交换吸附过程除以离子价为依据进行等价交换和受质量作用定律支配外,各种阳离子交换能力的强弱,主要依赖于以下因素。①电荷数。离子电荷数越高,阳离子交换能力越强。②离子半径及水化程度。同价离子中,离子半径越大,水化离子半径就越小,因而具有较强的交换能力。土壤中一些常见阳离子的交换能力顺序如下:$Fe^{3+} > Al^{3+} > H^+ > Ba^{2+} > Sr^{2+} > Ca^{2+} > Mg^{2+} >$

$Cs^+>Rb^+>NH_4^+>K^+>Na^+>Li^+$。

每千克干土中所含全部阳离子总量,称阳离子交换量,以厘摩尔每千克土(cmol/kg 土)表示。不同土壤的阳离子交换量不同。①不同种类胶体的阳离子交换量顺序为:有机胶体＞蒙脱石＞水化云母＞高岭土＞含水氧化铁、铝。②土壤质地越细,阳离子交换量越高。③土壤胶体中 SiO_2/R_2O_3 比值越大,其阳离子交换量越大,当 SiO_2/R_2O_3 小于 2,阳离子交换量显著降低。④因为胶体表面 OH 基团的离解受 pH 值的影响,所以 pH 值下降,土壤负电荷减少,阳离子交换量降低;反之,交换量增大。

土壤的可交换性阳离子有两类:一类是致酸离子,包括 H^+ 和 Al^{3+};另一类是盐基离子,包括 Ca^{2+}、Mg^{2+}、K^+、Na^+、NH_4^+ 等。当土壤胶体上吸附的阳离子均为盐基离子,且已达到吸附饱和时的土壤,称为盐基饱和土壤。当土壤胶体上吸附的阳离子有一部分为致酸离子,则这种土壤为盐基不饱和土壤。在土壤交换性阳离子中盐基离子所占的百分数称为土壤盐基饱和度。

$$盐基饱和度 = \frac{交换性盐基总量(cmol/kg)}{阳离子交换量(cmol/kg)} \times 100\%$$

土壤盐基饱和度与土壤母质、气候等因素有关。

(2) 土壤胶体的阴离子交换吸附。土壤中阴离子交换吸附是指带正电荷的胶体所吸附的阴离子与溶液中阴离子的交换作用。阴离子的交换吸附比较复杂,它可与胶体微粒(如酸性条件下带正电荷的含水氧化铁、铝)或溶液中阳离子(Ca^{2+}、Al^{3+}、Fe^{3+})形成难溶性沉淀而被强烈地吸附。如 PO_4^{3-}、HPO_4^{2-} 与 Ca^{2+}、Fe^{3+}、Al^{3+} 可形成 $CaHPO_4 \cdot 2H_2O$、$Ca_3(PO_4)_2$、$FePO_4$、$AlPO_4$ 难溶性沉淀。由于 Cl^-、NO_3^-、NO_2^- 等离子不能形成难溶盐,故它们不被或很少被土壤吸附。各种阴离子被土壤胶体吸附的顺序如下:$F^->$草酸根＞柠檬酸根＞$PO_4^{3-}>AsO_4^{3-}>$硅酸根＞$HCO_3^->H_2BO_3^->CH_3COO^->SCN^->SO_4^{2-}>Cl^->NO_3^-$。

二、土壤的酸碱性

由于土壤是一个复杂的体系,其中存在着各种化学和生物化学反应，因而使土壤表现出不同的酸性或碱性。根据土壤的酸度可以将其划分为9个等级（见表4-1）。

表 4-1　土壤酸碱度分级

酸碱度分级	pH 值	酸碱度分级	pH 值
极强酸性	<4.5	弱碱性	7.0～7.5
强酸性	4.5～5.5	碱性	7.5～8.5
酸性	5.5～6.0	强碱性	8.5～9.5
弱酸性	6.0～6.5	极强碱性	>9.5
中性	6.5～7.0		

我国土壤的 pH 值大多在 4.5～8.5 范围内，并有由南向北 pH 值递增的规律性，长江（北纬 33°）以南的土壤多为酸性和强酸性，如华南、西南地区广泛分布的红壤、黄壤，pH 值大多在 4.5～5.5 之间，有少数低至 3.6～3.8；华中华东地区的红壤，pH 值在 5.5～6.5 之间。长江以北的土壤多为中性或碱性，如华北、西北的土壤大多含 $CaCO_3$，pH 值一般在 7.5～8.5 之间，少数强碱性土壤的 pH 值高达 10.5。

1. 土壤酸度

根据 H^+ 存在方式，土壤酸度可分为两大类。

（1）活性酸度　土壤的活性酸度是土壤溶液中氢离子浓度的直接反映，又称为有效酸度。活性酸的强度通常用 pH 值表示。

土壤溶液中氢离子的来源，主要是土壤中 CO_2 溶于水形成的碳酸和有机质分解产生的有机酸以及氧化作用产生的无机酸和无机肥料残留的酸根，如硝酸、硫酸、磷酸等。大气污染产生的酸沉降，也会使土壤酸化。所以它也是土壤活性酸的重要来源。

（2）潜性酸度　土壤潜性酸度的来源是土壤胶体吸附的可代换性 H^+ 和 Al^{3+}，这些离子处于吸附状态时，是不显酸性的，当它们通过离子交换作用进入土壤溶液后，增加了土壤溶液 H^+ 浓度，而显示酸性。只有盐基不饱和土壤才有潜性酸度，其大小与土壤代换量和盐基饱和度有关。

2. 土壤碱度

土壤的碱性反应是在土壤溶液中 OH^- 浓度超过 H^+ 浓度时反映出来的。土壤溶液之所以出现碱性反应，是由于土壤溶液中有弱酸强碱的水解性盐类的存在，其中最多的弱酸根是碳酸根和重碳酸根，因此，通常皆以碳酸根和重碳酸根的含量，作为土壤液相碱度的指标。碳酸盐碱度和重碳酸盐碱度的总和称为总碱度，可用中和滴定法测定。不同溶解度的碳酸盐和重碳酸盐对土壤碱性的贡献不同。$CaCO_3$ 和 $MgCO_3$ 的溶解度很小，在正常的 CO_2 分压下，它们在土壤溶液中的浓度很低，故富含 $CaCO_3$ 和 $MgCO_3$ 的石灰性土壤呈弱碱性（pH 值为 7.5～8.5）；Na_2CO_3、$NaHCO_3$ 及 $Ca(HCO_3)_2$ 等都是水溶性盐类，可以大量出现在土壤溶液中，使土壤溶液中的总碱度很高。从土壤 pH 值来看，含 Na_2CO_3 的土壤，其 pH 值一般较高，可达 10 以上，而含 $NaHCO_3$ 和 $Ca(HCO_3)_2$ 的土壤，其 pH 值常在 7.5～8.5，碱性较弱。

当土壤胶体上吸附的 Na^+、K^+、Mg^{2+}（主要是 Na^+）等离子的饱和度增加到一定程度时，会引起交换离子的水解作用。

$$\boxed{土壤胶体} - xNa^+ + yH_2O \rightleftharpoons \boxed{土壤胶体} \genfrac{}{}{0pt}{}{-(x-y)Na^+}{-yH^+} + yNaOH$$

结果在土壤溶液中产生 NaOH，使土壤呈碱性。此时 Na^+ 饱和度亦称为土壤碱化度。胶体上吸附的盐基离子不同，对土壤 pH 值或土壤碱度的影响也不同，见表 4-2。

表 4-2　不同盐基离子完全饱和吸附于黑钙土壤时的 pH 值

吸附性盐基离子	黑钙土壤的 pH 值	吸附性盐基离子	黑钙土壤的 pH 值
Li^+	9.00	Ca^{2+}	7.84
Na^+	8.04	Mg^{2+}	7.59
K^+	8.00	Ba^{2+}	7.35

3. 土壤的缓冲性能

把少量的酸或碱加到土壤中，其 pH 值的变化不大，土壤这种对酸碱变化的抵抗能力，称为土壤的缓冲性能或缓冲作用。它可以保持土壤反应的相对稳定，为植物生长和土壤生物的活动创造比较稳定的生活环境，所以土壤的缓冲性能是土壤的重要性质之一。

(1) 土壤溶液的缓冲作用 土壤溶液中含有碳酸、硅酸、磷酸、腐殖酸和其他有机酸等弱酸及其盐类，构成一个良好的缓冲体系，对酸碱具有缓冲作用。现以碳酸及其钠盐为例说明。当加入盐酸时，碳酸钠与它作用，生成中性盐和碳酸，大大抑制了土壤酸度的提高。

$$Na_2CO_3 + 2HCl \longrightarrow 2NaCl + H_2CO_3$$

当加入 $Ca(OH)_2$ 时，碳酸与它作用，生成溶解度较小的碳酸钙，也限制了土壤碱度的变化范围。

$$H_2CO_3 + Ca(OH)_2 \longrightarrow CaCO_3 + 2H_2O$$

土壤中的某些有机酸（氨基酸、胡敏酸等）是两性物质，具有缓冲作用。如氨基酸含氨基和羧基可分别中和酸和碱，从而对酸和碱都具有缓冲能力。

$$R-CH\begin{array}{c}NH_2\\COOH\end{array} + HCl \longrightarrow R-CH\begin{array}{c}NH_3^+Cl^-\\COOH\end{array}$$

$$R-CH\begin{array}{c}NH_2\\COOH\end{array} + NaOH \longrightarrow R-CH\begin{array}{c}NH_2\\COONa\end{array} + H_2O$$

(2) 土壤胶体的缓冲作用。土壤胶体吸附有各种阳离子，其中盐基离子和氢离子能分别对酸和碱起缓冲作用。

① 对酸的缓冲作用（以 M 代表盐基离子）

$$\boxed{土壤胶体}-M + HCl \rightleftharpoons \boxed{土壤胶体}-H + MCl$$

② 对碱的缓冲作用

$$\boxed{土壤胶体}-H + MOH \rightleftharpoons \boxed{土壤胶体}-M + H_2O$$

土壤胶体数量和盐基代换量越大，土壤的缓冲性能就越强。因此，砂土掺黏土及施用各种有机肥料，都是提高土壤缓冲性能的有效措施。在代换量相等的条件下，盐基饱和度愈高，土壤对酸的缓冲能力愈大；反之，盐基饱和度愈低，土壤对碱的缓冲能力愈大。

近年来国内外环境土壤学者从土壤环境化学的角度出发，将过去土壤对酸碱反应的缓冲性的狭隘概念,延伸为土壤对污染(物)的缓冲性的广义概念,将土壤环境对污染(物)的缓冲性定义为:"土壤因水分、温度、时间等外界因素的变化,抵御其组分浓(活)度变化的性质"。其数学表达式为:

$$\sigma = \frac{\Delta X}{\Delta T, \Delta t, \Delta \omega}$$

式中　　　σ——代表土壤的缓冲性;

ΔX——代表某元素浓(活)度变化;

$\Delta T, \Delta t, \Delta \omega$——表示温度、时间和水分的变化。

广义土壤缓冲性的主要机理是土壤的吸附与解吸、沉淀与溶解。影响土壤缓冲性的因素,主要为土壤质量、黏粒矿物、铁铝氧化物、$CaCO_3$、有机质、土壤的 CEC、pH 值和 E_h,土壤水分和温度等。

三、土壤的氧化还原性

氧化还原反应是土壤中无机物和有机物发生迁移转化并对土壤生态系统产生重要影响的化学过程。

土壤中氧气、少量的 NO_3^- 和高价金属离子,如 Fe(Ⅲ)、Mn(Ⅳ)、Ti(Ⅵ)、V(Ⅴ)等都是土壤中主要氧化剂。土壤有机质以及厌氧条件下形成的分解产物和低价金属离子等都是土壤中主要的还原剂。土壤中主要的氧化还原体系见表 4-3。

表 4-3　主要氧化还原体系

体　系	氧化态	还原态
铁体系	Fe(Ⅲ)	Fe(Ⅱ)
锰体系	Mn(Ⅳ)	Mn(Ⅱ)
硫体系	SO_4^{2-}	H_2S
氮体系	NO_3^-	NO_2^-
	NO_3^-	N_2
	NO_3^-	NH_4^+
有机碳体系	CO_2	CH_4

土壤氧化还原能力的大小可以用土壤的氧化还原电位(E_h)来衡量,其值是以氧化态与还原态物质的相对浓度比为依据的。由

于土壤中氧化态物质与还原态物质的组成十分复杂,因此计算土壤的氧化还原电位(E_h)很困难。主要以实际测量的土壤氧化还原电位来衡量土壤的氧化还原性。氧化还原电位可用能斯特方程来表示:

$$E_h = E_0 + \frac{0.059}{n} \lg \frac{[氧化态]}{[还原态]}$$

式中　E_0——标准氧化还原电位;

　　　n——反应中电子转移数。

根据实测,旱地土壤的 E_h 值大致为 400~700mV,水田土壤大致为 -200~300mV。通常当氧化还原电位 E_h<300mV,有机质体系起重要作用,土壤处于还原状况。土壤的 E_h 值决定着土壤中可能进行的氧化还原反应,因此测知土壤的 E_h 值后,就可以判断该物质处于何种价态。

当土壤的 E_h>700mV 时,土壤完全处于氧化条件下,有机物质会迅速分解;当 E_h 值在 400~700mV 时,土壤中氮素主要以 NO_3^- 形式存在;当 E_h 值<400mV 时,反硝化开始发生;当 E_h<200mV 时,NO_3^- 开始消失,出现大量的 NH_4^+。当土壤渍水时,E_h 值降至 -100mV 时,Fe^{2+} 浓度已经超过 Fe^{3+};E_h 值再降低,当小于 -200mV 时,H_2S 大量产生,Fe^{2+} 就会变成 FeS 沉淀了,其迁移能力降低了。其他变价金属离子在土壤中不同氧化还原条件下的迁移转化行为与水环境相似。

四、土壤中的生物体系

土壤环境中的生物体系,包括微生物区系、微动物区系和动物区系,是土壤环境的重要组成成分和物质能量转化的重要因素。土壤生物是土壤形成,养分转化,物质迁移,污染物的降解、转化、固定的重要参与者,主宰着土壤环境物理化学和生物化学过程、特征和结果。各土壤生物区系的组成、功能及其环境效应分述如下。

1. 土壤微生物功能及其环境效应

土壤环境为微生物提供矿质营养元素、能源、碳源、空气、水分和热量,是微生物的天然培养基。土壤微生物种类繁多,主要类群有细菌、放线菌、真菌和藻类,它们个体小、繁殖迅速、数量大。据测定土壤表层每克土含有微生物的数目,细菌为 $10^8 \sim 10^9$ 个、放线菌为 $10^7 \sim 10^8$ 个、真菌为 $10^5 \sim 10^6$ 个,藻类为 $10^4 \sim 10^5$ 个。

(1) 土壤微生物的功能　土壤微生物是土壤肥力发展的主导因素。自养型微生物可以从阳光或通过氧化原生矿物等无机化合物中摄取能源,通过同化 CO_2 取得碳源构成有机体,为土壤提供了有机质。异养型微生物通过对有机体的腐生、寄生、共生、吞食等方式获得食物和能源,是土壤有机质分解合成的主宰者。土壤微生物把不溶性的盐类转化为可溶性盐类;把有机质矿化为能被吸收利用的化合物。固氮菌能固定空气中的氮素,为土壤提供了氮;微生物分解、合成腐殖质能改善土壤的物理、化学性质。

(2) 土壤微生物的环境效应　土壤微生物是污染物的"清洁工"。土壤微生物参与污染物的转化,在土壤自净过程及减轻污染物危害方面起着重要作用。如,氨化细菌对污水、污泥中蛋白质及含氮化合物的降解、转化作用,可以较快地消除蛋白质腐烂过程产生的污秽气味。

微生物对农药的降解可使土壤对农药进行彻底的净化,其净化的途径有以下几种:①通过微生物作用把农药的毒性消除,变有毒为无毒;②微生物的降解作用,把农药转化为简单的化合物或转化成 CO_2、H_2O、NH_3、Cl_2 等;③微生物的代谢产物与农药结合,形成更为复杂的物质而失去毒性。同时,应注意微生物也会使某些无毒的有机物分子变为有毒的物质。

2. 土壤中的动物种类及其环境效应

土壤中的动物种类繁多,包括原生动物(鞭毛虫纲、肉足虫纲、纤毛虫亚门等)、蠕虫动物(线虫和环节动物)、节肢动物(蚁类、蜈蚣、螨类及昆虫幼虫)、腹足动物(蛞蝓、蜗牛等)及一些哺乳动物,对土壤性质的影响和污染的净化有重要的影响。

(1) 蚯蚓　蚯蚓是环节动物,以植物残体和动物粪便为食,参与土壤腐殖质转化过程。它对土壤的机械翻动起到疏松、拌和土壤的效应，改造了土壤结构性、通气性和透水性。据有关学者研究，蚯蚓每年在每公顷地表约堆积 10～15 吨的粪粒。这些粪粒有丰富的腐殖质和有机、无机胶体，是良好的团粒结构体。

（2）线虫 线虫是土壤中为数最多的线形动物。根据它们的食性可分为杂食性线虫、肉食性线虫和寄生性线虫。寄生性线虫常常侵害农作物（如番茄、烟草、豌豆、胡萝卜、苜蓿等），影响作物生长和产量。节肢动物和腹足动物，以植物柔软茎叶为食，起破碎植物残体的作用，为有机质腐殖化创造条件。蚂蚁可以把土壤从深层搬运至表层，所搬运的物质多富含有机质，可以肥田。腹足动物蛞蝓、蜗牛等以腐烂、半腐烂植物残体为食，参与土壤有机质转化过程。

研究表明，土壤动物吞食污染有机物和无机物，并分解吸收，进入有机体或被排泄物吸附保存，改变污染物原有的性质，因而可消除减少污染物的危害。

习　题

1. 何谓盐基饱和度？它对土壤性质有何影响？
2. 何谓土壤活性酸度和潜性酸度？两者之间有何联系？
3. 造成土壤酸性的主要原因有哪些？写出有关反应式。
4. 造成土壤碱性的主要原因有哪些？写出有关反应式。

第三节　土壤环境背景值与环境容量

一、土壤环境背景值的概念

土壤环境背景值是指未受或少受人类活动（特别是人为污染）影响的土壤环境本身的化学元素组成及其含量。它是诸成土因素综合作用下成土过程的产物，地球上的不同区域，从岩石成分到地理环境和生物群落都有很大的差异，所以实质上它是各自然成土因素（包括时间因素）的函数。由于成土环境条件仍在继续不断地发展和演变，特别是人类社会的不断发展，科学技术和生产水平不断提高，人类对自然环境的影响也随之不断地增强和扩展，目前已难于找到绝对不受人类活动影响的土壤。因此，现在所获得的土壤环境背景值也只能是尽可能不受或少受人类活动影响的数值。所谓土壤环境背景值只是代表土壤环境发展中一个历史阶段的、相对意义上的数值，并非是确定不变的数值。有了一时一地的环境背景值，就比较容易察觉哪些成分在该时该地有异常，这对于解决环境污染问题大有好处。

研究土壤环境背景值具有重要的实践意义。

① 土壤环境背景值是土壤环境质量评价，特别是土壤污染综合评价的基本依据。如评价土壤环境质量，划分质量等级或评价土壤是否已发生污染，划分污染等级均必须以区域土壤环境背景值作为对比的基础和评价的标准，并用以判断土壤环境质量状况和污染程度，以制定防治土壤污染的措施以及进而作为土壤环境质量预测和调控的基本依据。

② 土壤环境背景值是研究和确定土壤环境容量，制定土壤环境标准的基本数据。

③ 土壤环境背景值也是研究污染元素和化合物在土壤环境中的化学行为的依据。因污染物进入土壤环境之后的组成、数量、形态和分布变化，都需要与环境背景值比较才能加以分析和判断。

④ 在土地利用及其规划，研究土壤生态、施肥、污水灌溉、种植业规划，提高农、林、牧、副业生产水平和产品质量，研究食品卫生、环境医学时，土壤环境背景值也是重要的参比数据。

总之，土壤环境背景值不仅是土壤环境学，也是环境科学基础研究之一，是区域土壤环境质量评价，土壤污染态势预测预报，土壤环境容量计算，土壤环境质量基准或标准的确定，土壤环境中的元素迁移、转化研究以及制定国民经济发展规划等多方面工作的基础数据。

土壤背景值的研究大约始于20世纪70年代，它是随着环境污染的出现而发展起来的。美国、英国、加拿大、日本等国已作了较大规模的研究。例如美国在1975年就提出了美国大陆岩石、沉积物、土壤、植物及蔬菜的元素化学背景值；Mills（1975年）和Frank（1976年）分别列出了加拿大曼尼巴省和安大略省土壤中若干元素的背景值；日本（1978年）报告了水稻土元素的背景值。我国在70年代后期也开始了土壤背景值的研究工作，先后开展了北京、南京、广州、重庆以及华北平原、东北平原、松辽平原、黄淮海平原、西北黄土、西南红黄壤等的土壤和农作物的背景值研究，同时还发展了土壤背景值的应用及环境容量的同步研究，这是我国土壤背景值研究有别于其他国家的主要方面。

二、土壤环境背景值的应用

土壤环境背景值是环境科学的基础数据，广泛应用于环境质量评价、国土规划、土地资源评价、土地利用、环境监测与区划、作物灌溉与施肥以及环境医学和食品卫生等。土壤背景值是土壤环境化学元素变化的"水准标高"，是区域环境质量评价、土壤污染评价、环境影响评价及地方病防治的不可缺少的依据。

1. 土壤环境背景值是制定土壤环境质量标准的基本依据

（1）土壤环境质量标准的概念。土壤环境质量标准是为了保护土壤环境质量、保障土壤生态平衡、维护人体健康而对污染物在土壤环境中的最大容许含量所作的规定，是环境标准的一个重要组成部分，是国家环境法规之一。由于制定土壤环境质量标准难度大，制定工作开始较晚，目前，还没有一个国家制定出一个完善的土壤环境质量标准体系。

在制定环境质量标准研究中，首先要研究土壤环境质量的基准值。土壤环境质量基准是指土壤污染物对生物与环境不产生不良或有害影响的最大剂量或浓度。土壤环境基准与土壤环境标准是两个密切联系而又不同的概念。土壤环境质量基准是由污染物同特定对象之间的剂量与反应关系确定的。

土壤环境标准是以土壤环境质量基准为依据，并考虑社会、经济和技术等因素，经过综合分析制定的，由国家管理机关颁布，一般具有法律的强制性。原则上土壤环境质量标准规定的污染物容许剂量或浓度小于或等于相应的基准值。

土壤环境质量基准值通常由生物和环境效应试验研究，或环境地球化学分析方法获得。但在确定上述试验研究的情况下，许多土壤环境学工作者也常以土壤环境背景值为依据，用以确定土壤环境质量基准的暂时替代办法，并作为制定土壤环境标准的基础。

（2）利用土壤背景值确定土壤环境基准值的方法如下。

① 利用土壤背景值代替基准值。例如，加拿大的安大略省农业食品部和标准特设委员会在1978年规定土壤中镉、镍、钼的环境基准分别等于土壤背景值。

② 土壤背景值加标准差等于基准值。例如，我国20世纪70年代有的学者用土壤背景值加减2倍标准差，既 $\bar{X}\pm 2S$ 来确定基准值。荷兰土壤技术委员会的学者提出用没有污染的土壤元素含量加2倍标准差作为相应元素的上界，并以此值作为该元素的基准值，并用这个基准值来判断土壤是否发生某种元素污染。

③ 以高背景区土壤元素平均值作为基准值。就是把高背景值区土壤元素含量的平均值作为该元素的最大允许浓度。我国有关学者提出把我国土壤环境标准水平分为4个级别，见表4-4。其中用土壤背景值作为土壤环境一级水平标准，也就是把土壤化学元素含量处在背景值水平上的土壤作为理想的土壤环境。其特点是化学元素组成与含量处于地球化学过程的自然范围，基本未受人为污染影响，环境功能正常，可作为生活饮水水源区。二级土壤环境标准是用基准值作为衡量标准。基准值以土壤背景值平均值 $\bar{X}$ 加减2倍标准差 S 来确定，即 $\bar{X}\pm 2S$，用于判断土壤是否被污染。三级土壤环境标准用元素对环境不良影响的最低浓度为警戒值作为标准，但需作元素生态效应试验来予以确定。四级土壤环境标准采用元素的临界值，元素临界含量已对环境产生较大影响，也需作生物效应试验确定。

表4-4 我国土壤环境标准水平[1]

级别	水 平	标准值	对生态影响	应 用 意 义
一级	理想水平	背景值	环境功能一切正常	饮水水源产流区
二级	可以接受水平	基准值	基本无影响	用于判断土壤污染
三级	可以忍受水平	警戒值	开始产生不良影响	应跟踪监测限制排污
四级	超标水平	临界值	影响较大到严重	应采取防污措施

[1] 此标准为建议稿（引自吴燕玉，我国土壤环境质量标准研究，1993）

另外，还有人主张以土壤背景值作为土壤环境质量评价标准，将土壤分作5级：把污染元素含量低于或等于区域背景值均值的划分为清洁土壤；把污染元素含量低于或等于区域背景值均值加（或乘）1倍标准差的称为尚清洁土壤；把土壤区域背景值均值加（或乘）3倍标准差的划为起始污染土壤，这一级土壤有污染元素积累，但还没有达到有害影响的程度；污染物明显累积，作物生长受阻，或作物产品中某一元素含量发生累积但没超过食品卫生标准的为显著污染土壤；作物生长受阻，或作物产品中某一元素含量超过了食品卫生标准的，为严重污染土壤。

2. 土壤环境背景值在农业生产上的应用

土壤环境背景值反映了土壤化学元素的丰度，是研究土壤化学元素，特别是研究微量和超微量化学元素的有效性，预测元素含量丰缺，制定施肥规划、施肥方案的基础，在农业生产上有着广泛的应用价值。

（1）利用土壤背景值预测土壤元素有效态的含量。土壤元素有效态含量是能被植物吸收利用的元素，它决定于土壤中该元素的全量及其活性。我国土壤背景值是元素的全量值。只要通过实验获得各个区域土壤类型中元素的活性，就可以按"土壤元素有效态含量＝元素背景值×土壤元素活性"，粗略地计算出土壤元素有效态含量和有效养分供应水平。

影响土壤元素活性的因素有土壤本身性状，如矿物种类、土壤pH值、土壤质地、有机质含量；环境因素如温度、湿度、地形、生物；水土流失和人为活动，如施肥、灌溉、耕作及种植作物种类等。土壤元素活性需在各区域内做试验测试获得，即试验测得土壤元素有效态含量，再以该元素的全量（背景值）除之，即可求出该元素活性百分数。

有了土壤元素活性百分比，就可以根据土壤背景值含量计算出土壤元素有效数量，再根据土壤供给作物有效态养分的临界指标来判定土壤元素有效供应状况，并以此决定是否施入相应元素肥料及其数量。

(2) 利用土壤元素活性可推算出土壤中有效元素的数量。利用土壤元素的活性和作物对有效态元素的需要量，即可计算各区域土类应有的土壤元素全量。

$$土壤元素应有的全量 = \frac{应有的有效态含量}{活性比率}$$

把土壤元素应有的全量计算值与实测的土壤背景值比较，可以看出土壤元素储量丰缺与否。若计算的土壤应有的全量低于土壤背景值，说明该元素储量已足，否则应施肥予以补充。利用全国土壤背景值资料和土壤元素活性研究成果进行分析，可以获得一些土壤有效元素的数量，从中可看出我国土壤有效态微量和超微量元素缺乏与否。综上所述，土壤背景值是以土壤元素全量表示的。可以利用土壤元素活性与土壤全量（背景值）之间的关系，计算出土壤元素有效态含量范围和供应水平；也可以利用土壤元素有效态含量与活性比来推算土壤化学元素应有的全量，并与土壤背景值相比较，以此来判断化学元素全量的丰缺，确定施肥方案和规划。

3. 土壤环境背景值与人类健康

人类的健康与环境状况存在着密切关系。有关研究结果表明，人体内60多种化学元素的含量与地壳中这些元素的平均含量相近。而人类摄取这些化学元素主要来自于生长在土壤中的粮食食品、靠作物产品营养的动物、水生动植物以及饮水等。因此，土壤环境的化学元素种类、数量对人体维持营养元素平衡和能量交换具有重要作用。由于土壤形成过程及类型的差别，土壤环境元素含量也发生了明显差异，以致使某些元素过于集中或分散。这种空间分布特性，常常使生活在这种异常土壤环境的人群体内某些元素过多或过少，最终导致体内元素失去平衡而影响健康。

土壤环境背景值反映了各区域土壤化学本来的组成和含量。通过对土壤化学元素背景值的分析，可以找出土壤常量和微量元素的种类、数量与人类健康的关系。

环境中化学元素异常或特殊的环境因素，对人类健康有重大影响。土壤元素超低背景区，某些元素显著低于相应元素的土壤平均含量，生长的植物和粮食作物中元素也会缺乏，并通过生态链和生物链传输作用于人体，影响人类健康，以至于引起地方性疾病。例如，近20年来的研究证实人类的地方性克山病、大骨节病以及动物的白肌病都发生在低硒背景环境中。由于土壤低硒，粮食及饲草硒也随之缺乏，人体及动物体内硒营养代谢水平处于缺乏状态。

在我国，克山病、大骨节病及动物白肌病分布在同一区域。黄土高原病区土壤含硒和水溶硒含量比非病区低1.66倍和2倍，人发含硒的水平低3.1倍，在土壤上生长的小麦硒含量低3.7倍。病区内土壤、小麦和人发的含硒量愈少，人畜病愈重。

在硒特别高的背景区，由于粮食、蔬菜和水果从土壤吸收多量的硒，可能使人发生硒中毒。日本和英国都有硒过多而中毒的报道。其症状是人的面部呈土色，食欲不振，四肢发麻、无力，慢性关节炎伴有关节损害，毛发、指甲脱落，贫血和低血压等。我国主要土壤硒背景值为 $0.05\sim0.8mg/kg$，平均 $0.25mg/kg$，其中以砖红壤、红壤、黑土含硒较高，但未见有硒超高背景区资料及高硒中毒的报道。

在土壤低碘背景区，如果食盐、饮水中也缺少碘，会引起食用当地食品的人体内缺碘，成为地方性甲状腺肿大致病原因，并影响人的智力。据调查，当土壤中碘的平均含量低于 $10mg/kg$ 时，地方性甲状腺肿大的发病率随土壤中碘的含量降低而增加。

由于植物体内锌的累积与土壤锌的含量成正相关，在土壤锌低背景区粮食食品中锌含量低，以谷物为主食的人群会发生缺锌症。1961年首先在伊朗发生的缺锌症，1963年埃及报道了因患锌缺乏的人体矮小病，1982年我国新疆伽师等地发现缺锌综合症。

目前有关因土壤元素背景超高，导致人体元素中毒的研究及报道不多。已见到的报道有亚美尼亚共和国土壤含钼量高，居民食用当地出产的富钼粮食、蔬菜，钼的日摄入量达到 $10\sim15mg$，人群痛风发病率高。

除了上述土壤硒、碘、锌、钼元素背景高低对人群健康影响外，有关学者的研究资料说明，美国马里兰某些地区高的癌症发病率与土壤中铜、铬、铅含量成正相关；英国西部塔马河谷12岁儿童居民中骨溃疡高发率与土壤中铅含量过高有关。一些研究者指出土壤元素组成对人类健康的影响只有少数被证实，尚需作大量相关研究，才能有进一步的认识。

三、土壤环境容量

土壤环境容量是针对土壤中的有害物质而言的。"系指土壤环境单元所容许承纳的污染物质的最大数量或负荷量"。由定义可知，土壤环境容量实际上是土壤污染起始值和最大负荷值之间的差值。若以土壤环境标准作为土壤环境容量的最大允许极限值，则该土壤的环境容量的计算值，便是土壤环境标准值减去背景值（或本底值），即上述土壤环境的基本容量。但在尚未制定土壤环境标准的情况下，环境学工作者往往通过土壤环境污染的生态效应研究，以拟定土壤环境所允许容纳污染物的最大限值——土壤的环境基准含量，这个量值（即土壤环境基准值减去土壤背景值），有的称之为土壤环境的静容量，相当于土壤环境的基本容量。

土壤环境的静容量虽然反映了污染物生态效应所容许的最大容纳量，但尚未考虑和顾及到土壤环境的自净作用与缓冲性能，也即外源污染物进入土壤后的累积过程中，还要受土壤的环境地球化学背景与迁移转化过程的影响和制约。如污染物的输入与输出、吸附与解吸、固定与溶解、累积与降解等。这些过程都处在动态变化中，其结果都能影响污染物在土壤环境中的最大容纳量。因而，目前的环境学界认为，土壤环境容量应是静容量加上这部分的净化量，才是土壤的全部环境容量或土壤的动容量。

土壤环境容量的研究，正朝着强调其环境系统与生态系统效应的更为综合的方向发展。据其最新进展，将土壤环境容量定义为："一定土壤环境单元、在一定范围内、遵循环境质量标准，即维持土壤生态系统的正常结构与功能，保证农产品的生物学产量与质量，也不使环境系统污染时，土壤环境所能容纳污染物的最大负荷值。"

研究土壤环境容量的目的，首先是控制进入土壤的污染物数量,因此,它可以在土壤质量评价,制定"三废"农田排放标准、灌溉水质标准、污泥施用标准、微量元素累积施用量等方面发挥作用。土壤环境容量充分体现了区域环境特征,是实现污染物总量控制的重要基础。在此基础上人们可以经济、合理地制定污染物总量控制规划,也可以充分利用土壤环境的纳污能力。

习 题

1. 何谓土壤环境背景值?有何实际意义?
2. 土壤环境背景值有何实际应用?
3. 土壤环境的静容量与动容量有何不同?

本章能力考核要求

能力要求	范围	内容
理论知识	土壤的组成与性质	1. 土壤体系的基本组成 2. 土壤体系的基本性质
	土壤环境背景值	1. 土壤环境背景值的概念与意义 2. 土壤环境背景值在实际工作中的具体应用
	土壤环境容量	1. 土壤环境容量的概念 2. 土壤环境容量的意义

第五章 土壤环境的污染与净化

学习指南 本章土壤环境的污染与净化着重介绍了土壤环境污染与净化的基本概念。学习本章要求学生了解土壤监测的目的与意义，了解土壤污染的特点与途径及土壤的自净作用与影响自净作用的因素。

第一节 土壤污染的概念

一、土壤污染与污染判定

土壤污染是指进入土壤的污染物超过土壤的自净能力，而且对土壤、植物和动物造成损害时的状况。土壤污染物应是指土壤中出现的新的合成化合物和增加的有毒化合物，土壤原来含有的化合物不应包括在内。事实上，土壤原有的物质中，已包括了多种有毒物质，如汞、砷、铅、镉等，只是含量极少不曾表现危害。

土壤环境中污染物的输入、积累和土壤环境的自净作用是两个相反而又同时进行的对立、统一的过程。在正常情况下，土壤环境是不会发生污染的。但是，如果人类的各种活动产生的污染物质，通过各种途径输入土壤（包括施入土壤的肥料、农药），其数量和速度超过了土壤环境的自净作用的速度，打破了污染物在土壤环境中的自然动态平衡，使污染物的积累过程占据优势，可导致土壤环境正常功能的失调和土壤质量的下降；或者土壤生态发生明显变异，导致土壤微生物区系（种类、数量和活性）的变化，土壤酶活性的减少；同时，由于土壤环境中污染物的迁移转化，从而引起大气、水体和生物的污染，并通过食物链，最终影响到人类的健康，这种现象属于土壤环境污染。因此，我们说，当土壤环境中所含污染物的数量超过土壤自净能力或当污染物在土壤环境中的积累量超过土壤环境基准或土壤环境标准时,即为土壤环境污染。

从土壤污染概念来看,判断土壤发生污染的指标:一是土壤自净能力,二是动植物直接、间接吸收而受害的临界浓度。

二、土壤污染的特点

土壤污染的第一个特点是不像大气、水体污染那样容易被人们发现。因为各种有害物质在土壤中总是与土壤相结合,有的有害物质被土壤生物所分解或者吸收,从而改变了其本来面目,被隐藏在土壤里,或者从土壤中排出而不被发现。当土壤将有害物质输送给农作物,再通过食物链而损害人畜健康时,土壤本身可能还会继续保持其生产能力而经久不衰,即土壤污染具有隐蔽性。

土壤污染的第二个特点是土壤对污染物的富集作用。土壤对污染物进行吸附、固定,其中也包括植物吸收,从而使污染物聚集于土壤中。在进入土壤的污染物中,多数是无机污染物,特别是重金属和放射性元素,都能与土壤有机物质或者矿物质相结合,并且长久地保存在土壤中,无论它们如何转化,也无法使其重新离开土壤,成为一种最顽固的环境污染问题。而有机污染物在土壤中可能受到微生物分解而逐渐失去毒性,其中有些成分还可能成为微生物营养来源。但是药物类的成分也会毒害有益的微生物,成为破坏土壤生态系统的祸源,然而庆幸的是,这些药物类污染物迟早会被分解并从土壤中消失。

土壤污染的第三个特点就是要通过它的产品——植物表现其危害性。植物从土壤中除了吸取它所必需的营养物质以外,同时也被动的吸收土壤中释放出来的有害物质,使有害物质在植物体内富集,有时能够达到危害生物自身或人畜的水平。即使没有达到有害水平的含毒植物性食物,只要被人畜食用,当它们在动物体内排出率较低时,也可以日积月累,最后引起动物病变。

三、土壤环境污染的主要发生途径

土壤环境污染物质可以通过多种途径进入土壤,其主要发生类型可归纳为以下四种。

1. 水体污染型

工矿企业废水和城市生活污水未经处理,不实行清污分流就直接排放,使水系和农田遭到污染。尤其是缺水地区,引用污水灌溉,使土壤受到重金属、无机盐、有机物和病原体的污染。污水灌溉的土壤污染物质一般集中于土壤表层,但随着污灌时间的延长,污染物质也可由上部土体向下部土体扩散和迁移,以致达到地下水深度。水体污染型的污染特点是沿河流或干支渠呈枝形片状分布。

2. 大气污染型

污染物质来源于被污染的大气,其特点是以大气污染源为中心呈环状或带状分布,长轴沿主风向伸长。其污染的面积、程度和扩散的距离,取决于污染物质的种类、性质、排放量、排放形式及风力大小等。由大气污染造成的土壤污染的特征是:其污染物质主要集中在土壤表层,其主要污染物是大气中的二氧化硫、氮氧化物和颗粒物等,它们通过沉降和降水而降落地面。大气中的酸性氧化物如 SO_2、NO_x 形成的酸沉降可引起土壤酸化,破坏土壤的肥力与生态系统的平衡;各种大气颗粒物,包括重金属、非金属有毒有害物质及放射性散落物等多种物质,可造成土壤的多种污染。

3. 农业污染型

污染物主要来自施入土壤的化学农药和化肥,其污染程度与化肥、农药的数量、种类、利用方式及耕作制度等有关。有些农药如有机氯杀虫剂 DDT、六六六等在土壤中长期停留,并在生物体内富集。氮、磷等化学肥料,凡未被植物吸收利用和未被根层土壤吸收吸附固定的养分都在根层以下积累或转入地下水,成为潜在的污染物。残留在土壤中的农药和氮、磷等化合物会随地面径流或在土壤风化时向其他环境转移,扩大污染范围。

4. 固体废物污染型

工矿企业排出的尾矿废渣、污泥和城市垃圾在地表堆放或处置过程中通过扩散、降水淋滤等直接或间接地影响土壤,使土壤受到不同程度的污染。

四、土壤监测的目的与意义

土壤同水和空气一样,是生态环境系统中重要的组成部分,也日益受到人类工农业活动的影响。仅有水和空气的监测已不足以全面反映整个环境的真实状况,因此土壤监测是十分必要的。土壤环境监测的主要目的是了解土壤是否受到污染及污染程度,分析土壤污染与粮食污染、地下水污染及对生长其上及周边的生物尤其是对人体的危害关系。土壤监测的最终目的同其他环境要素是相同的,即真实地反映环境质量状况,为土壤污染防治和保障人体生命安全提供科学的依据。

1. 土壤环境质量的现状调查

主要摸清土壤中污染物的种类、含量水平以及污染物的空间分布,以考察对人体和动植物危害的调查。

2. 区域土壤环境背景值的调查

掌握土壤的自然本底值,为环境保护、环境规划、环境影响评价及制定土壤环境质量标准等提供依据。

3. 土壤污染事故调查

废气、废水、废渣、污泥以及农药、除草剂等有毒有害化学品对土壤造成的污染事故,使土壤结构和性质发生了变化,造成了植物的危害,就必须分析它的主要污染物的种类、污染的来源、污染的依据。

4. 污染物土地处理的动态观测

我国已普遍开展了污水灌溉、污泥土地利用及固体废弃物的土地处理,使许多污染物残留在土壤中,其含量是否会对作物和人类造成危害,只有进行长期的跟踪监测才能了解其状况。

习 题

1. 何谓土壤环境污染?土壤污染有何特点?
2. 简述土壤环境污染的主要发生途径。
3. 土壤监测有何实际意义?

第二节 土壤的自净作用

一、土壤的自净作用

土壤的自净作用,或称土壤的自然净化作用,是指土壤利用自身的物理、化学及生物学特征,通过吸附、分解、迁移、转化等作用,使污染物在土壤中的数量、浓度或毒性、活性降低的过程。按其作用机理的不同,土壤的自净作用包括物理净化作用、物理化学净化作用、化学净化作用和生物净化作用等四个方面。

1. 物理净化作用

土壤物理净化作用是指土壤通过机械阻留、水分稀释、固相表面物理吸附、水迁移、挥发、扩散等方式使污染物被固定或使其浓度降低的过程。

土壤的物理净化能力与土壤孔隙、土壤质地、结构、土壤含水量、土壤温度等因素有关。例如,砂性土壤的空气迁移、水迁移速率都较快,但表面吸附能力较弱。增加砂性土壤中黏粒和有机胶体的含量,可以增强土壤的表面吸附能力以及增强土壤对固体难溶污染物的机械阻留作用。但是,土壤孔隙度减小,则空气迁移、水迁移速率下降。此外,增加土壤水分,或用清水淋洗土壤,可使污染物浓度降低,减小毒性;提高土温可使污染物挥发、解吸、扩散速率增大等。但是,物理净化作用只能使污染物在土壤中的浓度降低,而不能从整个自然环境中消除,其实质只是污染物的迁移。土壤中的农药向大气的迁移,是大气中农药污染的重要来源。如果污染物大量迁移入地表水或地下水层,将造成水源的污染。同时,难溶性固体污染物在土壤中被机械阻留,是污染物在土壤中的累积过程,将产生潜在的威胁。

2. 物理化学净化作用

土壤的物理化学净化作用,主要是通过土壤胶体对污染物的阳离子、阴离子进行的离子交换吸附作用。例如:

$$\boxed{土壤胶体}\ Ca^{2+} + Cd^{2+} \rightleftharpoons \boxed{土壤胶体}\ Cd^{2+} + Ca^{2+}$$

$$\boxed{土壤胶体}\ PO_4^{3-} + AsO_4^{3-} \rightleftharpoons \boxed{土壤胶体}\ AsO_4^{3-} + PO_4^{3-}$$

污染物的阳、阴离子被交换吸附到土壤胶体上，降低了土壤溶液中这些离子的浓（活）度，相对减轻了有害离子对植物生长的不利影响。此种净化作用为可逆的离子交换反应，且服从质量作用定律。其净化能力的大小可用土壤阳离子交换量或阴离子交换量的大小来衡量。增加土壤中胶体的含量，特别是有机胶体的含量，可以相应提高土壤的物理化学净化能力。但是，物理化学净化作用也只能使污染物在土壤溶液中的离子浓（活）度降低，相对地减轻危害，而并没有从根本上将污染物从土壤环境中消除。如果利用城市污水灌溉，只是污染物从水体迁移入土体，对水体起到了很好的净化作用。然而经交换吸附到土壤胶体上的污染物离子，还可以被其他相对交换能力更大的，或浓度较大的其他离子交换下来，重新转移到土壤溶液中去，恢复原来的毒性、活性。所以说物理化学净化作用只是暂时性的、不稳定的。同时，对土壤本身来说，则是污染物在土壤环境中的积累过程，将产生严重的潜在威胁。

3. 化学净化作用

化学净化作用是指污染物进入土壤以后，可经过一系列的化学反应，例如，凝聚与沉淀反应、氧化还原反应、络合-螯合反应、酸碱中和反应、同晶置换反应、水解、分解和化合反应，或者发生由太阳辐射能和紫外线等能流而引起的光化学降解作用等化学反应，而使污染物转化成难溶性、难解离性物质，使危害程度和毒性减小，或者分解为无毒物或营养物质为植物利用的过程。

土壤的化学净化作用反应机理很复杂，影响因素也较多，不同的污染物有着不同的反应过程。其中特别重要的是化学降解和光化学降解作用，因为这些降解作用可以将污染物分解为无毒物，从土壤环境中消除。而其他的化学净化作用，如凝聚与沉淀反应、氧化还原反应、配位-螯合反应等，只是暂时降低污染物在土壤溶液中的浓（活）度，或暂时减小活性和毒性，起到了一定的缓冲作用，但并没有从土壤环境中消除。当土壤 pH 值或氧化还原电位（E_h）发生改变时，沉淀了的污染物可能又重新溶解，或氧化还原状态发生改变，又恢复原来的毒性、活性。

土壤环境的化学净化能力的大小与土壤的物质组成、性质以及污染物本身的组成、性质有密切关系，同时也与土壤环境条件有关。调节适宜的土壤 pH 值、E_h 值，增施有机胶体以及其他化学抑制剂，如石灰、碳酸盐、磷酸盐等，可相应提高土壤环境的化学净化能力。当土壤遭受轻度污染时，可以采取上述措施以减轻其危害。

4. 生物净化作用

土壤中有种类繁多、数量巨大的土壤微生物存在，如细菌、真菌、放线菌等，还有蚯蚓、线虫、蚁类等土壤动物的存在。它们起着对进入土壤的有机物质消费消耗的作用，它们有氧化分解有机物的巨大能力。当污染物进入土体后，土壤动物首先对其破碎，再在微生物体内酶或分泌酶的催化作用下，发生各种各样的分解反应，统称为生物降解作用。这是土壤环境自净作用中最重要的净化途径之一。其净化机制主要有氧化还原反应、水解、脱烃、脱卤、芳环羧基化和异构化、环破裂等过程，并最终转变为对生物无毒性的残留物和 CO_2。一些无机污染物也可以在土壤微生物的参与下发生一系列化学变化，以降低活性和毒性。但是，微生物不能净化重金属，甚至能使重金属在土壤中富集，这是重金属成为土壤环境的最危险污染物的根本原因。

土壤的生物降解净化能力的大小与土壤微生物的种群、数量、活性以及土壤水分、土壤温度、土壤通气性、pH 值、E_h 值、适宜的 C/N 比等因素有关。例如，土壤水分适宜，土温 30℃左右，土壤通气良好，E_h 值较高，土壤 pH 值偏中性或弱碱性，C/N 比在 20∶1 左右，则有利于天然有机物的生物降解。相反，有机物分解不彻底，可产生大量的有毒害作用的有机酸等，这是在具体工作中必须引起注意的。土壤的生物降解作用还与污染物本身的化学性质有关，那些性质稳定的有机物，如有机氯农药和具有芳环结构的有机物，生物降解的速率一般较慢。

二、影响土壤自净作用的因素

1. 土壤环境的物质组成

(1) 土壤矿质部分的质地　土壤中黏土矿物的种类与数量，铁铝氧化物含量等影响着土壤的比表面积、电荷的性质及阳离子交换量 (CEC) 等，因而是影响吸附与解吸的重要因素。

(2) 土壤有机质的种类与数量　土壤有机质的种类与数量影响土壤的 CEC，并易与重金属形成各种有机配（螯）合物，对重金属吸附与解吸、溶解与沉淀有较大影响。

(3) 土壤的化学组成　土壤中所含的碳酸盐的重金属易形成沉淀化合物，影响土壤的化学净化能力。

2. 土壤环境条件

(1) 土壤的 pH、E_h 条件　土壤 pH 与 E_h 的变化是直接或间接影响污染物迁移转化的重要环境条件，如影响微生物的活动和有机污染物的降解、重金属的吸附与解吸、沉淀与溶解等。

(2) 土壤的水、热条件　这是影响污染物迁移转化过程的速度与强度的重要因素。土壤水分的影响是多方面的，如水分作为极性分子可与农药分子竞争表面吸附点；对矿物来说，含水量低时，其表面上水的解离度就大，表面酸性就强；有机胶体能促使有机质与农药的憎水部分增强，所以对农药的吸附能力增强。含水量的多少还影响农药分子向土壤固相表面扩散。

3. 土壤环境的生物学特征

土壤环境的生物学特征指植被与土壤生物（微生物和动物）区系的种属与数量变化。它们是土壤环境中污染物的吸收固定、生物降解、迁移转化的主力，是土壤生物净化的决定性因素。

4. 人类活动的影响

人类活动也是影响土壤净化的因素，如长期施用化肥可引起土壤酸化而降低土壤的净化性能；施石灰可提高对重金属的净化性能；施有机肥可增加土壤有机质含量，提高土壤净化能力。

总之，对土壤环境净化性能的内涵与外延及其机理机制，实质内容的研究仍在不断发展中,尚待做全面、系统、深入的探讨与阐述。

习　题

1. 土壤的自净作用包括哪几类?
2. 土壤的净化作用对土壤环境容量有什么影响?
3. 影响自净作用的因素有哪些?

本章能力考核要求

能力要求	范　围	内　容
理论知识	土壤污染的概念	1. 土壤污染的定义 2. 土壤污染的特点与途径 3. 土壤污染监测的目的与意义
	土壤的净化	1. 土壤自净的定义 2. 土壤净化的类型 3. 土壤自净的影响因素

第六章 土壤污染物及污染源

学习指南 本章介绍了土壤污染物及污染源，学习时要求学生掌握土壤中主要的污染物类型和相应的来源，并掌握它们在土壤中的迁移转化形式以及对这些污染物的防治措施。

第一节 土壤重金属污染

一、土壤重金属污染的特点

1. 土壤中的重金属污染

就土壤本身来讲均含有一定量的重金属元素，其中很多是作物生长所需要的微量营养元素，如 Mn、Cu、Zn 等。因此，只有当进入土壤的重金属元素积累的浓度超过了作物需要和可忍受程度，而表现出受毒害的症状或作物生长并未受害，但产品中某金属含量超过标准，造成对人畜的危害时，才能认为土壤被重金属污染。

土壤污染中，重金属比较突出。这是因为重金属不能被微生物分解，而且能被土壤胶体所吸附，被微生物所富集，有时甚至能转化为毒性更强的物质。土壤一旦被重金属污染，就很难彻底消除。

在环境污染方面所指的重金属是指对生物有显著毒性的元素，如汞、镉、铅、锌、铜、钴、镍、钡、锡等，从毒性角度通常把砷、铍、锂、硒、硼、铝等也包括在内。所以重金属污染所指的范围较大。

环境中存在着各种各样的重金属污染源。采矿和冶炼是向环境中释放重金属的最主要污染源，煤和石油的燃烧也是重金属的主要释放源。随着化肥和农药的使用，可使重金属进入土壤，通过污水、污泥和垃圾向土壤环境排放重金属,所以说人类生产和生活中的许多途径都会向土壤环境排放重金属。

2. 重金属污染的特点

重金属的污染特点可以归纳为以下几点。

(1) 形态多变。重金属大多是过渡元素。它们多有变价,有较高的化学活性,能参与多种反应和过程。随环境的 E_h 值、pH 值、配位体的不同,常有不同的价态、化合态和结合态,而且形态不同重金属的稳定性和毒性不同。例如,重金属从自然态转变为非自然态时,常常毒性增加;离子态的毒性常大于配合态。如铝离子能穿过血脑屏障而进入人脑组织,会引起痴呆等严重后果,而铝的其他形态则没有这种危害。铜、铅、锌离子的毒性都远远大于配合态,而且络合物愈稳定,其毒性也愈低。由此可知,在评价重金属进入环境后引起的危害时,不了解它们的形态就会得出错误的结论。

(2) 金属有机态的毒性大于金属无机态。重金属的有机化合物常常比该金属的无机化合物的毒性大。如甲基氯化汞的毒性大于氯化汞;二甲基镉的毒性大于氯化镉;四乙基铅、四乙基锡的毒性分别大于二氧化铅和二氧化锡。

(3) 价态不同毒性不同。金属的价态不同,毒性也不同。如六价铬的毒性大于三价铬;二价汞的毒性大于一价汞;二价铜的毒性大于零价铜;亚砷酸盐的毒性比砷酸大 60 倍。此外,重金属的价态相同时,化合物不同时毒性也不同。如砷酸铅的毒性大于氯化铅,氧化铅的毒性大于碳酸铅等。

(4) 金属羰基化合物常常剧毒。某些金属与 CO 直接化合成羰基化合物。如五合羰基铁 $Fe(CO)_5$,四合羰基镍 $Ni(CO)_4$ 等都是极毒的化合物。

(5) 迁移转化形式多。重金属在环境中的迁移转化,几乎包括水体中已知的所有物理化学过程。其参与的化学反应有水合、水解、溶解、中和、沉淀、配位、解离、氧化、还原、有机化等;胶体化学过程有离子交换、表面络合、吸附、解吸、吸收、聚合、凝聚、絮凝等;生物过程有生物摄取、生物富集、生物甲基化等;物理过程有分子扩散、湍流扩散、混合、稀释、沉积、底部推移、再悬浮等。

(6) 重金属的物理化学行为多具有可逆性，属于缓冲型污染物。无论是形态转化或物相转化原则上都是可逆反应，能随环境条件而转化。因此沉积的也可再溶解，氧化的也可再还原，吸附的也可再解吸。不过在特定的环境条件下，它们又具有相对的稳定性。

(7) 产生毒性效应的浓度范围低。一般在 $1\sim10\text{mg/L}$。毒性较强的重金属如汞、镉等则在 $0.001\sim0.01\text{mg/L}$ 左右。汞、镉、铅、铬、砷，俗称重金属"五毒"，它们的毒性的阈值（对生物产生污染的最小剂量）都很小（见表 6-1）。但不同的生物对金属的耐毒能力是不一样的。对水生生物而言，金属的毒性大小一般顺序是 $Hg>Ag>Cu>Zn>Pb>Cr>Ni>Co$。就非污染淡水中重金属平均含量而言，各个地方大致一定，如锌为 $2\sim10\mu\text{g/L}$，镉为 $0.1\sim0.5\mu\text{g/L}$，铅为 $0.2\sim2.0\mu\text{g/L}$，铜为 $0.3\sim3.0\mu\text{g/L}$。但它们存在的化学形态却有很大的不同。

表 6-1　大气中有毒金属的阈值

金属	阈值/(mg/m³)	金属	阈值/(mg/m³)
Be	0.002	Ni	0.007~1.0
Hg	0.01~0.05	Cu	1.0
Cd	0.1	Fe	1.0
Pb	0.1~0.2	Zn	1.0
As	0.2~0.5	V	0.5

(8) 微生物不仅能降解重金属，相反某些重金属可在土壤微生物作用下转化为金属有机化合物（如甲基汞）产生更大的毒性。同时重金属对土壤微生物也有一定毒性，而且对土壤酶活性有抑制作用。

(9) 生物摄取重金属是积累性的。各种生物尤其是海洋生物，对重金属都有较大的富集能力，其富集系数可高达几十倍至几十万倍。因此，即使微量重金属的存在也可能构成污染的因素。

(10) 对人体的毒害是积累性的。重金属摄入体内，一般不发生器质性损伤，而是通过化合、置换、配位、氧化还原、协同或拮抗等化学的或生物化学的反应，影响代谢过程或酶系统，所以毒性的潜伏期较长，往往经过几年或几十年时间才显示出对健康的病变。

重金属污染的第二个特点是它们不能被降解而消除。无论现代的何种方法，都不能将重金属从环境中彻底消除，这一点与有机污染物迥然不同。重金属在自然界净化循环中，只能从一种形态转化为另一种形态，从甲地到乙地，从浓度高的变成浓度低的等。由于重金属在土壤和生物体内会积累富集，即使某种污染源的浓度较低，但排放量很大或长时间地排放，其对环境的危害性仍然是危险的。目前人们对重金属污染的控制，只满足于控制浓度的"排放标准"，这显然是不全面的。归根到底，对于重金属污染，首要的是对污染源采取对策；其次要对排出的重金属进行总量控制，而不只是控制排放浓度；再次是要研究和开发重金属的回收再利用技术，这一点不仅对消除污染是有效的，而且对充分利用重金属资源也是重要的。

二、重金属在土壤中的迁移

1. 重金属在土壤中的赋存形态

由于土壤组成的复杂性和土壤物理化学性状（pH值、E_h值等）的可变性，造成了重金属在土壤环境中的赋存形态的复杂和多样性。

最近，大多数研究工作者在进行土壤中重金属形态分组分析时，用不同的浸提剂连续抽提，可以将土壤环境中重金属赋存形态分为：①水溶态（以去离子水浸提）；②交换态（如以 $MgCl_2$ 溶液为浸提剂）；③碳酸盐结合态（如以 NaAc-HAc 为浸提剂）；④铁锰氧化物结合态（如以 NH_2OH-HCl 为浸提剂）；⑤有机结合态（如以 H_2O_2 为浸提剂）；⑥残留态（如以 $HClO_4$-HF 消化，1∶1 盐酸浸提）。由于水溶态一般含量较低，又不易与交换态区分，常将水溶态合并到交换态之中。

上述不同赋存形态的重金属，其生理活性和毒性均有差异。其中以水溶态、交换态的活性和毒性最大；残留态的活性、毒性最小；而其他结合态的活性、毒性居中。研究资料表明，在不同的土壤环境条件下，包括土壤类型、土地利用方式（水田、旱地、果园、牧场、林地等）以及土壤的 pH 值、E_h 值、土壤无机和有机胶体的含量等因素的差异，都可以引起土壤中重金属元素赋存形态的变化，从而影响到作物对重金属的吸收，使受害程度产生差别。

2. 重金属在土壤中的迁移

重金属在土壤中的迁移是十分复杂的。影响重金属迁移的因素很多，如金属的化学特性、生物特性、物理特性和环境条件等。

化学特性方面主要有：金属的氧化还原性质；不同形态的沉淀作用和溶解度；水解作用；金属离子在水中的缔合和离解；离子交换过程；配合物及螯合物的形成和竞争；烷基化和去烷基化作用；化学吸附和解吸作用等。

生物特性方面主要有：金属在生物系统中的富集作用；进入生物链的情况；生物半衰期的长短；微生物的氧化还原作用；生物甲基化和去甲基化作用；对生物的毒性及生物转化反应等。

物理特性方面主要有：金属及其化合物的挥发性；金属颗粒物的吸附和解吸特性；金属的不同形态在类脂性物质中的溶解性；金属透过生物膜扩散迁移的性质以及吸收特性等。

环境条件方面主要有：pH 值、E_h 值、厌氧条件和好氧条件、有机质含量、土壤对金属的结合特性、环境的胶体化学特性以及气象条件等。

重金属在土壤中的化学行为受土壤的物理化学性质的强烈影响，有以下一些规律。

（1）土壤胶体的吸附。土壤胶体吸附在很大程度上决定着重金属的分布和富集，吸附过程也是金属离子从液相转入固相的主要途径。

① 非专性吸附　非专性吸附又称极性吸附，这种作用的发生与土壤胶体微粒带电荷有关。因各种土壤胶体所带电荷的符号和数量不同，对重金属离子吸附的种类和吸附交换容量也不同。

土壤环境中的黏土矿物胶体带有负电荷，对金属阳离子的吸附

顺序一般是 $Cu^{2+}>Pb^{2+}>Ni^{2+}>Co^{2+}>Zn^{2+}>Ba^{2+}>Rb^{2+}>Sr^{2+}>Ca^{2+}>Mg^{2+}>Na^{2+}>Li^{+}$。其中蒙脱石的吸附顺序是 $Pb^{2+}>Cu^{2+}>Ca^{2+}>Ba^{2+}>Mg^{2+}>Hg^{2+}$；高岭石是 $Hg^{2+}>Cu^{2+}>Pb^{2+}$；带正电荷的氧化铁胶体可以吸附 PO_4^{3-}、VO_4^{3-}、AsO_4^{3-} 等离子。但是，离子浓度不同，或有络合剂存在时，会打乱上述吸附顺序。因此，对于不同的土壤类型可能有不同的吸附顺序。

应当指出，离子从溶液中转移到胶体上是离子的吸附过程，而胶体上原来吸附的离子转移到溶液中去是离子的解吸过程，吸附与解吸的结果表现为离子相互转换，即所谓的离子交换作用。在一定的环境条件下，这种离子交换作用处于动态平衡之中。

② 专性吸附　重金属离子可被水合氧化物表面牢固地吸附。因为这些离子能进入氧化物的金属原子的配位壳中，与—OH 和 —OH_2 配位基重新配位，并通过共价键或配位键结合在固体表面，这种结合称为专性吸附（亦称选择吸附）。这种吸附不一定发生在带电表面上，亦可发生在中性表面上，甚至在吸附离子带同号电荷的表面上进行。其吸附量的大小并非决定于表面电荷的多少和强弱，这是专性吸附与非专性吸附的根本区别之处。被专性吸附的重金属离子是非交换态的（如铁、锰氧化物结合态），通常不被氢氧化钠或乙酸钙（或乙酸铵）等中性盐所置换，只能被亲和力更强和性质相似的元素所解吸或部分解吸，也可在较低的 pH 值条件下解吸。

重金属离子的专性吸附与土壤的 pH 值密切相关，在土壤通常的 pH 值范围内，一般随 pH 值的上升而增加。此外，在多种重金属离子中，以 Pb、Cu 和 Zn 的专性吸附亲和力最强。这些金属离子在土壤溶液中的浓度，在很大程度上受专性吸附所控制。据有关资料说明，我国黄泥土（江苏）、红壤（江西）、砖红壤（广东）对 Cu^{2+} 的专性吸附量占总吸附量的 80%～90%，而阳离子交换吸附量仅占 10%～20%。

专性吸附使土壤对某些重金属离子有较大的富集能力，从而影响到它们在土壤中的移动和在植物中的累积。专性吸附对土壤溶液中重金属离子浓度的调节控制甚至强于受溶度积原理的控制。

(2) 重金属在土壤中常和腐殖质形成络合物或螯合物,其迁移性取决于化合物的溶解度。例如,除碱金属外,胡敏酸与金属形成的络合物,一般是难溶性的,而富里酸与金属形成的络合物一般是易溶性的。Fe、Al、Ti、U、V 等金属与腐殖质形成的络合物易溶于中性、弱酸性或弱碱性土壤溶液中,所以它们也常以络合物形式迁移。

腐殖质对金属离子的吸附交换和络合作用是同时存在的。一般情况是,在高浓度时,以吸附交换为主,这时金属多集中在深度为 30cm 以上的表层土壤中;低浓度时,以络合为主,若形成的络合物是可溶性的,则有可能渗入地下水。

(3) 土壤 E_h 值是影响重金属转化迁移的重要因素。在 E_h 值大的土壤里,金属常以高价形态存在。高价金属化合物一般比相应的低价化合物容易沉淀,故也较难迁移,危害也轻,如 Fe、Mn、Sn、Co、Pb、Hg 等。在 E_h 值很小的土壤里,比如土壤处于淹水的还原条件下,Cu、Zn、Cd、Cr 等也能形成难溶化合物而固定在土壤中,就迁移困难而言,危害较轻。因为在淹水条件下,SO_4^{2-} 还原为 S^{2-},后者与上述重金属离子会形成硫化物而沉淀。

(4) 土壤的 pH 值显著影响重金属的迁移。一般规律是:低 pH 值时吸附量较小;pH 值在 5~7 左右时,吸附作用突然增强;pH 值继续增加时,重金属的化学沉淀占了优势。土壤施用石灰等碱性物质后,重金属化合物可与 Ca、Mg、Al、Fe 等生成共沉淀。pH>6 时,由于重金属阳离子可生成氢氧化物沉淀,所以迁移能力强的主要是以阴离子形式存在的重金属。

(5) 生物转化也是重金属迁移的一个重要因素。金属甲基化或烷基化的结果,往往会增加该金属的挥发性,提高了金属扩散到大气圈的可能性。

微生物能够改变金属存在的氧化还原形态,例如某些细菌对 As(V)、Fe(Ⅲ)、Hg(Ⅱ)、Hg(Ⅰ)、Mn(Ⅳ)、Se(Ⅳ)、Te(Ⅳ)

等元素有还原作用,而另一些细菌又对 As(Ⅲ)、Fe(Ⅱ)、Fe(0)、Mn(Ⅱ)、Sb(Ⅲ) 等元素有氧化作用,甚至钼、铜、铀等金属可以通过细菌作用而被提取。随着金属氧化还原形态的改变,金属的稳定性也跟着改变,例如土壤固定砷的能力与土壤中存在的微生物有密切关系。

氧化态的改变还会影响金属形成配合物或螯合物的能力。例如,在森林土壤中 Pb(Ⅱ) 很少由于降水作用而发生淋溶,因为它被腐殖酸固定为难溶物,故铅在一般情况下不会造成对地下水的污染,而 Mn(Ⅱ) 在同样的情况下就很容易被淋溶而迁移;反之,若是高价的 Pb(Ⅳ) 和 Mn(Ⅳ) 则比前者更容易流失。

生物还能大量富集几乎所有的重金属,并通过生物链而进入人体,参与生物体内的代谢排泄过程。一般规律是,高价态金属对生物的亲和力比低价态强;重金属比其他金属更容易为生物所富集。

植物通过根系从土壤中吸收某些化学形态的重金属,并在植物体内积累,这一方面可以看作是生物对土壤重金属污染的净化;另一方面也可看作是重金属通过土壤对作物的污染。如果这种受污染的植物残体再进入土壤,会使土壤表层进一步富集重金属。从重金属的归宿看,环境中的重金属最终都进入了土壤和水体。

三、重金属在土壤-植物体系中的迁移

植物在生长、发育过程中所需的一切养分均来自土壤,其中重金属元素(如 Cu、Zn、Mo、Fe、Mn 等)在植物体内主要作酶催化剂。但如果在土壤中存在过量的重金属,就会限制植物的正常生长、发育和繁衍,以至于改变植物的群落结构。近年来研究发现,在重金属含量较高的土壤中,有些植物呈现出较大的耐受性,从而形成耐性群落;或者一些原本不具有耐性的群落,由于长期生长在受污染的土壤中,而产生适应性形成耐性生态型(或称耐性品种)。如日本发现小犬蕨对重金属有很强的耐受性,其叶片可富集 1000mg/kg 的镉,2000mg/kg 的锌,仍能生长良好。目前研究一些对重金属具有耐受性,超积累吸收重金属的植物,用以除去土壤中的重金属。

土壤中的重金属主要是通过植物根系毛细胞的作用积累于植物茎、叶和果实部分。重金属可能停留于细胞膜外或穿过细胞膜进入细胞质。

重金属由土壤向植物体内迁移包括被动迁移和主动迁移两种。迁移的过程与重金属的种类、价态、存在形式以及土壤和植物的种类、特性有关。

1. 植物种类

不同植物类或同种植物的不同植株从土壤中吸收转移重金属的能力是不同的，如日本的"矿毒不知"大麦品种可以在铜污染地区生长良好，而其他麦类则不能生长；水稻、小麦在土壤铜含量很高时，由于根部积累铜过多，新根不能生长，其他根根尖变硬，吸收水和养分困难而枯死。

2. 土壤种类

土壤的酸碱性和腐殖质的含量都可能影响重金属向植物体内的转移能力。如观察在冲积土壤、腐殖质火山灰土壤中加入 Cu、Zn、Cd、Hg、Pb 等元素后，其对水稻生长的影响。结果表明，Cu、Cd 造成水稻严重的生育障碍，而 Pb 几乎无影响；在冲积土壤中，其障碍大小顺序为 Cd＞Zn，Cu＞Hg＞Pb；而在腐殖质火山灰土壤中则为 Cd＞Hg＞Zn＞Cu＞Pb。这是由于在腐殖质火山灰土壤中 Cu 与腐殖质结合而被固定，使 Cu 向水稻体内转移大大减弱，对水稻的影响也大大减弱。

3. 重金属形态

将含相同镉量的 $CdSO_4$、$Cd_3(PO_4)_2$、CdS 加入无镉污染的土壤中进行水稻生长试验，结果证明，对水稻生长的抑制与镉盐的溶解度有关。土壤 pH 值、E_h 值的改变或有机物的分解都会引起难溶化合物溶解度发生变化，而改变重金属向植物体内转移的能力。

4. 重金属间的复合作用

重金属间的联合作用、协同与拮抗作用可以大大改变某元素的生物活性和毒性。如 Pb、Cu、Cd 与 Zn 之间具有协同作用，可促进小麦幼苗对 Zn 的吸收和积累；Pb 与 Cu 之间有拮抗作用，随 Pb

投加量的增加 Cu 在麦苗中的累积减小。

5. 重金属在植物体内的迁移能力

将 Zn、Cd 加入到水稻田中，总的趋势是随着 Zn、Cd 的加入量增加，水稻部分的 Zn、Cd 含量增加。但对 Zn 来说，添加量在 250mg/kg 以下，糙米中 Zn 的含量几乎不变。而 Cd 的添加量大于 1mg/kg 时，糙米中 Cd 的含量就急剧增加。这说明 Cd 与 Zn 在水稻体内的迁移能力不同。

四、土壤重金属污染

1. 汞污染

（1）土壤中汞污染的来源　汞在自然环境中的本底值不高，在森林土壤中约 0.029～0.1mg/kg，耕作土壤中约 0.03～0.07mg/kg，黏质土壤中约 0.03～0.034mg/kg，海水中约 0.3μg/L，雨水中约 0.2μg/L。陆地植物中约 0.005～0.02mg/kg，蔬菜中约 0.013～0.17mg/kg。随着工业的发展，汞的用途越来越广，生产量急剧增加，结果大量的汞由于应用而进入环境。目前全世界每年开采应用的汞量大约在 1 万吨以上，其中绝大部分最终都以三废的形式进入环境。据计算，在氯碱工业中每生产 1t 氯，要流失 100～200g 汞；生产 1t 乙醛，需要 100～300g 汞，以损耗 5％计，年产 10 万吨乙醛就有 500～150kg 汞经废水流入环境。

某些煤和其他化石燃料中存在高含量的元素汞。据估计全世界每年约有 1600 多吨的汞是通过煤和其他化石燃料燃烧而释放到环境中来的，成了重要的汞污染源。

因为汞是亲硫族元素，在自然界中常伴于铜、铅、锌等有色金属的硫化物矿床中，在这些金属冶炼过程中，汞大部分通过挥发作用而进入废气中，因此，在这些金属的冶炼厂附近的土壤中汞污染相对比较严重。

另外，在仪表和电气工业中常使用金属汞；在浆造纸工业中常使用乙酸苯汞、磷酸乙基汞等防腐剂。在这些工业中，汞蒸气污染和含汞废水污染也相对较为严重。

除工业污染以外，汞的化合物也曾作为农药使用，这也是土壤中汞污染的来源之一。

(2) 汞在环境中的形态与迁移转化　汞在土壤环境中的迁移转化，既受到汞自身化学性质的影响，也受到土壤环境因素的影响。

① 汞在土壤环境中的形态　土壤中的汞按其化学形态可分为金属汞、无机结合态汞和有机结合态汞。在各种含汞化合物中，以烷基汞化合物，如甲基汞、乙基汞的毒害性最强。

土壤中的汞以三种价态存在，0、+1、+2 价。与其他金属不同，汞的重要特点是，在正常的土壤 E_h 值和 pH 值范围内，汞能以零价（单质汞）存在于土壤中。由于单质汞在常温下有很高的挥发性，除部分存在于土壤中以外，还以蒸气形态挥发进入大气圈，参与全球的汞蒸气循环。金属汞以及汞蒸气在环境中是普遍存在的。

Hg^{2+} 在含有 H_2S 的还原性条件下，将生成极难溶的硫化汞（$K_{sp}=2\times10^{-52}$），因此，汞主要以 HgS 的状态残留于土壤中，但是，HgS 被植物吸收也极为困难，当土壤中氧气充足时，HgS 又可慢慢氧化成亚硫酸汞和硫酸汞。

② 土壤胶体对汞的吸附特征　土壤中的各类胶体对汞均有强烈的表面吸附（物理吸附）和离子交换吸附作用。Hg^{2+}、Hg^+ 可被带负电荷的胶体吸附；$HgCl_3^-$ 等可被带正电荷的胶体吸附。这种吸附作用是使汞以及其他许多微量重金属从被污染的水体中转入土壤固相的最重要途径之一，而不同的黏土矿物对汞的吸附力有很大差别。

此外，土壤对汞的吸附还受 pH 值以及汞浓度的影响。当土壤 pH 值在 1~8 范围内，则随着 pH 值的增大而吸附量逐渐增大；当 pH>8 时，吸附的汞量基本不变。

土壤胶体对甲基汞的吸附作用与氯化汞的吸附作用大体相同；但是，其中腐殖质对 CH_3Hg^+ 离子的吸附能力远比对 Hg^{2+} 的吸附能力弱得多。因此，土壤中的无机汞转化成 CH_3Hg^+ 以后，随水迁移的可能性增大。同时，由于二甲基汞（CH_3HgCH_3）的挥发度较大，被土壤胶体吸附的能力也相对较弱，因此，甲基汞较易发生气迁移和水迁移。

③ 无机和有机配位体对汞的络合-螯合作用　土壤中最常见的汞的无机络离子如下：

$$Hg^{2+}+H_2O \rightleftharpoons HgOH^+ +H^+$$
$$Hg^{2+}+2H_2O \rightleftharpoons Hg(OH)_2 +2H^+$$
$$Hg^{2+}+3H_2O \rightleftharpoons Hg(OH)_3 +3H^+$$
$$Hg^{2+}+Cl^- \rightleftharpoons HgCl^+$$
$$Hg^{2+}+2Cl^- \rightleftharpoons HgCl_2$$

当土壤溶液中 Cl^- 浓度较高时（大于 10^{-2} mol/L），可能有 $HgCl_3^-$ 生成。

$$Hg^{2+}+3Cl^- \rightleftharpoons HgCl_3^-$$

OH^-、Cl^- 对汞的配合作用大大提高了汞化合物的溶解度。为此，一些研究者曾提出应用 $CaCl_2$ 等盐类来消除土壤汞污染的可能性。

土壤中的有机配位体，如腐殖质中的羟基和羧基，对汞有很强的螯合能力。加之腐殖质对汞离子有很强的吸附能力，致使土壤中腐殖质的含汞量远高于土壤矿物质部分的汞含量。

④ 汞的甲基化作用　1967 年瑞典学者 Jensen 首先提出，淡水底泥中的厌氧细菌，可以将 Hg^{2+} 甲基化而形成甲基汞，后来美国学者 Wood 证明，有一种辅酶能使甲基钴氨素中的甲基与 Hg^{2+} 结合生成 CH_3Hg^+，也可以形成二甲基汞 $(CH_3)_2Hg$，不过生成甲基汞的速度比生成二甲基汞的速度快得多。

汞除了可在微生物作用下发生甲基化外，还可在非生物因素作用下进行，只要存在甲基给予体，汞就可以甲基化。

土壤的温度、湿度、质地以及土壤溶液中汞离子的浓度，对汞的甲基化作用都有一定影响。一般说来，在土壤水分较多、质地较黏重、地下水位过高的土壤中，甲基汞的产生比砂性、地下水位低的土壤容易得多。甲基汞的形成与挥发度都和温度有关。温度升高虽有利于甲基汞的形成，但其挥发度也随之增大。有人做过这样的实验，在低温下（4℃），土壤中甲基汞净增；而高温下（36℃），土壤中甲基汞净减。另据有关材料说明，从灭菌和未灭菌的土壤试验中都发现了土壤结构对甲基汞形成的影响。黏土含甲基汞最多，壤土次之，砂土最小。其原因可能是随着黏土含量的增加，有机物的含量也有所增加，而甲基化作用正是由于有机物或与黏土结合的有机物的存在，在有利于微生物生长的条件下，可望具有最大的甲基汞生物合成速率。

土壤中的甲基汞等有机汞化合物，也可以被降解为无机汞。前苏联的弗鲁卡娃和托纳姆拉从苯污染的土壤中分离出假单胞杆菌属（*Pseudomonas*）K-62菌株。这种菌能吸收无机汞和有机汞化合物，并将汞还原为金属汞，排出体外。可见，元素汞及各种类型的化合物，在土壤环境中是可以相互转化的，只是不同的条件下，其迁移转化的主要方向有所不同而已。但是，由于汞在土壤环境中的迁移转化的复杂性，给汞污染的治理工作带来许多麻烦。

（3）土壤汞污染的危害　汞蒸气是剧毒的，但是在土壤汞污染状况下，从土壤中挥发出来的微量汞蒸气是不会引起人畜急性中毒的，慢性中毒的情况也很少见到。据有关资料说明，汞矿区的土壤空气中的含汞量最高只有 $2\mu g/m^3$，经常使用有机汞杀菌剂的农田地区大气中含汞量最高也只有 $10\mu g/m^3$。而只有当空气中汞含量达 $0.1mg/m^3$ 以上时，汞蒸气中毒现象才明显出现。但是，需要注意的是，长期吸入极微量的汞蒸气会引起累积中毒。

所有的无机汞化合物，除硫化汞之外，都是有毒的。通过食物链进入人体的无机汞，主要储蓄于肝、肾和脑内。其产生毒性的根本原因是：Hg^{2+} 与酶蛋白的巯基结合，抑制多种酶的活性，使细胞的代谢发生障碍。Hg^{2+} 还能够引起神经功能紊乱或性机能减退。

有机汞一般比无机汞毒性更大。其中毒性较小的有苯汞、甲氧基-乙基汞；剧毒的有烷基汞等。在烷基汞中，甲基汞毒性最大，危害也最普遍。

土壤中的有机汞直接通过陆生食物链或水生食物链进入人体。甲基汞在体内的半衰期（通过生理排泄而使体内含汞量减少一半所需要的时间）约为 70～74 天。进入体内的甲基汞很快地同血红素分子结合，形成非常稳定的巯基-甲基汞（R—S·HgCH$_3$），成为血球的组成。甲基汞在体内约有15%积蓄在脑内，侵入中枢神经系统，破坏脑血管组织，引起一系列中枢神经中毒症状，如手、足、唇麻木和刺痛，语言失常，听觉失灵，震颤和情绪失常等。这些均为甲基汞侵入脑内所引起的脑动脉硬化症（水俣病）患者的典型症状。此外，甲基汞还可导致流产、死产、畸胎或出现先天性痴呆儿等。

土壤汞污染对土壤微生物、土壤酶活性以及土壤的理化性质也有影响。受Hg、Cd、Pb、Cr污染的土壤细菌总数明显降低，当土壤中Hg为0.7mg/kg、Cd为3mg/kg、Cr为50mg/kg、Pb为100mg/kg时细菌总数开始下降。Hg和Cd相比，Hg的影响程度大于Cd。Pb和Cr相比，Cr的抑制作用显著。随着培养时间的加长，Hg、Cd、Pb的抑制作用力略有降低的趋势，而Cr则相反，随着培养时间的加长，抑制作用更为明显。

汞对脲酶的抑制作用最为敏感，其余依次为转化酶、磷酸酶和过氧化氢酶，当加入土壤中的Hg量为30mg/kg时，脲酶活性降至原来活性的29%～47%。转化酶、磷酸酶和过氧化氢酶分别降至50%～67%，80%和77%～92%。即使加入的Hg量较少，脲酶活性也有明显的降低。

Hg不仅对脲酶的抑制作用强，而且作用的持续时间也较长，至培养的第45天，脲酶活性才恢复了33%～46%。转化酶的活性则很快恢复，培养一周时为17%～20%，至培养第45天便达到80%～81%。有人建议用土壤脲酶活性作为指示土壤受Hg污染程度的指标，因为脲酶随Hg浓度的增加而活性明显降低，且受Hg抑制的持续时间比较长，与其他土壤酶相比，能更可靠地表征土壤受Hg污染的程度。据有关材料说明，Hg^{2+}对土壤中NO$_3^-$-N的淋失抑制强度比Cd^{2+}、Ni^{2+}、Pb^{2+}、Cu^{2+}、Cr^{3+}大，并且可持续7～11周以上。植物能直接通过根部吸收汞，另一途径是通过叶片的气孔吸收汞，不同形态汞化合物易被植物吸收的顺序为：氯化甲基汞（MMC）＞氯化乙基汞（EMC）＞乙酸苯汞（PMA，赛力散)＞$HgCl_2$＞HgO＞HgS。有时土壤总汞的含量很高，但作物的含量不一定高，这时汞可能是不易溶的 HgS 等形态。然而，土壤环境汞污染对作物生长发育的直接影响，目前研究的尚不多见，研究的重点仍是汞在作物体内的残留、转移、累积规律及其影响因素问题。例如，有的研究结果表明，汞在小麦体内的富集随土壤汞含量增高而增大，各器官对汞的吸收量呈现根＞茎叶＞麦粒的规律，其比例为 30∶3∶1。麦粒中汞的吸收累积量主要受土壤物理黏粒含量所制约等。有关土壤汞污染的生态效应问题是值得进一步深入研究的课题。

2. 镉污染

(1) 土壤中镉的污染来源　镉在地壳中的平均含量为 0.2mg/kg，在土壤中的含量在 0.01～0.70mg/kg 之间。镉通常与锌共生，并与锌一起进入环境。环境中的镉大约有 70% 积累在土壤中，15% 存在于枯枝落叶中，迁移到水体中的镉仅占 3.4% 左右。进入天然水中的镉，大部分存在于底泥和悬浮物中。镉污染来源主要是铅、锌、铜的矿山和冶炼厂的废水、尘埃和废渣以及电镀、电池、颜料、塑料稳定剂、涂料工业废水等，农业上，施用磷肥也可能带来镉的污染。

我国上海市郊的川沙污灌区、松江炼锌厂地区、吴淞口工业区等地的天然土壤中镉的含量已超过背景值 100 倍左右，最高的酸溶性镉含量达 130mg/kg，已直接影响到水稻的正常生长。

(2) 镉在土壤中的形态与迁移转化

① 镉在土壤环境中的赋存形态　镉在土壤溶液中以简单离子或简单配离子形式存在。在土壤中从 Cd^{2+} 到 Cd 的反应不存在，只能以 Cd^{2+} 和其他化合物进行迁移、转化。一般当 pH 值小于 8 时为简单的 Cd^{2+}；pH 值为 8 时，开始生成 $Cd(OH)^+$；而 $CdCl^+$ 的生成，必须在 Cl^- 的浓度大于 35mg/kg 才有可能。与无机配位体组成的络合物的稳定性有以下顺序：

SH^-＞CN^-＞$P_3O_{10}^{5-}$＞$P_2O_7^{4-}$＞CO_3^{2-}＞OH^-＞PO_4^{3-}＞NH_3＞SO_4^{2-}＞I^-＞Br^-＞Cl^-＞F^-

在环境中,从含氧的地表水到厌氧的淤泥,镉在各种环境下的质量平衡和分配,都受到这一亲和力顺序的制约。在同一配位体的情况下,则受配位体浓度的制约。

有的研究表明,大多数土壤溶液中 Cd 的主要形态为 Cd^{2+}、$CdCl^+$、$CdSO_4$,石灰性土壤中还有 $CdHCO_3^+$,其他形态如 $CdNO_3^+$、$Cd(OH)^+$、$CdHPO_4$ 等很少,几乎可以忽略不计。同时,由于 Cd^{2+} 与有机配位体的络合能力弱,故也可不计。

土壤中呈吸附交换态的镉所占比例大,这是因为土壤对镉的吸附能力很强,且是一个快速过程,95% 以上发生在 10min 之内,1h 后达到平衡,其吸附率决定于土壤的类型和特性。在 pH 值为 6 (10^{-3} mol/L $CdCl_2$) 时,大多数土壤对镉的吸附率在 80%~95% 之间,并依下列顺序递降:腐殖质土壤>重壤质冲积土>壤质土>砂质冲积土。可见镉的吸附率与土壤中胶体的含量,特别是有机胶体的含量有密切关系。

此外,碳酸钙对 Cd 的吸附非常强烈。根据对 Cd^{2+}、$CaCO_3$ 的表面行为的研究表明,Cd^{2+} 与 $CaCO_3$ 首先发生一种快速反应,即 Cd^{2+} 与 $CaCO_3$ 表面进行的交换反应:

$$Cd^{2+} + CaCO_3 \longrightarrow Ca^{2+} + CdCO_3$$

随后发生慢反应,它是由 Cd^{2+} 与 Ca^{2+} 在极端无序的 $CaCO_3$ 表面重新结晶形成组成为 $Cd_xCa_{1-x}CO_3$ 的解吸速率非常低的表面相,从而大大降低了土壤中 Cd^{2+} 的浓(活)度。这些表面相被专家认为是化学吸附复合物、表面沉淀或固相溶液等。

土壤中的难溶性镉化合物,在旱地土壤中以 $CdCO_3$、$Cd_3(PO_4)_2$ 和 $Cd(OH)_2$ 的形态存在,其中以 $CdCO_3$ 为主(或以碳酸盐结合态存在),尤其在 pH 值大于 7 的石灰性土壤中,而在水田中则是另一种情况,镉多以 CdS 的形式存在于土壤中。

土壤中呈铁锰结合态、有机结合态的镉在总量中所占的比例甚小。

② 镉的生物迁移特征 镉对于作物生长是非必需的元素,但

是，它非常容易被植物吸收，只要土壤中镉的含量稍有增加，就会使作物体内镉含量相应增高。与铅、铜、锌、铬、砷等相比较，土壤镉的环境容量要小得多，这是土壤镉污染的一个重要特点。因此，为控制土壤镉污染所制定的土壤环境标准较为严格，我国暂定为 1.0mg/kg 为标准。

日本伊藤秀文等人做的水稻水培实验表明，水稻对水中镉的富集作用很强，其结果是水稻镉含量为水中镉含量的 8000 倍，地上部分为 2400 倍，糙米浓缩程度也达 500 倍。即使在镉浓度低于水环境标准的情况下，生长也会受到障碍，并产出高镉含量的污染米。水稻各器官对镉的浓缩系数按根＞杆＞叶鞘＞叶身＞稻壳＞糙米的顺序递减，这主要是由于各器官的过滤作用，因而向糙米中迁移较少。可是，水溶液中镉浓度只有 0.0082mg/L 时，糙米中镉浓度仍可高达 4.2mg/kg。因此，伊藤秀文等人认为关于镉的水环境标准有重新加以研究的必要。

在土壤环境中，凡是能影响到镉在土壤中的赋存形态的因素，都可以影响镉的生物迁移。土壤酸度的增大，水溶态镉相对增加，植物体内吸收的镉量也有所增加。有关的研究结果表明，尽管土壤 E_h 值在 $+200 \sim 400 mV$，pH 值为 $5 \sim 7$ 的条件下，水稻的镉吸收量有所衰减，但总的来说，水稻的总镉吸收和幼苗的镉吸收，均随 E_h 值的增大和 pH 值的减小而增加。

此外，土壤增施石灰、磷酸盐等化学物质，可相对减少植物对镉的吸收。

对镉污染的土壤研究证明，Cd 和 Zn、Pb 等含量存在一定的相关性。镉含量高的地方，Zn、Pb、Cu 也相应地较高。而镉的生物迁移还受相伴离子，如 Zn^{2+}、Pb^{2+}、Cu^{2+}、Mn^{2+}、Ca^{2+}、K^+、PO_4^{3-} 等的交互作用的影响。

(3) 土壤镉污染的危害　镉是严重污染元素。镉对于生物体和人体来说是非必需的元素，在清洁的环境中，新生婴儿体内几乎无镉，污染性镉主要通过消化道吸收进入人体。受镉污染地区的大米中含有相当高量的镉，长期食用"镉米"会引起慢性中毒。进入人体的镉,一部分与血红蛋白结合,一部分与低分子金属硫蛋白结合,然后随血液分布到内脏器官,最后主要蓄积于肾和肝中。镉中毒症状主要表现为动脉硬化性肾萎缩或慢性球体肾炎等。此外,食入过多的镉,可使镉进入骨质并取代部分钙(脱钙),引起骨骼软化和变形,严重者引起自然骨折,甚至死亡。

此外,不少研究者还发现镉有致突变、致癌和致畸作用以及引起高血压、肺气肿等病症。

近十多年来,人们对在施镉土壤上生长的农作物进行分析研究发现,不同种类的作物对含镉土壤有不同的耐性。水稻对镉有一定的耐性,但也发现有减产的趋势。蔬菜中的菠菜、大豆、卷叶水芹、长叶莴苣对镉的耐性很差,在 $5\sim15\mu g/g$ 的低浓度范围内就会受到生理毒害。有关的研究报告指出,当土壤中镉的浓度分别为 $15\mu g/g$、$30\mu g/g$、$40\mu g/g$、$95\mu g/g$、$145\mu g/g$ 时,苏丹牧草、紫苜蓿、白三叶草、长羊毛草、狗牙根草均有明显减产。不同牧草对镉的忍耐程度有所不同,其限度范围为 $15\sim145\mu g/g$。并且,不同作物的耐性还因土壤 pH 值、有机质和阳离子交换量等的不同而有差异。当污泥中含有高浓度镉(同时还含有 Pb、Zn)时,施入土壤后,土壤中硝化细菌的活性受到严重抑制。通过研究 19 种痕量元素对细菌硝化过程的影响,发现当其为 $5\mu mol/g$,即相当于 $300mg/kg$ 水平时,都有抑制作用,而 Cd^{2+}、Zn^{2+}、Pb^{2+}、Cu^{2+}、Mn^{2+}、Cr^{2+} 等都能抑制硝化作用,其中以 Cd^{2+} 的抑制影响相当显著。我国高拯民的研究结果也证实了 Cd^{2+} 对 NO_3^--N 淋失抑制的强度仅次于 Hg^{2+},居第二位,且可持续 $7\sim11$ 周以上。因此,镉污染的土壤生态效应问题,应引起我们的足够重视。

实验证明,在含镉很少的对照土壤中加镉会使土壤中的细菌数目锐减,由每克土壤 4.8×10^7 减少到 2×10^3。在长期受重金属污染的土壤中加镉可使细菌数目减少 50 倍,与对照相比较减少的倍数相差 480 倍。

镉的毒性是由于它在化学性质上接近于锌。因此,镉在多种生化过程中可能扮演锌的角色,破坏与呼吸及其他生理过程中有关的碳酸酐酶,各种脱氢酶和磷酸酶以及参与蛋白质和核酸代谢的蛋白酶、肽酶和其他有关酶的功能,镉作为锌的化学性质相似物在葡萄糖磷酸化及碳水化合物生成和消耗所必需的酶系统中可能取代锌。

镉在植物体内取代锌导致锌的缺乏,从而造成植物生长受抑制以至死亡。植物对镉的敏感性依下列顺序增大:番茄＜燕麦＜莴苣＜牧草＜胡萝卜＜萝卜＜菜豆＜豌豆＜菠菜。

镉对作物的影响,除造成生育障碍使产量降低外,还更应注意其在作物可食部位中的残留。因为造成作物可食部位超过允许含镉量标准的土壤含镉量,往往低于使作物生长发育产生障碍的土壤含镉量。

3. 铅污染

(1) 土壤中铅的污染来源 铅在地壳中的自然浓度并不高,平均丰度只有 14mg/kg。土壤含铅量平均值为 35mg/kg,煤中含铅 2～370mg/kg,平均为 10mg/kg。

人类在生产活动中,把铅矿开采出来,经过冶炼、加工和应用于制造各种金属铅和铅化合物的制品。在这些过程中,特别是铅的冶炼,是土壤铅污染的主要污染源。例如,德国某冶炼厂附近的土壤含铅达 300～2900mg/kg,而在矿区附近严重污染的土壤中铅含量可高达 5000mg/kg(一般土壤铅的背景值在 2～200mg/kg 之间,平均为 10～20mg/kg)。

汽车燃烧时排放的含铅废气是铅的另一大污染,而且随着汽车交通运输事业的发展,目前排放量还在日趋增加。据有关资料说明,汽车排气中的铅含量多达 20～50μg/L。因此,汽车来往频繁的交通路口的空气,铅污染十分严重。由此可知,土壤及植物的铅污染因距离公路、城市中心的远近以及交通量的大小等而有明显差异(见表 6-2)。

表 6-2 交通量与含铅量比率(风干物) /(mg/kg)

12h 的汽车数/辆	土　壤	草　根	青草地上部
11000	6.4	38.8	16.2
23000	12.3	38.0	47.9
32000	36.5	65.2	57.0

除上述两大污染源外,其他铅应用工业的"三废"排放也不应忽视。例如铅蓄电池厂附近的废水及污泥中含铅量较高,如不加以处理而直接输入农田,则污染也是相当严重的。

过去一直是用砷酸铅作为杀虫剂的,但是,目前已极少施用。所以土壤中铅的农业污染源现在主要不是含铅的农药,而是施用含铅量高的污泥或垃圾。

(2) 铅在土壤中的形态与迁移转化　土壤中的铅主要以 $Pb(OH)_2$、$PbCO_3$、$Pb_3(PO_4)_2$ 等难溶态形式存在,而可溶性的铅含量极低。这是由于铅进入土壤时,开始可有卤化物形态的铅存在,但它们在土壤中可以很快转化为难溶性化合物,使铅的移动性和被作物的吸收速率都大大降低。因此,铅主要积累在土壤表层。

C. N. 莱蒂(C. N. Reddy)等发现,随着土壤 E_h 值的升高,土壤中可溶性铅的含量降低,其原因是由于氧化条件下土壤中的铅与高价铁、锰的氢氧化物结合在一起,降低了可溶性铅的缘故。

土壤中的铁和锰的氢氧化物,特别是锰的氢氧化物,对 Pb^{2+} 有强烈的专性吸附能力,对铅在土壤中的迁移转化以及铅的活性和毒性影响较大。它是控制土壤溶液中 Pb^{2+} 浓度的一个重要因素。

土壤 pH 值对铅在土壤中的存在形态影响也很大。一般可溶性铅在酸性土壤中含量较高。这是由于酸性土壤中的 H^+ 可以部分地将已被化学固定的铅重新溶解而释放出来,这种情况在土壤中存在稳定的 $PbCO_3$ 时尤其明显。

土壤中的铅也可呈离子交换吸附态的形式存在,其被吸附程度取决于土壤胶体负电荷的总量、铅的离子势以及原来吸附在土壤胶体上的其他离子的离子势。有关研究也指出,土壤对 Pb^{2+} 的吸附量和土壤交换性阳离子总量间有很好的相关性。

另外,铅也能和配位基结合形成稳定的络合物和螯合物。

在大多数的土壤环境中,Pb^{2+} 是铅唯一稳定的氧化态。E_h 值或 pH 值的变化所影响的只是与之结合的配位基而不是金属本身。

另据有关资料说明,在施用污泥后的土壤中以碳酸盐形态存在的铅的比例最高,其次为硫化物和有机态,而水溶性或交换态铅只占总量的 1.1%～3.7%。

植物从土壤中吸收铅主要是吸收存在于土壤溶液中的 Pb^{2+}。用乙酸和 EDTA 浸提法，测定土壤中可溶态铅，约占土壤总铅量的 1/4。这些铅是可能被植物吸收的，但不一定在短期内都被吸收。

植物吸收的铅绝大部分积累于根部，而转移到茎叶、种子中的很少。这一点与镉有所不同。另外，植物除通过根系吸收土壤中的铅以外，还可以通过叶片上的气孔吸收污染空气中的铅。

土壤的酸碱度对植物吸收铅的影响是较为明显的，当土壤 pH 值由 5.2 增至 7.2 时，作物根部的铅含量降低，这是由于随 pH 值的增高，铅的可溶性和移动性降低，以至影响到植物对铅的吸收。

铅在土壤环境中的迁移转化及其对植物吸收铅的影响，还与土壤中存在的其他金属离子有密切关系。据有关资料说明，在非石灰性土壤中，铝可与铅竞争而被植物吸收。当土壤中同时存在铅和镉时，镉的存在可能降低作物（如玉米）体内铅的浓度，而铅会增加作物体内镉的浓度。当土壤中投加的铅量大于 300mg/kg 时，铜对植物吸收铅有明显的拮抗作用；铅的浓度相当于本底时，铜的拮抗作用不明显。

如前所述，土壤中铁、锰的氢氧化物对 Pb^{2+} 有强的专性吸附能力，显然也能较强烈地控制植物对 Pb^{2+} 的吸收。土壤缺磷对植物吸收铅有显著增加，在供磷条件下，土壤及植物中形成磷酸铅沉淀，磷对铅有解毒作用，可与细胞液中极少量的铅形成沉淀。

（3）土壤铅污染的危害　从现有的资料来看，由于土壤的铅污染，经食物链而引起人体铅中毒的现象极少出现。这与铅在土壤中的主要存在形态是难溶性的铅化合物，而吸收进入植物体内的铅又主要累积于根部有关（食物受污染的块根作物应引起注意）。但是，铅是蓄积性毒物，铅在血液中可以以磷酸氢盐、蛋白复合物或铅离子的状态随血液循环而迁移，随后除少量在肝、脾、肾等组织及红细胞中存留外，大约有 90%～95% 的铅以稳定的不溶性磷酸铅储存于骨骼系统。正常人血液中铅含量大约 0.05～0.4mg/kg，平均为 0.15mg/kg 左右。当血液中铅含量达 0.6～0.8mg/kg 时,就会出现各种中毒症状。正常人头发中的铅含量波动于 2～95mg/kg 之间,但慢性铅中毒时,达 42～1000mg/kg。

铅中毒时对全身各系统和器官均产生危害,尤其是神经系统、造血系统、循环系统和消化系统。铅中毒,出现高级神经机能障碍。严重中毒时,引起血管管壁抗力减低,发生动脉内膜炎、血管痉挛和小动脉硬化。铅中毒还发生绞痛,还可造成死胎、早产、畸胎以及婴儿精神呆滞等病症。

关于铅对动物的危害,有人发现供试大白鼠生命缩短 20%,导致早死。在老年个体中,造成体重减轻和外观不良。

铅对植物的直接危害,主要是影响光合作用和蒸腾作用强度。一般随铅污染程度的加重,光合作用和蒸腾作用的强度逐渐降低。在重金属中铅对植物的生长和产量的危害最小,但其在植物体内的残留累积对动物和人体却危害很大。

铅对土壤微生物、土壤酶活性的影响较 Hg^{2+}、Cd^{2+} 的影响为小,持续时间也较短。铅对土壤脲酶和转化酶有较强的抑制作用,即使加入铅量较小,脲酶和转化酶活性仍有较明显的降低。长期大量施用含铅的污泥或污灌,有可能使土壤中氮的转化受到较为严重影响。

4. 铬污染

(1) 土壤中铬的污染来源　铬在地壳中的平均含量为 200mg/kg,土壤铬的平均背景值为 70mg/kg,各类土壤的差异很大。

土壤中铬的污染主要是某些工业的"三废"排放。通过大气污染的铬污染源主要是铁铬工业、耐火材料工业和煤的燃烧向大气中散发的铬。通过水体污染的铬污染源主要是电镀、金属酸洗、皮革鞣制等工业的废水。电镀厂是 6 价铬($Cr_2O_7^{2-}$ 和 CrO_4^{2-})废水的主要来源,浓度一般在 50～100mg/L 左右。其次是生产铬酸盐和三氧化铬的工厂,其废水中 6 价铬的含量一般在 100～200mg/L 之间。皮革厂的铬鞣车间、染料厂的还原咔叽 2G 车间、制药厂的对硝基苯甲酸车间和香料厂等都是 3 价铬废水的主要来源。

此外,城市消费和生活方面以及施用化肥等,也是向环境中排放铬的可能来源。例如垃圾焚烧灰中含铬约170mg/kg,煤灰中含铬达900～2600mg/kg,某些磷肥中含铬达30～3000mg/kg。

(2) 在土壤中的形态与迁移转化　土壤中的铬主要是3价铬(Cr^{3+}和CrO_2^-)和6价铬($Cr_2O_7^{2-}$和CrO_4^{2-}),其中以3价铬[如$Cr(OH)_3$]最为稳定。在土壤正常的pH值和E_h值范围内,铬能以四种形态存在,即Cr^{3+}、CrO_2^-、$Cr_2O_7^{2-}$和CrO_4^{2-}。在强酸性土壤中一般很少存在6价铬化合物,但在弱酸性和弱碱性土壤中,可有6价铬化合物的存在。

土壤中的3价铬和6价铬可以互相转化。6价铬可被2价铁离子、溶解性的硫化物和某些带羟基的有机化合物还原为3价铬。一般当土壤有机质含量大于2%时,6价铬几乎全部被还原为3价铬。根据标准电极电位的大小,从理论上讲,在通气良好的土壤中,3价铬可被二氧化锰氧化,也可被水中溶解氧缓慢氧化而转变成6价铬。其相互转化的方向和程度主要决定于土壤环境的pH值和E_h值。

土壤中3价铬化合物的溶解度一般都很低,而且不溶性的6价铬含量本来就很少,所以土壤中可溶性铬含量较低。含铬废水中的铬进入土壤后,也多转变为难溶性铬,大部分残留积累于土壤表层。据有关材料说明,土壤中只有0.006%～0.28%的铬是可溶性的,而且3价铬化合物的溶解度与土壤pH值的关系很密切,在土壤正常pH值范围内3价铬可达到其最低溶解度允许的含量(见图6-1)。因此,土壤中可被作物吸收的铬一般很少。

土壤中的铬也可部分呈吸附交换态存在。土壤胶体对铬的强吸附作用是使铬的迁移能力和可给性降低的原因之一。带负电荷的胶体可

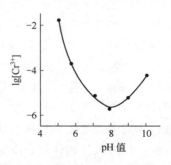

图6-1　铬(Ⅲ)溶解度与pH值的关系

以交换吸附以阳离子形式存在的 3 价铬离子 [Cr^{3+}、$Cr(H_2O)_6^{3+}$、或 $Cr(OH)_2^+$ 等]，Cr^{3+} 甚至可置换黏土矿物晶格中的 Al^{3+}。而带正电荷的胶体可交换吸附以阴离子形式存在的铬离子（$Cr_2O_7^{2-}$、CrO_4^{2-}、CrO_2^-）。但是，6 价铬离子活性很强，一般不会被土壤强烈地吸附，因而在土壤中易于迁移。铬对地下水的污染已有报道，特别是在土壤溶液中有过量的正磷酸盐时，则可阻碍 $Cr_2O_7^{2-}$ 和 CrO_4^{2-} 的吸附。因为 PO_4^{3-} 的相对交换吸附能力大于 6 价铬离子，而 Cl^-、SO_4^{2-}、NO_3^- 离子的相对交换吸附能力小于 6 价铬离子，所以这些阴离子的存在对 6 价铬离子的交换吸附没什么影响。

土壤中的不同胶体，对铬的吸附能力有很大差异。如土壤中的氧化铁或氧化铁的水合物对铬的吸附能力很大，远非高岭石和蒙脱石可比。

土壤中有机质含量的多少，不仅对 3 价铬和 6 价铬的相互转化起重要作用，同时对它们的化学性质也有很大影响。例如，当 3 价铬吸附在动植物残体的分解产物上时，活性较强；当存在于矿物时，活性一般较低，其活性的大小有赖于所属矿物的风化度和溶解度。

受铬污染的土壤，其中的铬可借风力而随表层土壤颗粒迁移入大气；也可被植物吸收进而通过食物链进入人体。有关单位曾经应用中子活化技术研究含铬废水在土壤和农作物中的变化规律，结果表明，在水稻盆栽试验条件下，灌溉水中 0.28%～15% 的铬为水稻吸收，85%～99% 的铬累积于土壤中，并几乎全部集中在 0～5cm 的土壤表层。当灌溉水中的铬的浓度分别为 10.25mg/L 和 50mg/L 时，上层土壤中铬的浓度可分别增加 25% 和 243%。这说明，用含铬量在 10mg/L 以上的工业废水灌溉农田，会迅速引起土壤耕作层中铬的积累。虽然迁移入作物体内的铬量很少，但是毕竟有少量铬进入作物体内。研究结果还表明，水稻吸收的铬能转移到植株的茎、叶、谷壳、糙米等部位，各部位的含量顺序是稻草＞谷壳＞糙米，具体数据为 92% 左右的铬积累于茎叶中，5% 左右积累于谷壳中，3%左右积累于糙米中。此外，作物对6价铬和3价铬的吸收量、吸收速度及积累部位因作物种类的不同而有所不同。如烟草对6价铬有选择吸收性，而玉米则有拒绝吸收6价铬的特性。水稻对3价或6价铬都能吸收，但对6价铬的吸收远大于3价铬的吸收，并且6价铬易于从茎叶转移至糙米中，而3价铬转移到糙米中的数量较小，这可能与3价铬较易于和蛋白质结合有关。国外的研究表明，3价铬的生物活性及毒性较低，这是因为它通过生物膜的运动常受到限制。即在生理pH值范围内，3价铬易与一些生物分子配合，与蛋白质强烈键合，或生成氢氧化铬凝胶，不易透过生物膜进入生物体内，而6价铬较易透过生物膜，所以，6价铬的生物活性和毒性大于3价铬。

(3) 土壤铬污染的危害　铬是动物和人体的必需元素之一，现已发现胰岛素的许多功能都与铬有密切关系。但是它在植物生长发育中是否必需还尚未证实。

人体缺乏铬可引起粥状动脉硬化，还可使糖、脂肪的代谢受到影响，严重者可导致糖尿病和高血糖症。但是，土壤的铬污染过于严重，也会通过食物链而对人体和动物产生危害。

铬的毒性主要是由6价铬引起的。6价铬的毒性主要表现为引起呼吸道疾患、肠胃道疾患等，6价铬由呼吸道吸入时有致癌作用，通过皮肤和消化道大量吸收能致死。但是，由于土壤的铬污染，通过食物链再引起人体的铬中毒现象，目前还很少发现，这与土壤中主要以难溶性的3价铬形式存在有关。

施用低含量的铬在一些情况下能刺激植物生长，但并不意味着铬针对植物是必需的。土壤中高含量的铬（3价或6价的）能引起植物中毒，特别是6价铬低浓度时，对作物和土壤动物都是有毒的。因此，我国试行标准规定用于农田灌溉的水中总铬量（以6价铬计）不得超过0.1mg/L。另外，也有人建议土壤中的3价铬不得超过500mg/kg，而6价铬不得超过100mg/kg。

铬对植物的毒性主要发生在根部，吸收的铬约98%保留在根部。高浓度的铬不仅其本身对作物产生危害，而且能干扰植物对必需元素的吸收和运输。如在培养液中，0.1mg/kg 的 6 价铬，可降低植物茎叶中 Ca、K、P、Fe 和 Mn 的浓度以及 Mg、P、Fe、Mn 在根系中的浓度。铬还干扰 Ca、K、Mg、P、B 和 Cu 在植物顶端的积累。3 价铬干扰植物体内铁的代谢，产生缺绿病。植物铬中毒的外观症状是功能受抑制，生长缓慢和叶卷曲、褪色。但是，与 Ni、Ti、Zn 等金属离子比较，铬对作物的抑制作用相对较弱。

土壤中 Ca^{2+} 可促进植物对 6 价铬的吸收，而 SO_4^{2-} 则能强烈抑制对 6 价铬的吸收，由于土壤中 SO_4^{2-} 浓度远大于 6 价铬的浓度，因此能降低 6 价铬的毒性。铬对其他离子也有拮抗作用，据报道，铬可降低大豆对 Ca、K、P、Fe 和 Mn 的吸收。

由于 Cr 在土壤中和植物体内移动的能力很小，因而对植物的危害性没有 Cd 和 Hg 那么严重。

因 6 价铬可被腐殖质和堆肥中的有机物还原而降低毒性，故加入有机肥有助于解除 6 价铬对植物的危害。其次，加入石灰、$Ca(H_2PO_4)_2$ 能降低 3 价铬的毒性。

关于 Cr^{3+} 离子对土壤微生物、土壤酶活性的抑制作用，不同学者的实验结果有所不同。有人采用典型的旱季冲积新成土，质地为粉砂壤，pH 值为 6.9，有机氮 0.118%，加 100mg/kg 氨态氮，1%污泥，1%紫苜蓿，6 种重金属元素 Cd^{2+}、Cr^{3+}、Cu^{2+}、Mn^{2+}、Pb^{2+} 和 Zn^{2+}，剂量分别为 100mg/kg、200mg/kg、400mg/kg，经过恒温培养 2 周、4 周、8 周、12 周，选择水、KNO_3、DTPA、HNO_3 作为土壤提取液，在不同实验时期分别测定其中痕量元素的回收率，结果表明，所有上述元素在 400mg/kg 时，都对硝化作用产生抑制作用，其顺序为：$Cr^{3+} > Cd^{3+} > Cu^{2+} > Zn^{2+} > Mn^{2+} > Pb^{2+}$。

5. 砷污染

（1）土壤中砷的污染来源　砷为类金属元素，但从它的环境污染效应来看，常把它当作重金属来看，地壳中平均含量为 5mg/kg，我国土壤平均含砷量为 9.29mg/kg。

工业上排放砷的主要部门有化工、冶金、火力发电、造纸、玻璃、皮革、电子工业等。其中以冶金、化学工业排砷量最高，如硫酸厂、磷肥厂，由于使用的矿石原料中普遍含有较高量的砷，所以废水中含砷量达每升几毫克至几十毫克。焦化厂及化肥厂煤气脱硫工艺若采用砷化，废水中含砷亦达每升几毫克。有色金属冶炼，同样由于矿石中砷含量高，排放的"三废"中含砷量达每升几至几十毫克。据估计，在20世纪内由于人类活动造成的砷的循环量平均每年为110×10^3 t，大约是岩石风化作用自然释放量的3倍。可见，由这些工矿企业的"三废"排放所引起的土壤砷污染是相当严重的。

在农业方面，曾经广泛利用含砷农药作杀虫剂和土壤处理剂。其中用量最多的是砷酸铅和砷酸钙，其次是亚砷酸钙和亚砷酸钠等。另有一些有机砷被用来作杀菌剂，如稻脚青、苏农6401、苏化911等。在受含砷农药污染的地区，土壤中含砷量显著增高，如美国果园土壤，未施含砷农药的地区土壤含砷量为$3\sim14$ mg/kg，施用含砷农药的地区土壤含砷量为$18\sim44$ mg/kg。

(2) 砷在土壤中的形态与迁移转化　在一般的pH值和E_h值范围内，砷主要以正3价态和正5价态存在于环境中。水溶性的部分多为AsO_4^{3-}、$HAsO_4^{2-}$、$H_2AsO_4^-$、AsO_3^{3-}、$H_2AsO_3^-$等阴离子形式，总量常低于1 mg/kg，一般只占土壤全砷的5%～10%。这是由于进入土壤中的水溶性砷很容易与土壤中的Fe^{3+}、Al^{3+}、Ca^{2+}、Mg^{2+}等金属离子生成难溶性砷化物；另一方面，土壤中的砷大部分与土壤胶体相结合，呈吸附状态，且吸附得牢固，这是因为砷酸根或亚砷酸根阴离子的相对吸附交换能力大的缘故。也正是由于上述两个原因，含砷的污染物进入土壤后，主要积累于土壤表层，很难向下移动。我国土壤对砷的吸附能力顺序是：红壤＞砖红壤＞黄棕壤＞黑土＞碱土＞黄土。

土壤吸附砷的能力，主要与土壤带正电荷的胶体，特别是游离氧化铁的含量有关。氢氧化铁吸附的能力等于氢氧化铝的两倍以上。此外，黏土矿物表面上的铝离子也可以吸附砷。但是，有机胶体对砷无明显的吸附作用，因为它一般带负电荷。

土壤中溶解态、难溶态以及吸附态砷之间的相对含量与土壤 E_h 值、pH 值的关系密切。随着 pH 值的升高和 E_h 值的下降，可显著提高土壤中砷的溶解性。这是因为，随着 pH 值的升高，土壤胶体上正电荷减少，因此对砷的吸附量降低，可溶性砷的含量增高。同时，随着 E_h 值的下降，砷酸还原为亚砷酸：

$$H_3AsO_4 + 2H^+ + 2e \rightleftharpoons H_3AsO_3 + H_2O$$

而 AsO_4^{3-} 的吸附交换能力大于 AsO_3^{3-}，所以砷的吸附量减小，可溶性砷的含量相应增高。土壤 E_h 值的降低，除直接使 5 价砷还原为 3 价砷以外，还会使砷酸铁以及其他形式与砷酸盐相结合的 3 价铁还原为比较容易溶解的亚铁形式，因此，溶解性砷和土壤 E_h 值之间呈明显负相关性。但是当土壤中含硫量较高时，在还原条件下，可以生成稳定的难溶 As_2S_3。

砷是植物强烈吸收的元素。砷的植物积累系数（指植物灰分中砷的平均含量与土壤中砷的平均含量的比值）为十分之几以上。土壤含砷量与作物含砷量的关系因作物种类不同而有很大差异。如英国学者弗来明曾做过调查，当土壤施用同样量的砷酸铅时，豆夹、扁豆、甜菜、甘蓝、黄瓜、茄子、西红柿、马铃薯等作物中的含砷量最小，莴苣、萝卜等作物中的含砷量最多，而洋葱等作物中含砷量介于之间。

向土壤中施入砷的价态不同，作物吸收的砷量也不同。如日本学者天正等，分别向土壤中施入砷酸和亚砷酸进行栽培试验，结果是施入亚砷酸的土壤上作物吸收的砷量较施入砷酸的高。

（3）土壤砷污染的危害　3 价砷的毒性远远高于 5 价砷的毒性。对人体来讲，亚砷酸盐的毒性比砷酸盐要大 60 倍。这是由于亚砷酸盐可以与蛋白质中的巯基反应，而砷酸盐则不能。砷酸盐对生物体的新陈代谢显示影响，但毒性相对较低，而且只是在还原为亚砷酸盐后才明显表现出来。这里需要注意到的是，在生物体内不同价态的砷之间可以互相转化，并且无机砷在生物体内还可以发生甲基化作用，生成毒性更大的三甲基砷。

砷具有积累性中毒作用，并对人有致癌作用，因此，应引起高度重视。

砷对植物有一定毒性。一般认为，砷危害作物的原因是由于砷阻碍了水分的输送，使作物根以上的地上部分氮和水分的供给受到限制，造成作物枯黄。水培试验表明，砷浓度为4mg/L时，扁豆生长受危害；为20mg/L时，大麦受危害。砷酸盐浓度为1mg/L时，水稻稍受危害，为5mg/L时，水稻减产一半，为10mg/L时，水稻生长非常不良，以致不抽穗。当用土培法进行研究时，砷化物的毒害作用有所不同。一方面表现为当土壤中有低浓度砷时，不仅不危害作物生长，相反的，对作物有促进和增产作用；另一方面表现为土壤发生砷危害的浓度高于水培溶液发生危害的浓度。我国南京土壤水稻研究所曾进行试验，当土壤中砷酸钠的加入量在8mg/kg以内时，水稻生长正常并有增产趋势。这可能是因为在土壤含有少量砷化物时，砷酸根与土壤中一部分原来处于吸附态的磷酸根互相置换，从而增加了作物的磷营养素。当加入量大于8mg/kg时，水稻生长开始受到抑制，加入量愈大，抑制作用愈显著。当加入量为40mg/kg时，水稻减产50%，加入量为160mg/kg时，水稻已不能生长，以致枯黄死亡。

目前，在解释砷的作用机制中存在着两种不同意见，一种意见认为砷化物可起还原作用，能提高植物细胞中氧化酶的活性，从而起促进生长的作用；而另一种则认为是由于砷杀死了对植物有害的病菌和抑制其繁殖所致。

此外，不同类型的土壤对砷的危害程度有很大差异。如吸附力弱的砂土中，砷对作物的危害最大；而吸附力强的黏土中，就不大容易发生砷害。

砷在作物体内的分布也是不均匀的，蔬菜的地上部分比地下部分积累的砷多；水稻则是根部积累最多，茎叶次之，稻壳与糙米中最少。

砷对土壤微生物也有一定的毒性，甚至可以引起主要生物种群的变化，以致使土壤生态系统的平衡遭到破坏。

土壤受砷污染后,细菌总数明显减少,在试验浓度范围(10～40mg/kg)内,当土壤砷浓度为10mg/kg时,细菌数已明显下降,并随土壤砷浓度的增加而递减。不同形态的砷化物对细菌的影响效应具有一定差异,以亚砷酸钠的抑制作用最为明显。

砷污染物对几种固氮菌、解磷菌及纤维分解菌均有抑制作用,除紫云英根瘤菌在低浓度(砷酸氢二钠10mg/kg)时菌落数略有增加外,均随砷浓度的递增而减少。

6. 铜和锌污染

铜和锌都是作物生长发育的必需营养元素,也是人体糖代谢过程中必需的微量元素。成人每日需要2g铜,人体中有30种以上的酶和蛋白质中含有铜,其中主要存在于肌肉中,组成铜蛋白,促进血红蛋白的生成和细胞的成熟,铜能促进骨折和增长身高。锌是许多蛋白质、核酸合成酶的构成成分,至少有80种酶的活性与锌有关。锌在人体内的含量达$1.4～2.3g$,正常人血浆中锌在$1200\mu g/L$左右,正常发育儿童头发中的锌应在$60～120mg/L$范围,过少,可引起一系列病症,锌有助于男孩发育和帮助骨骼生长。

但铜和锌过量时又都是有害的,铜过量达100mg,就会刺激消化系统,引起腹痛,呕吐,长期过量可促使肝硬化。值得注意的是,铜的需要量和中毒量非常接近,所以直接补充铜剂是非常危险的。锌过量时会引起发育不良,新陈代谢失调,腹泻等症状。一般说,锌的毒性较铜弱。

土壤铜污染主要是铜冶炼厂和铜矿开采以及镀铜工业的"三废"排放。此外,过量施用铜肥和含铜农药,也是造成土壤铜污染的重要污染来源。当土壤含铜量,特别是可给态的铜超过一定限量(100～200mg/kg)时,即可引起土壤污染,致使作物生长发育受到严重影响,并可通过食物链输入人体,产生危害。

土壤锌污染主要是铅锌冶炼厂、铅锌矿开采以及电镀(镀锌)工业的"三废"排放。例如,铅锌冶炼厂的废水中,锌的浓度约为60～170mg/L。长期引用含锌废水污染的水源灌溉农田或施用含锌污泥,可引起土壤的锌污染,历史上曾发生过由含锌的工业废物或污泥引起的锌的毒害事故。

土壤中可给态铜都是以 2 价状态出现,或者以简单的 Cu^{2+},或者呈 $Cu(OH)^+$ 配离子形式存在。但是土壤溶液中的铜 99% 以上可能都是和有机化合物络合的。铜和其他金属元素比较,具有较强的形成配合物的倾向,形成的螯合物具有较强的稳定性。以富里酸与多种金属元素所形成的配合物的稳定常数为例(见表 6-3),在 2 价离子中,Cu^{2+} 与富里酸形成的配合物稳定常数最高,为 Zn^{2+} 的 3~4 倍,其稳定次序在 pH 值为 3.5 时为 $Fe^{3+}>Al^{3+}>Cu^{2+}>Fe^{2+}>Ni^{2+}>Pb^{2+}>Co^{2+}>Ca^{2+}>Zn^{2+}>Mn^{2+}>Mg^{2+}$;在 pH 值为 5.0 时为 $Fe^{3+}>Al^{3+}>Cu^{2+}>Fe^{2+}>Ni^{2+}>Mn^{2+}>Co^{2+}>Ca^{2+}>Zn^{2+}>Mg^{2+}$。

表 6-3 富里酸与金属离子的稳定常数

金属元素种类	稳定常数 lgk pH 3.5	稳定常数 lgk pH 5.0	金属元素种类	稳定常数 lgk pH 3.5	稳定常数 lgk pH 5.0
Fe^{3+}	~	9.40	Co^{2+}	2.20 2.04	3.69
Al^{3+}	6.45	~	Ca^{2+}	1.73	3.92
Cu^{2+}	5.78	8.69	Zn^{2+}	1.47	2.34
Fe^{2+}	5.06	5.77	Mn^{2+}	1.23	3.78
Ni^{2+}	3.47	4.14	Mg^{2+}		2.09
Pb^{2+}	3.09	6.13			

有关试验说明,与具有相对分子质量小于 1000 的有机化合物配合的铜,对作物是有效的;但是与相对分子质量等于或大于 5000 的有机化合物配合的铜,其有效性便小得多。因此,可以推断,凡含腐殖质的量较高的土壤,一般不容易出现铜的污染危害;相反,如果土壤中含腐殖质的量较少,则铜的危害可能性增大。

不同的作物对铜的忍耐能力差别很大,在同一土壤中,有些作物已产生铜的毒害,但另一些作物仍能正常生长。如水稻是对铜较敏感的作物,很容易出现黄化症状,根系发育受阻,植物萎缩而枯死。此黄化症状和缺铁性缺绿症相似,并且通过叶面喷铁可以治疗。这说明，铜与铁之间确有显著的拮抗作用。柑橘类果树受铜害时，也出现缺绿症，但麦类则较少出现缺绿症，而常常发生萎缩症。铜对植物产生毒害的主要原因，除了对其他营养元素的离子有拮抗作用之外，更主要在于它和酶的作用基（特别是巯基）结合，使酶失活以及和细胞膜物质结合，破坏膜的功能。

土壤中可给态锌与铜相类似，主要以简单的 Zn^{2+} 和 $Zn(OH)^+$ 形式存在。但是，与铜不同的是，土壤溶液中的锌主要是无机离子。土壤溶液中的 Zn^{2+} 在碱性条件下则形成氢氧化锌沉淀。但氢氧化锌不稳定，易分解为氧化锌，并形成碳酸锌和硅酸锌［一般形成 $Zn_4Si_2O_7(OH)_2 \cdot H_2O$，而在高温时形成 Zn_2SiO_4］，在还原环境中则可产生 ZnS。此外，土壤中还可能形成 $ZnFeSiO_4$。现在一般认为，土壤中主要难溶性锌是锌和无定形二氧化硅起作用而产生的硅酸盐，并由这种硅酸盐控制着土壤溶液中锌的浓度。

土壤中适量的可给态锌，可以提高作物产量。但锌过多时，对作物有毒害作用，可严重影响作物的生长发育。植物锌中毒时，叶片往往失绿，进而产生赤褐色斑点，严重时可枯死。造成植株中毒的土壤可给态锌一般在 100mg/kg 以上。

防治铜毒害的主要措施是向土壤大量施用绿肥等有机肥料或施用石灰降低土壤酸度或二者并用，也可以施用铁剂（Fe-EDTA）或叶面喷铁剂，均可减轻对作物的毒害。

对于锌过多的土壤，可以采取以下措施来防止作物锌中毒：①施用石灰调节土壤 pH 值在 5.5～7.0 范围内，使锌形成氢氧化锌沉淀；②使土壤呈还原状态，形成 ZnS 沉淀；③施用含锌量很低的磷肥，使之形成难溶性的磷酸和锌的复合物。

习　题

1. 土壤中汞的存在形态主要有哪些？简述它在土壤中的迁移转化。
2. 简述土壤中镉污染的危害。
3. 为什么土壤砷污染的危害中 3 价砷的毒性要大于 5 价砷？

砷在土壤中的迁移转化过程是怎样的?

4. 试比较土壤中的铜污染和锌污染有何类似与不同。

5. 如何防治土壤中的汞、镉、铅、铬、砷等重金属的污染?

第二节 土壤农药污染

一、农药对土壤的污染与危害

农药是一种泛指性的术语,它不仅包括杀虫剂、杀菌剂、防治啮齿类动物的药物以及动、植物生长调节剂等。其中主要是杀虫剂、除草剂和杀菌剂。到1988年止,我国已批准登记的农药产品和正在试验的农药新产品共有248种,435个产品。全世界生产的农药品种就更多了。据估计,全世界农业由于病、虫、草三害,每年使粮食损失占总产量的一半左右。使用农药大概可夺回其中的30%,从防治病虫害和提高农作物产量的需要的角度看,使用农药确实取得了显著的效果。但由于农药在环境中残留的持久性,它的污染已成为全球性的环境问题。它不仅造成大气污染、水体污染,也造成了严重的土壤污染。

农药造成土壤污染,是因为在施用农药时约有一半药剂下落在土壤中,而且在土壤中残留时间很长。特别是有些农药在土壤中分解产物为苯胺及其衍生物,或者有的产生 N-亚硝基化合物。例如,敌稗、草枯醚、氟乐灵、1605等,在土壤中,尤其是淹水的土壤中容易产生苯胺类物质。这些分解产物有的是致癌性物质,有的可能进一步衍生为致癌性物质,还有的农药本身或其中含有的杂质具有致畸、致突变作用。

1. 农药对土壤微生物与土壤动物的影响

农药对土壤中的硝化细菌、根瘤菌和根际微生物的影响较大。如敌草隆的降解产物对亚硝化细菌、硝化细菌有抑制作用;苯氧羧酸类除草剂和有机氯杀虫剂,可通过影响寄生植物而抑制共生固氮菌的生长和活动;有机磷农药,如地亚农能使土壤根际微生物数目最初大大减少,以后增多,还可使微生物种类组成发生变化,由球菌和杆菌占优势，转而使链霉菌大大增加。

农药可影响土壤动物的数量和种类，如每公顷施用 $4.5\sim 9.0$ kg 西玛津时，土壤中的无脊椎动物数目减少 $33\%\sim 50\%$，一些捕食螨、蚯蚓、双翅目幼虫等也受到影响。

2. 农药对人体健康的危害

（1）农药进入人体的途径　农药通常是通过饮食、接触和呼吸三个途径进入人体的。由于人类食用的各种食品普遍受到农药污染，因此，农药通过食物进入人体是主要途径，估计约占 99% 左右，其余的通过饮水和呼吸。当皮肤接触某些农药时，也可通过皮肤渗透进入人体。

农药进入人体后，在各种酶的作用下发生一系列变化，大多数毒性消失或降低，也有的毒性增强，其变化过程大致分为两个阶段：第一阶段为水解、氧化、还原、羟基化、芳环断裂等；第二阶段为代谢产物与葡萄糖酸或甘氨酸结合，有的排出体外，有的在体内积累。一般来说，有机氯农药在体内代谢速度慢，残留时间长；有机磷农药代谢较快，残留时间短。有机氯农药在人体内脂肪中的残留是相当普遍的。据 1985 年以前的有关资料说明，我国苏南地区人体脂肪中六六六和 DDT 的残留量分别高达 32.047mg/kg 和 29.366mg/kg，超过规定限量 14.77 倍，为国内一般水平的 1 倍以上，$2\sim 4$ 倍于日本，几十倍于欧美各国。

（2）化学农药对人体健康的影响　化学农药会引起人体的急性中毒、亚急性中毒或慢性中毒，因此，与农药的毒性相对应可分为急性、亚急性和慢性毒性。目前确定一个农药的取舍，主要是看该农药的慢性毒性，看它是否易在环境中分解消失，是否会在生物体内浓缩蓄积。

化学农药除了对人体会产生急性、亚急性和慢性毒性外，目前广泛引起人们注意的是农药的致癌、致畸、致突变问题。在进行农药的慢性毒性试验时，除了要记录供试动物的中毒情况，测定死亡率、体重和饮食量的变化以及定期进行血、尿检查和病理检查外，还要观察农药对供试动物后代的影响，例如，农药对遗传变异的影响,看是否有"三致"作用以及是否会影响繁殖能力等。

农药致癌、致畸的原因,一般认为与细胞内的染色体有关。如果农药影响细胞染色体,引起细胞恶性分裂,就有引起肿瘤的可能性。当其影响到生殖细胞时就会发生怪胎等现象。绝大多数化学农药都是生物活性物质,如果影响到细胞染色体内的 DNA,就可能引起遗传变异,致畸、致癌等后果。目前被怀疑对 DNA 有影响的农药近百种,其中有些是根据其结构推测的;有些是经过动物试验证明的,但投药量均偏大。在目前污染的情况下,化学农药对人体的致癌致畸作用尚缺乏有力的证明。

二、土壤中农药的迁移转化

农药对土壤的污染主要通过下列途径:①施用的农药大部分落入土壤,附着于作物上的农药也因风吹雨淋,或随落叶而输入土壤;②直接对土壤消毒;③吸附有农药的尘埃以及呈气溶胶态飘浮于大气中的农药,可通过干沉降,或随雨、雪而降落到土壤中;④引用受农药污染的水源灌溉。农药进入土壤后,与土壤中的物质发生一系列化学、物理化学和生物化学的反应过程。由于这些过程的发生,农药在土壤环境中迁移、转化、降解或者残留、累积。

1. 土壤对农药的吸附作用

进入土壤的农药通过物理吸附、物理化学吸附、氢键结合和配位键结合等形式吸附在土壤颗粒的表面而使农药残留于土壤中。农药在土壤环境中的物理与物理化学行为在很大程度上受土壤中的吸附与解吸能力所制约。土壤对农药的吸收不仅会影响农药在土壤中的挥发与移动性能,而且还会影响到农药在土壤中的生物与化学降解特性。因此,研究农药在土壤中的吸附与解吸能力是评价农药在环境中行为的一个重要指标。

吸附的机理在于土壤溶液中农药分子和胶体之间产生不同类型的键。已知的土壤吸附农药的机理有以下几种。

(1) 范德瓦尔斯力吸附　非离子型农药分子在土壤吸附剂上呈非解离状态的吸附。例如,土壤有机物质对西维因和对硫磷的吸附。

(2) 通过疏水型相互作用产生的吸附　土壤有机质分子疏水部

分和农药的非极性或极性基团结合。例如，DDT和其他有机氯农药在土壤有机物质上的吸附就属于这种类型的结合，据认为基于这种机理产生的农药吸附不决定于土壤的pH值。

（3）借助氢键产生的吸附　当吸附质和吸附剂具有NH、OH基因或O、N原子时易形成氢键，氢原子在两个带负电荷的原子之间形成键桥，其中之一靠价键结合，另一则靠静电力结合。对吸附在黏土矿物上的农药分子来说，这种机制是最重要的。土壤有机物质对三氮苯以及黏土矿物对有机农药的固定都是通过氢键实现的。

（4）通过电子从供体向受体的传递产生的吸附　这种机制有助于土壤胶体和以联吡啶阳离子为基础的除草剂形成配合物。例如形成敌草快-蒙脱石和对草快-蒙脱石配合物。

（5）离子交换式吸附　这种吸附发生在呈阳离子态存在的化合物或通过质子化而获得正电荷的化合物。它易与土壤有机质和黏土矿物上阳离子起交换作用，这种吸附是与离子键相结合。有机物质和黏土矿物对敌草快和对草快等除草剂的吸附就是通过离子交换实现的。

（6）通过形成配位键和配位体交换产生的吸附　当过渡型金属离子成为土壤胶粒表面上的吸附中心时，可以观测到这种吸附。这种吸附对土壤中某些农药的行为具有显著影响。例如，蒙脱石对对硫磷和2,4-D酸的吸附，就是借助氢键通过与金属阳离子形成配位键产生的。

农药被土壤胶体吸附后，移动性和生理毒性随之发生变化。如除草剂百草枯和杀草快被土壤吸附后，在水中的溶解度和生理活性就大大降低。有些药剂被吸附在黏粒表面发生催化降解而失去毒性。所以，土壤对农药的吸附作用，在某种意义上就是土壤对有机毒物的净化和解毒作用。但是，这种净化作用大多是不稳定的，不彻底的。如当吸附的某种农药被土壤溶液中的其他物质重新交换出来时，即又恢复了原来的生理活性。

土壤对农药吸附力的强弱既决定于土壤特性，也决定于农药本身的性质。土壤有机质和各种黏土矿物对农药的吸附能力一般按下列顺序递减：有机胶体＞蒙脱石类＞伊利石类＞高岭石类。

不同类型的化学农药对吸附作用的影响也很大。一般来说，有机农药分子比较小（非聚合分子），若带负电荷，在有水的情况下，不易被土壤胶体吸附。但是，带有正电荷的农药，或者可以从介质中接受质子而质子化的农药，则可被强烈的吸附。在各种农药的分子结构中，凡带有 R_3N^+—、—$CONH_2$、—OH、—$NHCOR$、—NH_2、—$OCOR$、—NHR 等官能团的，都可被土壤强烈吸附，尤其是带—NH_2 的化合物，被吸附力更强。经过对 16 种不同分子结构的均三氮杂苯类进行研究可以看出，在杂苯环第二位上带不同功能的农药被钠饱和的蒙脱石吸附时，其吸附力依下列顺序递减：

$$—SC_2H_5 > —SCH_3 > —OCH_3 > —OH > —Cl$$

此外，在不同类型的农药品种中，农药相对分子质量越大，被吸附的能力越强。农药的挥发性和溶解度越小者，也越易被土壤吸附。

土壤对农药吸附力的大小，关系到农药在土壤中的有效性以及土壤对有毒药物的净化效果。土壤对农药的吸附力愈强，农药在土壤中的有效浓度愈低，因而对农药的净化效果愈好，可以减轻或消除农药对植物的污染。例如，有人曾用西玛津在砂土和黑钙土中做试验，结果在吸附力小的砂土上的吸附量只有在吸附量大的黑钙土上的 1.4%。因此，有人曾提议用施加活性炭等吸附剂的办法来消除土壤中农药对作物的污染危害。例如，在土壤中加入 0.4% 的活性炭时，豌豆从土壤中吸收艾氏剂的量就降低了 96%。由此可以证实，在土壤中添加一些强吸附剂，或增加砂土中黏土的比例，或增施有机肥料，则可减轻或消除土壤农药污染对作物的影响。但是，这种净化作用只是暂时的，而且是农药在土壤中的积累过程。

2. 农药在土壤中的迁移

进入土壤环境中的农药可以通过挥发、扩散而迁移入大气，引起大气污染；或随水迁移、扩散（包括淋溶和水土流失）而进入水体，引起水体污染；也可通过作物的吸收，导致对农作物的污染，再通过食物链浓缩，进而导致动物和人体的危害。

农药在土壤环境中的迁移速度除了与土壤的孔隙度、质地、结构、土壤水分含量等性质有关外,主要决定于农药的蒸气压和环境的温度。农药的蒸气压愈高,环境的温度愈高,则气迁移的速度愈快。如一般的熏蒸药剂在作为土壤处理剂使用时,在土壤中主要是发生蒸气扩散,较迅速的迁移入大气。此外,一般有机磷和某些氨基甲酸酯类农药的蒸气压较高,在土壤环境中的气迁移速度也很快。所以,农药从土壤环境中的蒸气扩散,是大气中农药污染的不可忽视的污染源。然而,农药在土壤溶液中的迁移、扩散速率一般较慢。

许多实验都证明,土壤对一般农药的吸附为放热反应,降低温度,有利于吸附的进行;升高温度,则有利于解吸。此外,农药的蒸气压也随温度的升高而增大。因此,环境的温度升高,使农药的气迁移速度增大。

土壤中的农药,既能溶于水中,也能悬浮于水中,或者以气态存在,或者吸附于土壤固体物质上,或存在于土壤有机质中,而使它们能随水和土壤颗粒一起发生质体流动。

农药在土壤环境中的移动性于农药本身的溶解度有密切关系。一些在土壤环境中溶解度大的农药可直接随水流入江河、湖泊;一些难溶性的农药主要附着于土壤颗粒上,随雨水冲刷,连同泥沙流入江河。此外,农药在土壤中的移动性与土壤的吸附性能也有关。例如,在吸附容量小的砂土中农药易随水迁移,而在黏质和富含有机质的土壤环境中则不易随水迁移。一般农药在土壤环境中移动均较慢,最慢的是氯代烃类,如六六六、DDT 等;而酸性农药,如三氯乙酸、毛草枯等移动最快,其次是取代脲类和均三氮杂苯类。由于一般农药在土壤环境中的移动性都很弱,所以残留在土壤中的农药多存在于上部 30cm 的表土层内,而土体深处就很少。因此,农药对地下水的污染没有对地表水的污染严重。

3. 农药在土壤中的降解

农药在土壤中的降解包括光化学降解、化学降解和微生物降解等。

(1) 光化学降解　土壤表面因受太阳辐射能和紫外线能而引起农药的分解，称为光化学降解。光分解现象，主要有异构化、氧化、水解和置换反应，大部分除草剂、DDT 以及某些有机磷农药等都能发生光化学降解作用。

通常认为，在光解过程中首先是光能使农药分子中的化学键断裂而形成自由基，这种自由基是异常活跃的中间产物。然后，自由基再与溶剂或其他反应物相作用，得到光解产物。这些光解作用是使其毒性降低。但是，也有的农药发生光化学反应而使毒性增大。例如，紫外线照射能使很多硫代磷酸酯类农药转变为毒性更强的化合物。这是由于光氧化或光异构化作用的结果。已经证明，甲基对硫磷、对硫磷、乐果、苯硫磷等，均能发生光化学变化使其毒性增大。

(2) 化学降解　化学降解可分为催化反应和非催化反应。非催化反应包括水解、氧化、异构化、离子化等作用，其中以水解和氧化最为重要。

各种磷酸酯或硫代磷酸酯类农药，易水解。其水解速率极为重要，因为它们一经水解就失去毒性和活性。农药的水解速率与化学结构及反应条件有关。在水溶液中，大多数有机磷农药在 pH 值为 1～5 之间最稳定，但是在碱性溶液中稳定性低得多。例如，当 pH 值为 7～8 时，水解速率猛升，pH 值每增加一个单位，水解速率几乎增加 10 倍。温度的影响也很大，大约温度每升高 10℃，水解速率就加大 4 倍。

在碱性条件下的水解反应，实际上是羟基离子的催化水解作用。在土壤环境中，除碱性催化水解作用外，有机磷农药尚可受某些金属离子或金属离子与某些螯合剂结合的螯合物所催化水解。例如，土壤中的氨基酸与 Cu、Fe、Mn 等金属离子所组成的螯合物就是很好的有机磷农药水解的催化剂。

无机金属离子除能促进农药的水解外，还可促进某些氧化还原反应的进行。

(3) 微生物降解

① 脱氯作用　有机氯农药 DDT 等化学性质稳定，在土壤中残留时间长，通过微生物作用脱氯，使 DDT 变成 DDD，或是脱氢脱氯变为 DDE，而 DDE 和 DDD 都可进一步氧化为 DDA。DDT 在好气条件下分解很慢，降解产物 DDE、DDD 的毒性虽比 DDT 低得多，但 DDE 仍然有慢性毒性，而且其水溶性比 DDT 大。对此类农药，要注意其分解产物在环境中的积累。

② 脱烷基作用　如三氯苯农药大部分为除草剂，微生物常使其发生脱烷基作用。不过这种作用并不伴随去毒作用。

③ 酰胺、酯的水解　如磷酸酯农药对硫磷、马拉硫磷、苯酰胺类除草剂等，它们在土壤微生物作用下，引起酰胺和酯键发生水解而很快被分解。如对硫磷在微生物作用下，只要几天时间就可被分解，毒性就基本消失。对这类农药，要注意使用过程中的急性中毒。

④ 苯环破裂作用　许多土壤细菌和真菌都能使芳香环破裂，这是环状有机物在土壤中彻底降解的关键作用。在同类农药的化合物中，影响其降解速度的是这些化合物分子结构中的取代基的种类、数量、位置以及取代基团分子的大小。取代基的数量愈多，基团的分子愈大，就愈难分解。据研究，由于取代基的位置不同，其分解难易也有差别，如带有 C—Cl 键的卤代化合物中，由于取代基的位置不同而影响分解的难易；在苯酚类化合物中，间位上有氯原子的卤化衍生物最难分解，邻位次之，对位最易分解。在脂肪类化合物中，在 α 位置和 β 位置上卤化的，容易在微生物作用下起脱卤反应，取代基的位置对分解速度的影响程度比取代基数量的影响程度要大。

综上所述，农药在土壤中经生物和非生物的降解作用的结果是使化学结构发生明显改变。有些剧毒农药，一经降解就失去毒性，而另一些农药，虽然自身的毒性不大，但它的分解产物可能增加毒性，还有些农药，其本身和代谢产物都有较大的毒性。所以，在评价一种农药是否对环境有污染时，不仅要看农药本身的毒性，而且还要注意降解产物是否有潜在危害性。

4. 农药在土壤中的残留

由于各种农药的化学结构、性质的不同，因此，在环境中的分解难易就不同。在一定的土壤条件下，每一种农药都有各自相对的稳定性，它们在土壤中的持续性是不同的。农药在土壤中的持续性常用半衰期和残留期来表示。半衰期是指施药后附着于土壤的农药因降解等原因含量减少一半所需要的时间；残留期是指土壤的农药因降解等原因含量减少75%～100%所需要的时间。

许多实验结果表明，有机氯农药在土壤中残留期最长，一般都有数年至二三十年之久；其次是均三氮杂苯类、取代脲类和苯氧乙酸类除草剂，残留期一般在数月至一年左右；有机磷和氨基甲酸类的一些杀菌剂，残留时间一般只有几天或几周，在土壤中很少有积累。但也有少数有机磷农药在土壤中的残留期较长，如二嗪农的残留期可达数月之久。

各种农药在土壤中残留时间的长短，除主要取决于农药本身的理化性质外，还与土壤质地、有机质含量、酸碱度、水分含量、土壤微生物群落、耕作制度和作物类型等多种因素有关。例如，农药在有机质含量高的土壤中比在砂质土壤中残留的时间长，其顺序为：有机质土壤＞砂壤＞粉砂壤＞黏壤（见表6-4）。

表6-4　有机磷在不同土壤中的半衰期

土 壤 类 型	半衰期(周)	土 壤 类 型	半衰期(周)
有机质土壤	10	粉砂壤	4
砂壤	6	黏壤	1.5

引自谢荣武编著的《农药污染与防治》，河北人民出版社，1983。

在有机质含量高的土壤中，农药残留期较长的原因，有人认为是农药可溶于土壤有机质中的酯类内，使之免受细菌的分解所致。

土壤pH值较高时，一般农药的消失速度均较快。例如，1605在碱性土壤中的残留量比在酸性土壤中少20%～30%。此外，一般土壤当水分适宜、温度较高时，农药的残留期均相对较短。

土壤微生物的种群、数量、活性等均对农药的残留期产生很大影响。设法筛选和培育能够分解某种农药的微生物，然后将此微生物施入土壤，并创造良好的土壤环境条件，以促进微生物的繁殖和增强活性，乃是消除土壤农药污染的重要措施。

近十多年来，人们应用同位 ^{14}C 示踪技术和燃烧法研究土壤中农药残留的动态，发现土壤中存在着结合态农药残留物，其数量占到农药施用量的 7%～90%。同时提出了一个新的概念，即农药的键型残留问题。在此之前所谓农药在土壤中的残留主要认为是以有机溶剂反复萃取土壤中的农药所得到的残留物。但是，现在发现有些农药施于土壤中，其农药分子本身或分解代谢的中间产物如苯胺以及衍生物能与土壤有机物结合，生成稳定的键型残留物，并能长期残留在土壤中，而不为一般有机溶剂所萃取。这种结合态的农药残留物的生物效应、毒性及其对土壤性质和环境的影响，目前知之甚少。因此，关于农药及其分解的中间产物在土壤中的键型残留问题，引起了环境科学工作者的注意。

各种农药在土壤中残留时间的长短，对环境保护工作与植物保护工作两者的意义是不同的。对于环境保护来说，希望各种农药的残留愈短愈好。但是，从植物保护的角度来说，如果残留期太短，就难以达到理想的防治效果，特别是用作土壤处理的农药，更是希望残留期要长一些，才能达到预期的目的。因此，对于农药残留期的评价，要从防止污染和提高药效两方面来衡量，两者不能偏废。从理想来说，农药的毒性、药效保持的时间能长到足以控制目标生物，又衰退得足够快，以致对目标生物无持续影响，并免于环境遭受污染。

习　题

1. 农药是通过哪些途径进入人体的？对人体的健康会产生哪些影响？
2. 农药在土壤中的迁移与哪些因素有关？
3. 农药在土壤中的降解有哪些？为何在评价农药的污染作用时，除考虑自身的污染外还要注意它的潜在危害？
4. 何谓农药的残留期？它主要受到哪些因素的影响？

第三节　土壤其他污染物

一、有机物污染

土壤环境的有机污染物除有机农药外，其他各种有机污染物可归纳为两类：一类是天然有机物；另一类是人工合成有毒有机物。

1. 天然有机污染物

天然有机物几乎均被天然微生物分解，因此，在一般情况下，天然环境的其他有机物污染是不易发生的。然而，当有机污染物的输入量过大，速度过快，超过了土壤环境容量，则土壤将发生污染。因此，研究各类有机污染物在土壤环境中的分解难易以及影响因素等，对于防止土壤环境的其他有机物污染是十分重要的。

天然有机物的主要化学成分有：纤维素、半纤维素、木质素、淀粉、蛋白质、油脂等。主要来自纤维工业，如纸浆厂、造纸厂、木材加工厂、纺织印染厂等工业废水以及制糖工业、淀粉加工工业、发酵工业（如酒精厂、啤酒厂、味精厂、发酵法制药厂）等工业废水、废醪。这些高浓度有机废水的 COD 值一般在 1000mg/L 以上，有的甚至达 20000～30000mg/L 以上，故不能直接用于农田灌溉，否则会造成土壤的有机物污染。特别是含油脂类物质量较高或纤维飘浮物质较多的废水更不能直接用于农田灌溉。其原理是：一方面油脂类物质和纤维飘浮物质在土壤中的降解速度比蛋白质、淀粉类物质慢；另一方面这些物质漂浮于水面，或覆盖于田面、土壤颗粒表面，隔绝空气，易造成土壤通气性不良，影响作物根部的呼吸作用，严重者可造成作物死亡。

2. 人工合成有毒有机物

人工合成有毒有机物，除有机农药外，主要是酚类物质、氰化物、多氯联苯、稠环芳烃、有机合成洗涤剂以及含增塑剂、添加剂的废塑料和废橡胶等。这些有机物主要来自于有机化工厂、炼油、炼焦等工业废水、废气、污泥;而城市垃圾、污水、污泥中既含有天然有机物,又含有人工合成有机物,成分复杂多变。因此,应当经预处理后才能用于农业,否则会造成土壤环境的污染。

上述引起土壤污染的有机物,按其对土壤环境的危害性质和程度的不同,可分为两种类型:一类是需氧(耗氧)污染物;另一类是有毒有机污染物。

(1) 需氧污染物　主要是指天然有机化合物。它们在土壤微生物作用下,最终分解为简单的无机物质 CO_2、H_2O、NH_3 等(即土壤有机质的矿质化作用)。这些有机物在分解过程中需消耗大量的氧气,故称之为需氧(耗氧)污染物。大量需氧污染物输入土体后,会使土壤 E_h 值大大下降,同时,有机物的降解随之减弱,相应地产生一系列还原性物质,如 H_2S、CH_4、醇、有机酸等。这些还原性物质,有的可直接危害农作物的正常生长发育,甚至使作物根部腐烂而死亡。如果废水、污水中需氧有机物含量不大,又无其他有毒害物质存在下,是可以直接用于农田灌溉的,显然,这里有个量的界限。一般认为农田灌溉用水的 BOD_5 值小于 150mg/L 是安全的,但还要控制水的灌溉量。此外,当废水或城市污水中含氮量较高时,应根据每公顷施用氮肥量的标准,通过计算以控制灌溉量。

(2) 有毒有机污染物　土壤的有毒有机污染物主要是指酚类物质、稠环芳烃、多氯联苯以及有机农药等。其污染特征是生物毒性。例如,用含高浓度酚的废水灌溉农田,对作物有直接的毒害作用,主要表现为抑制光合作用和酶的活性,妨碍细胞膜的功能,破坏植物生长素的形成,影响植物对水分的吸收,因而使作物不能正常发育,或者造成减产。中国科学院北京植物研究所曾用浓度为 500mg/L 的酚水灌溉土培水稻,水稻植株低矮,秕谷率增加;用 250~500mg/L 的酚水水培水稻,加入酚水的第二天茎部叶片枯黄,根尖有乳白色变为褐色,逐渐死亡。试验表明,高浓度酚水对农作物的危害是比较严重的,国家制定的农田灌溉用水水质标准规定挥发性酚的最大浓度不得超过 1.0mg/L。

稠环芳烃是广泛存在于环境中的一类有机污染物，其中约有200种具有致癌作用，并认为致癌性最强的有 B[a]p、7,12-二甲基苯蒽、二苯并[a, h]蒽、3-甲基胆蒽以及甲基苯并芘等。目前认为在现在已知的所有致癌物质中，以甲基苯并芘的致癌性最强。这些致癌稠环芳烃的化学结构式如下：

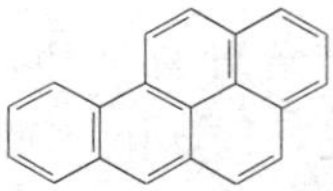

苯并[a]芘 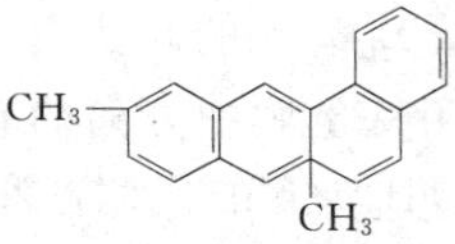　　　　　7,12-二甲基苯蒽

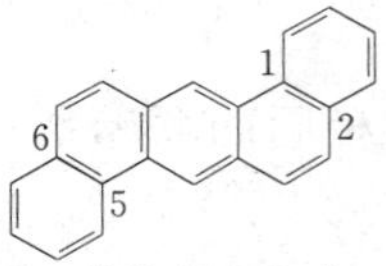

二苯并[a,h]蒽 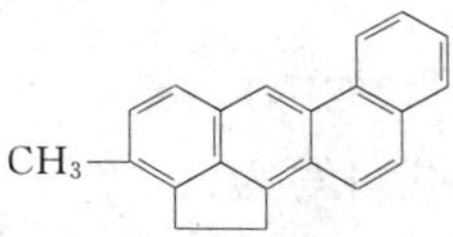　　　　甲基苯并芘

现已证明，甲基苯并芘分子中的甲基不是必要的，因去掉甲基的苯并芘同样具有致癌性。但是 1,2-苯并蒽的环系和 C_{10} 上的取代基是必要的。实验证明，10-甲基-1,2-苯并蒽和甲基苯并芘具有同样的致癌效力。

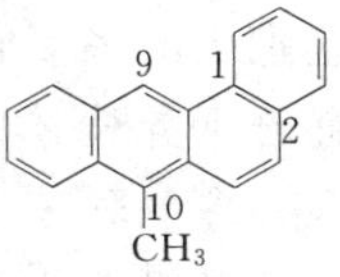

10-甲基-1,2-苯并蒽

因此，可以把 1,2-苯并蒽看作是致癌稠环芳烃的母体之一，经 C_{10} 或 C_9 取代可产生强力的致癌性物质。关于稠环芳烃的结构和致癌性的关系，现在只了解了一些经验的规律，其致癌机理即结构与性能的关系，还很不清楚。

环境中的稠环芳烃污染物，除来源于石油污染外，主要来源于煤的燃烧，钢铁与炼焦生产及其他开放性燃烧，散发到大气中的稠环芳烃，或以分子状态被飘尘粒子所吸附，或是分子本身被凝结为极微小的粒子在大气中飘浮，然后可经降雨、降尘等作用而进入土壤。引用污水灌溉也可能会增加土壤环境中稠环芳烃的含量。我国目前尚没有制定土壤中 B[a]p 等稠环芳烃的环境标准，而国外学者提出土壤中 B[a]p 的最大允许值为土壤 B[a]p 背景值加 $20\mu g/kg$，这是很严格的标准，可供我们参考。

B[a]p 等稠环芳烃可在土壤微生物的作用下发生生物学降解。但是必须指出，B[a]p 的减少并不意味着 B[a]p 等全部降解为无毒无害物，运用从土壤中分离的真菌产黄青霉（*Penicillium Chrysogenum*）研究 B[a]p 的代谢产物发现，B[a]p 氧化产物仍然具有较强致癌性，而采用常规鉴定 B[a]p 的方法不能检出 B[a]p 氧化物。

多氯联苯（PCBs），是一类具有相同的联苯碳架结构的化合物，其化学通式可写为：

(x＝Cl 或 H，Cl 原子个数为 1～10)

通常所说的多氯联苯，是指含有 1～10 个氯原子的联苯化合物所组成的混合物。现在已鉴别出的多氯联苯异构体有 100 多种。工业上制备的 PCBs 都是含有若干异构体的混合物。值得注意的是，在此混合物中往往还含有两种多氯联苯的氧化物，即氯化二苯并呋喃和氯化二苯并噁英，它们都是剧毒化合物。

氯化二苯并呋喃　　　　　氯化二苯并噁英

多氯联苯主要用作电力容器和动力变压器的浸渍剂、机械润滑油以及塑料、树脂、油墨、油漆、橡胶工业的添加剂。因此，PCBs 多与电机厂和再生纸厂等工厂有关，这些工厂排放的废水或下水污泥一般含 PCBs 较多。由于 PCBs 的化学性质极其稳定，在自然界中降解极其缓慢，是一种长寿命的环境污染物。因此，不可避免地会通过各种途径迁移入土壤环境而引起污染。由于 PCBs 的巨大危害性,许多国家已经禁止生产和使用。尽管如此,以往排放的多氯联苯仍将在环境中继续残留。

土壤中的其他有机污染物还有氰化物、合成洗涤剂、废塑料等。氰化物的毒性较大,对土壤微生物和土壤动物的危害较严重。所以,农田灌溉水质标准规定其中氰化物的最大浓度不得超过 0.5mg/L。合成洗涤剂主要是对作物有抑制作用,甚至影响作物对其他物质的吸收。合成洗涤剂对土壤环境的污染,随着城乡人民生活水平的不断提高,而有逐渐加重的变化趋势。

合成塑料、橡胶等在土壤环境中是很难分解的,应尽量避免输入土壤。随着农用薄膜的大量使用,废农膜残留于土壤中对农田生态的影响已引起有关部门的重视。现正致力于研究开发在光照或土壤微生物作用下易分解的农用薄膜,并已取得显著效果。

二、土壤氟污染

1. 土壤环境中氟的污染来源

氟在自然界的分布主要以萤石(CaF_2)、冰晶石(Na_3AlF_6)和磷灰石[$Ca_5F(PO_4)_3$]等三种矿物存在。因此,土壤环境中氟的污染来源:一是上述富氟矿物的开采和扩散;二是在生产过程中使用含氟矿石或氟化物原料的工业,如炼铝厂、炼钢厂、磷肥厂、搪瓷厂、玻璃厂、砖瓦厂、陶瓷厂和氟化物生产的"三废"排放;三是燃烧高氟原煤所排放到环境中的氟。所以,在这些矿山、工厂和发电厂附近以及施用含氟磷肥的土壤中容易引起氟污染。此外,引用含氟超标的水源(地表水或地下水)灌溉农田或因地下水中含氟量较高,当干旱时随水分的上升、蒸发而向表层土壤迁移、累积,也可导致土壤环境的氟污染。例如,在我国的西北、东北和华北地区存在大片干旱的富氟盐渍低洼地区,表层土壤含氟量可达 2000mg/kg(是一般土壤背景值的 10 倍),就是由于地下水含氟较高所致。

2. 土壤环境中氟的迁移与累积

氟可在土壤-植物系统中迁移与累积。F^-阴离子相对交换能力较高,易与土壤中带正电荷的胶体,如含水氧化铝等相结合,甚至可以通过配位基交换生产稳定的配位化合物,或生成难溶性的氟铝硅酸盐、氟磷酸盐以及氟化钙、氟化镁等,从而在土壤中累积起来。因此,受氟污染的地区,土壤中氟含量可以逐年累积而达到很高值。例如,浙江杭家湖平原土壤含氟量平均约 400mg/kg,高出全国平均含量的 1 倍。

以难溶态存在的氟不易被植物吸收,对作物是安全的。但是,土壤中的氟化物,可随水分状况以及土壤 pH 值等条件的改变而发生迁移转化,有可能转化为植物易吸收的形式而转入土壤溶液中,提高了活性和毒性。例如,当土壤 pH 值小于 5 时,土壤中活性 Al^{3+} 量增加,F^- 可与 Al^{3+} 形成配合阳离子 AlF_2^+、AlF^{2+},而这两种配合阳离子可被植物吸收,并在植物体内累积起来。但是,在酸性土壤中加入石灰时,大量的活动性氟将被 Ca^{2+} 牢固地固定下来,因而可大大降低水溶性氟含量。

在碱性土壤中,因为 Na^+ 含量较高,氟常以 NaF 等可溶盐形式存在,从而增大了土壤溶液中 F^- 的含量,并可引起地下水源的氟污染。当施入石膏后,可相对降低土壤溶液中 F^- 的含量。

3. 土壤环境氟污染的危害

土壤环境氟污染对作物的危害一般是慢性累积的生理障碍过程,主要表现为作物生育前期干物质累积量减少,成熟期谷粒和产量降低。此外,分蘖减少,成穗率也降低,并且营养吸收组织、光合成组织受到损伤,一般是出现叶尖坏死,受伤害组织逐渐褪绿,很快变为红褐色或浅褐色,可造成水稻、小麦、大豆等作物减产,对李、桃等果树生长和发育也有不利的影响。

植物除了可由根部吸收 F^-、AlF_2^+、AlF^{2+} 等离子外,还可通过叶片直接吸收大气中的 HF,特别是桑树、茶叶、牧草等植物,对大气中的 HF 非常敏感,易吸收且积累氟。而氟在桑树叶中的累积可引起家蚕中毒。尽管大气含氟量标准($7\mu g/m^3$)以下,桑叶、牧草中的氟也可超过允许的浓度。通常植物叶片含氟 5~25mg/kg。水稻叶片含氟 70mg/kg 是临界值,超过 70mg/kg 就引起明显减产。据有关材料说明,浙江省桑叶含氟的背景值是10.5±3.7mg/kg,而桑叶对春蚕的安全含量是30mg/kg,当超过此值时,就要采取水洗,或用石灰水浸泡后水洗的方法以降低含氟量。当桑叶中含氟量达 40~45mg/kg 以上时,若不采取措施,则可导致家蚕死亡。

茶叶的含氟量比一般植物高,这是因为茶叶有积累氟的特性,叶片含氟一般在数十至一二百毫克/千克,甚至达到 1000mg/kg,但仍不表现症状。这些氟化物主要是根部从土壤中吸收的。茶叶中低剂量的氟对人体是有益的,但是,高剂量的氟则是有害的。长期饮用高含氟量的茶水,可引起斑牙病和氟骨症。过多的氟进入有机体,对骨细胞是一种激活剂,可激起骨细胞性骨溶解及大量破骨细胞对骨进行洞穴性骨吸收,并在破骨后进行紊乱成骨,还可同时造成血清总蛋白降低以及其他非骨相损害。世界卫生组织(WHO)建议每人每天摄氟量不超过 2mg。

牧草的氟污染主要是可引起牛特别是牛犊中毒,严重者可以致死。

三、土壤环境中放射性污染

随着原子能工业的发展,核电站、核反应堆不断增加;同时,核武器试验仍在继续;此外,放射性同位素在工业、农业、医学和科研等方面的应用,产生的人工放射性同位素的种类和数量在不断增加。因此,控制和防止放射性物质对土壤环境的污染显得愈来愈重要。

1. 土壤环境中放射性物质的来源

土壤环境中放射性物质有天然来源和人为来源。自然界中天然放射性元素和同位素主要有 U、Th、Ra、Rn、^{40}K、^{14}C、^{7}B 等。地壳中 U 的含量为 0.00035%,Th 的含量为 0.0011%。土壤中 U 的含量为 0.0001%,Th 的含量为 0.0006%。但是,由天然放射性元素造成的人体内照射剂量和外照射剂量都很低,对人类的生活没有表现出什么不良影响。自第二次世界大战后,人工放射性物质大量出现,使地球上的放射性污染发生了明显的变化。当前,天然环境中放射性污染主要来自下列几个方面。

(1) 核试验。核试验产生的放射性落下灰是迄今天然环境的主要放射性污染源。放射性落下灰的沉降可分为三种情况。

① 局部沉降 放射性落下灰在爆炸最初 24h 内沉降到临近爆心的地方。

② 对流层沉降 放射性落下灰在爆炸后 20~30 天内沉降到地面,在爆心的同一纬度附近造成带状污染。

③ 同温层沉降 百万吨级或百万吨级以上的大型爆炸,产生的放射性物质带入同温层,然后再返回地面,平均需 0.5~3 年的时间。

前两种沉降造成的局部污染较严重,而后者是全球性污染的主要来源。

核爆炸大约有 170 种放射性同位素带到对流层中,其中主要是 U 和 Pu 的裂变产物。核爆炸后近期内主要裂变产物是 ^{89}Sr、^{131}I、^{140}Ba;在爆炸后较长的时期内,主要裂变产物是半衰期长,裂变产额高的 ^{90}Sr。因此,^{90}Sr 和 ^{137}Cs 成了天然环境中主要的长寿命放射性物质,它们的半衰期分别为 28 年和 30 年。此外,沉降灰中还有一些具有潜在危害的放射性产物,如 ^{91}Y、^{95}Zr、^{106}Ru、^{144}Ce 和 ^{185}W 等。

(2) 核反应堆、核电站、核原料工厂的核泄露事故。

(3) 铀、钍矿的开采和冶炼。

(4) 放射性同位素的生产和应用,主要是 ^{198}Au、^{131}I、^{32}P、^{60}Co 等,用于工业、农业、医学和科研等方面。

2. 土壤中放射性物质的积累和危害

放射性物质进入土壤后,随着时间的推移,可逐渐衰变而减少,半衰期短的在土壤中的积累量少,而半衰期长的则易在土壤中积累。此外,不同的土壤对放射性物质的吸附率不同。例如,我国东北地区的土壤对 ^{90}Sr 的吸附率依次为:黑土黏粒>白浆土黏粒>暗棕色森林土黏粒。美国纽约州的黏壤土中 Sr 的积累比砂土约多 5 倍。^{90}Sr 最易为土壤有机质固定,并形成不溶性的螯合物,一般性土壤中提高土壤的 pH 值和交换性阳离子钙、钾的数量会促进 ^{90}Sr 的吸附。

由于土壤的放射性污染，而使植物体内积累了放射性物质。Sr 主要累积于植物的芽部，并和土壤中钙和锶的浓度呈正相关。进入植物体内的放射性物质，可由食物链而进入人体。同时，土壤的放射性污染，还可直接通过皮肤接触而进入人体或直接外照射而危及人体健康，也可通过迁移至大气和水体，由呼吸道、皮肤、伤口或饮水而进入人体。当一定剂量的放射性物质进入人体后，可引起很多病变——疲劳、虚弱、恶心、眼痛、毛发脱落、斑疹性皮炎以及不育和早衰等。辐射还能引起肿瘤，特别是体内照射更易引起恶性肿瘤。发生肿瘤的器官和组织主要见于皮肤、骨骼、肺、卵巢和造血器官。有些研究者指出，人体内镭的总含量达 $1\sim 2\mu g$ 时，就会导致死亡，但这种情况往往是在镭进入人体内许多年后才发生，即是说，放射性病症是有较长的潜伏期的，除非一次照射量过大。

四、土壤生物污染

土壤环境中除了许多天然存在的土壤微生物、土壤动物以外，还有大量来自人畜排泄物中的微生物。人类中的微生物主要是细菌，而动物粪便内除细菌外，还有大量的放线菌和真菌。此外，人畜粪便中都可能含有大量的寄生卵虫。因此，造成土壤生物污染的主要来源是：人畜粪便未经彻底无害化处理而施入农田；日常生活污水、工业废水、医院污水以及含有病原体的废弃物、城市垃圾等，未经处理而进行农田灌溉或利用底泥、垃圾施肥；病畜尸体处理不当，或未经深埋而引起的土壤环境污染。

受污染的土壤，当温度、湿度等条件适宜时，又可通过不同途径使人畜感染发病。例如，人畜与污染土壤直接接触，或生食受污染土壤上种植的瓜果、蔬菜等，都可使人畜感染得病。

能污染土壤的肠道细菌有沙门氏菌、志贺氏菌、霍乱弧菌等。这些细菌在土壤中的存活时间长短不一，且与土壤中有机物的种类和数量、土壤理化性状、酸碱度、日照时间、暴露条件、土壤的温湿度、微生物群系和产生的抗生物质以及噬菌体等有关。例如，沙门氏菌在潮湿的冬季，能在土壤内存活70天，而在干燥的夏季则存活35天。志贺氏菌在一般土壤中可存活约1个月，在腐殖质土壤内可存活约3个月。霍乱孤菌在土壤中的存活时间为8～60天。此外，肠道病毒在土壤中的生存时间与土壤的种类、温度、湿度及pH值等条件也有关，在中性土壤中可存活2～4个月，在酸性土壤中存活的时间要短些，在低温时比高温时存活的时间要长些。

土壤在传播寄生虫病上有特殊的流行病学的意义。各种寄生虫卵存活的最适宜条件与雨量、气温、植被、阳光、气流以及土壤的结构有关。如蛔虫卵能在极低的气温下，积满雪的土壤内存活，但对高温干燥及日光则抵抗力较弱。据有关资料说明，在50℃水中蛔虫卵只能生存半小时，直射的阳光由于高温及干燥作用可很快杀死虫卵，而在温带地区土壤内能存活2年以上。另外，在高温堆肥、沼气发酵等过程中可以迅速将虫卵杀死。因此，将生活垃圾、粪便等进行无害化处理（高温堆肥、沼气发酵等）后才用于农田施肥是防止土壤环境生物污染的重要措施。

血吸虫病是危害人类健康极为严重的一种寄生虫病。在血吸虫的生活史中，人是终宿主，钉螺是必需的唯一中间宿主，而牛、羊、马、猪以及野生动物等均是保虫宿主，其中尤以黄牛与水牛的感染率最高。防疫的措施主要有：控制传染源，防止疫水污染水田；查螺灭螺，切断传染途径；消灭疫水中尾蚴；粪便管理和适当处理，防止污染水源；管理感染动物等。

有病的动物可将病原体排出体外而污染土壤，并进而使人和其他动物感染得病。

① 钩端螺旋体病　一些带菌的动物，如牛、羊、猪、马、鼠等常可排出大量的病原体。带有钩端螺旋体的尿排到中性或弱碱性的土壤中，可以存活几个星期，易受感染的动物和人进入这种环境，钩端螺旋体可以通过黏膜、伤口或浸软的皮肤进入机体而感染发病。

② 炭疽病　炭疽的病原是炭疽芽孢杆菌的芽孢，它对各种环

境和化学因素具有很大的抵抗力，在牲畜的皮毛里能存活多年，在土壤环境中甚至可存活 30 年以上。因此，在一个地区里如果家畜一旦感染了炭疽病，就会在相当长的时间内引起该病的不断传播。

③ 结核、沙门氏菌病、土垃巴氏菌病 这些病原体虽然主要由动物和人直接或通过粪便污染而传播，但是，土壤污染也有一定作用。

天然土壤中有些致病菌，如破伤风梭状芽孢杆菌、肉毒梭状芽孢杆菌以及一些霉菌病的病原菌。破伤风菌在一定条件下可通过伤口浸入人体而发生破伤风病。肉毒菌可在土壤和动物粪便内存在，从而污染食物，并进而引起人的中毒性疾病。生长在土壤或蔬菜中的真菌和放线菌，可通过吸入孢子或侵入受伤的皮肤而发生局部或全身的霉菌感染。

土壤环境的生物污染，常以每百克土壤中大肠杆菌的毫克数作为划分污染程度的指标。这是因为大肠杆菌与其他病原菌出现的频率有明显的关系。一般规定大肠杆菌大于 $1000mg/100g$ 土壤的为严重污染土壤；大于 $50mg/100g$ 土壤的为中等污染土壤；小于 $1\sim 2mg/100g$ 土壤的为清洁土壤。当然，仅仅根据大肠杆菌这一个指标来判断土壤生物污染的状况是比较粗略的。

土壤环境污染的防治，目前所采取的主要措施：加强对人畜粪便的管理，采取堆肥、制沼气、消毒等措施，对粪便、厩肥、垃圾进行无害化处理；直接对土壤施药杀菌和消毒。

习 题

1. 按危害性质和程度，土壤有机物污染可分为哪两类？简述它们的污染特征。

2. 土壤中氟的污染来源主要有哪些？并简述氟在土壤中的迁移过程。

3. 土壤中放射性物质的来源有哪些？放射性物质会对人体健康造成哪些危害？

4. 土壤生物污染有哪些？如何防治？

本章能力考核要求

能力要求	范围	内容
理论知识	土壤污染物	1. 土壤重金属污染 ①土壤中重金属的污染来源 ②重金属在土壤中的赋存形态 ③重金属在土壤中的迁移与转化 2. 土壤农药污染 3. 农药的污染与危害 4. 土壤中农药的迁移与转化 5. 土壤中其他污染物 6. 土壤有机物污染 7. 土壤氟污染 8. 土壤放射性污染 9. 土壤生物污染

第七章　土壤样品的采集和制备

学习指南　本章介绍了土壤样品的采集方法和制备技术，学习本章时要求学生掌握土壤样品的采集原则及采集方法，掌握土壤样品的制备程序和要领。

第一节　采样技术与方法

一、污染土壤样品的采集

1. 采集原则

在调查研究的基础上，根据需要和可能，选择能代表被调查区域的地块作为采样单元，并且选择一定面积的区域作为对照，布置一定数量的采样点。通过调查反映出土壤的真实情况，作为土壤环境质量评价的依据。

土壤为一不均匀体系。从前面土壤的形成我们了解到，它的形成受各种因素的影响，如气候、地形、母岩等，这些因素使得土壤的发育状况不一；其次，由于土壤污染源特征不一，使得土壤各点之间存在着明显的差异。而对我们而言，要将分析误差降至最低，必须先降低采样误差，因此必须考虑土壤不均一所带来的误差，所采样品必须具备代表性。

环境土壤学所研究的对象一般是在一定范围内土壤的总体，而不是局限于所采的样品，但我们分析测定的又只能是样品，即我们是通过样品的分析而达到分析总体的目的，故我们采集的样品必须是最具代表性的。而要达到这个目的，必须避免一切主观因素，使组成总体（土壤）的各个个体有同样的机会被选为样品，也就是组成样品的个体应是随机地取自总体，而不是主观决定，即在进行多点选样时，必须"随机取点"。

同时，在组成一样品时，其个体数目会直接影响到样品的代表性，因此，各样品之间应进行"等量混合"。

综上所述，在进行土壤污染样品采集时，总的原则是：随机取点、多点采样、等量混合。但应尽量使样品的点和量最少而又具有最大的代表性，使之能反映土壤的实际情况。

2. 样点布设及样品点数控制

要使样品具有代表性，而又要节省人力物力，则在一具体采样区要控制好样点数，而样点数的控制必须满足以下两个条件：要保证足够的样点，使之能代表采样区的土壤污染现状，即克服土壤不均一性所带来的误差；要使采样误差控制在室内分析误差范围之内。

根据这两个要求，我们可以由变异系数及分析精度要求计算样点数：

$$n=(c_v/m)^2$$

式中　n——样点数；

　　　c_v——变异系数，描述土壤间差异，由当地土壤情况统计所得；

　　　m——允许误差。

实际工作中，在同一个采样分析单元内，应当在不同方位上选择多点，当面积不大时〔2～3亩（133～200m²）以内〕，一般选择5～10个有代表性的采样点，并且混合作为具有代表性的土壤样品。对于企业区域内的土壤污染调查，采样点的分布应尽量照顾到土壤的全面情况，采样点或网格不应该布设得太疏。对于大气污染物引起的土壤污染，采样点就应以污染源为中心，并根据当地的风向、风速及污染强度系数选择在某一方向或某几个方向上进行。采样点的数量和间距大小可依调查的目的和条件而定，一般是靠近污染源的采样点间距小些，远离污染源的采样点间距可稍大些。对照点应设在远离污染源、不受其影响的地方。

对于由城市或污水或被污染的河水灌溉农田而引起的土壤污染，采样点应根据水流的路径和距离来考虑。总之，采样点的布设既应尽可能考虑土壤的全面情况,又要视污染情况和监测目的而定。以下介绍几种常用的采样布点法,如图7-1所示。

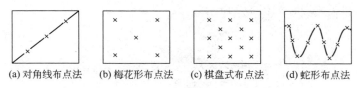

(a) 对角线布点法　(b) 梅花形布点法　(c) 棋盘式布点法　(d) 蛇形布点法

图 7-1　采样布点法

(1) 对角线布点法　这种布点采样法适宜于污水灌溉或受污染的水灌溉的田块。由田块进水口向对角引一斜线,将斜线三等分。每等分的中央点作为采样点,根据污染调查的结果、田块面积和地形等条件,采样点数可做适当的变动。该法适用于面积小、地势平坦的污水灌溉或受污染河水灌溉的田块。

(2) 梅花形布点法　该布点采样法适于面积较小、地势平坦、土壤较均匀的田块。中心点设在两线相交处。一般采样点在5~10个以内。

(3) 棋盘式（网络式）布点法　该布点采样法适于中等面积、地势平坦、地形开阔,但土壤不均匀的田块,一般采样点在10个以上。这一方法也适用于固体废弃物污染的土壤,因为固体废物污染的分布不均匀,采样点应在20个以上。

(4) 蛇形布点法　该布点采样法适于面积较大、地势不太平坦、土壤不够均匀、采样点较多的田块。

土壤中某些有害物质含量达到一定数量时,会对作物生长产生影响。所以采样前,要全面观察田间作物生长发育情况,按其形态特征,结合土壤、灌溉、施肥、施用农药等情况,或划分为不同类型的地段,分别进行采样,或混合为一个样品,进行测定。

3. 采样要求

(1) 采样深度　采样深度视监测目的而定。如果只是一般了解土壤污染情况,采样深度只需取15cm左右耕层土壤和耕层以下15~30cm土样。但若要了解土壤污染的垂直分布情况,则应按土壤剖面层次分层取样。典型的自然土壤剖面分为 A 层（表层、腐殖质淋溶层）、B 层（亚层、沉积层）、C 层（风化母岩层、母质层）和底岩层，如图 7-2 所示。

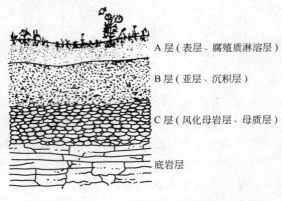

图 7-2　土壤剖面土层示意

采样方法是由上层向下层采集（按 20cm 分层）样品 1kg 左右，凡接触金属采样用具的外部土壤应弃去，以免污染土样，按每个点上取 1cm 的土层，土片厚薄、宽度要在整个层内大体相同，各点上所取土片也应大小接近，然后把各点土样混合均匀。

另外，对于根深作物可取 50cm 深度土样。若要掌握污染物的垂直分布时，应按土壤剖面层次采样，具体做法是：选择好位置层，先挖 1m×1.5m 长方形土坑（如图 7-3 所示），以长方形较窄的向阳面作观察面，深度为 60cm，然后按 20cm 分层，各层内分别用土铲切取土壤，然后集中起来混合均匀。

前面已提到，在进行土壤污染的全面调查和监测时，调查对象不仅仅是土壤本身，考虑到土壤污染物的来源以及污染物的迁移、转化作用，同时还要调查地下水质量、土壤中微生物群落和土壤酶的变化情况。

（2）采样量　由于测定所需的土样是多点均量混合而成的，取样量往往较大，而实际供分析的土样不需要太多，具体需要量视分析项目而定，一般要求为 1kg 即可。因此，对多点采集的混合土壤

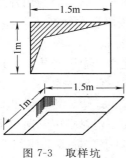
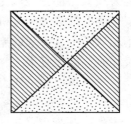

图 7-3 取样坑　　　　　　图 7-4 四分法弃取

样品，可在现场或在实验室内反复按四分法弃取，如图 7-4 所示，最后留下所需的土样量装入布袋或塑料袋中，贴上标签，做好记录。

(3) 采样时间　采样时间应随测定目的而定。为了解土壤污染的状况，可随时采集土样测定。若需要同时了解掌握生长作物的污染状况，则可以在植物生长或收获季节，同时采取土壤及土壤上的植物样品。对于环境影响跟踪监测项目，可根据生产周期或根据年度计划实施土壤质量监测。对于地下水位很不稳定的区域，土壤污染监测还要考虑地下水位的变化情况，安排合理的采样时间和采样频次。但每次采样必须尽量保持采样点位置的固定，以确保测试数据的有效性和可比性。

(4) 采样工具　常用的采样工具有三种类型：采样筒、管形土钻和普通土钻。

① 采样筒　采样筒适合于表层土样的采集。将长 10cm、直径 8cm 金属或塑料的采样器直接压入土层内，然后用铲子将其铲出，清除采样口多余的土壤，采样筒内的土壤即为所取样品。

② 管形土钻　管形土钻取土速度快，又少混杂，故特别适用于大面积多点混合样品的采取，但它不太适用于砂性的土壤或干硬的黏性土壤。

③ 普通土钻　此种土钻使用方便，但它一般只适用于湿润的土壤，不适于很干的土壤，也不适于砂土。用普通土钻采取的土样，分析结果往往比其他工具采取的土样的分析结果要低，特别是

有机质、有效养分等的分析结果较为明显。这是因为用普通土钻取样，容易损失一部分表层土样。由于表层土往往较干，容易掉落，而表层土的有效养分和有机质的含量较高。

不同取土工具带来的差异，主要是由于上下土体不一致，这也说明采样时，应注意采土深度、上下土体保持一致。

（5）注意事项　采样点不能在田边、地边、路边或堆肥边。经过四分法后，把最后的土壤装入布口袋或塑料袋中，同时写好两张标签，一张放在袋内，另一张贴在袋口上。标签上应记载采样地点、采样深度、采样日期和采样人等。同时把有关该采样点的详细情况另记载在记录本上。

二、测定土壤背景值样品的采集

1. 土壤背景值的含义

从环境科学的角度来看，其着重点是土壤污染的问题，而之前我们已讨论过，土壤污染与大气和水污染不同，它对人体健康的影响是通过农作物间接反映的。这样就产生了什么是土壤污染、各种污染物质在土壤中含量为多少可构成污染等问题。目前，尚没有土壤中有害物质的最高允许浓度的标准，而且土壤中有害物质的量对植物的生长发育及进入植物体中的影响相当复杂。

目前，一般判断土壤是否污染、污染程度如何，是将土壤中有关元素的测定值与其背景值相比较。而土壤背景值是指在不受或很少受人类活动影响和不受或很少受现代工业污染与破坏的情况下，土壤原来固有的化学组成和结构特征。但是人类活动与现代工业发展的影响已遍布全球，很难找到绝对不受人类活动和污染的土壤，只能去寻找影响尽可能少的地方，因此，这里所说的环境背景值在时间上与空间上的概念都是相对的。同时，不同自然条件下发育的不同土类，同一种土类发育于不同的母质与母岩，其土壤环境背景值也有明显差异。就是在同一地点（土类、母质与母岩均相同）采集的样品，分析结果也不相同。这就说明土壤本身的结构与化学组成是非常不均匀的，所以土壤元素的背景值是统计性的，即按照统计学的要求进行采样设计和样品采集，分析结果经频数分布类型检验，确定其分布类型，以其特征值表达该元素本底值的集中趋势，以一定的置信度表达该元素本底值的范围。可以说，土壤环境背景值是一个范围值，而不是一个确定值。

2. 背景样品的采集原则

根据我们前面所讨论的，土壤中有害物质背景值是环境保护和环境科学的基本资料，是环境质量评价的重要依据。对这类样品采集时，首先要摸清当地的土壤类型和分布规律。采样点选择应包括主要类型土壤，并远离污染源，同一类型土壤应有3～5个以上的采样点，用于检验背景值的可靠性。其次要注意，与污染土壤采样不同之处是：同一样点并不强调采集多点混合样，而是选取植物发育完好、具代表性的土壤样品。采样深度为1m以内的表土和芯土，对土壤发育完好的典型部分，应按层分别取样，以研究各种元素在土壤中的分布。

3. 采样法

（1）网络法（网格法） 首先根据采样区的大小，把它划分为不同规格的网络，然后进行采样。如我国环境本底值研究，根据我国东、中、西三个地带经济发展的现状及前景的差异，为适应国民经济发展的需要，确定三个地区的三种点位密度：东部地区大约为$30km \times 30km$，中部地区为$50km \times 50km$，西部地区为$80km \times 80km$（若采样区小，则有$1km \times 1km$或$5km \times 5km$、$10km \times 10km$等）。

（2）单元法　根据调查以成土类型、土壤及地貌特征，把调查区划分为不同的单元，然后进行采样。

例如，花岗岩—山地—红壤；玄武岩—丘陵—水稻土

（3）对照区法　这种方法采集的，其实并非背景样品，而是相对某一污染源来说，可能未受到污染。但这种方法在实际工作中往往应用比较广泛，用之简单易行。

习　题

1. 土壤污染样品的采集原则是什么？你是如何理解的？
2. 根据土壤污染样品的采集原则，如何采集山地土壤污染

样品?

3. 土壤污染样品在采集时有何要求,应注意哪些问题?

4. 土壤本底样品的采集原则是什么?与污染样品采集的区别是什么?

第二节　土壤样品的制备

从野外采集回来的样品,除需要测定土壤样品中的游离挥发酚、铵态氮、硝态氮、低价铁、挥发性有机物等不稳定项目时,应在采样现场采集新鲜土样并对采样瓶进行严格的密封外,多数项目的测定都必须对土壤样品进行风干,并研磨过筛。

一、样品风干

1. 风干的原因

(1) 因为土壤的含水量不稳定,如不风干,则样品监测数据不稳定,样品之间缺少可比性。

(2) 由于新鲜样品含水量大、颗粒大,故称样时的误差较大,为减少称量误差,样品必须风干。

(3) 由于含水量高,微生物活跃,易使样品发生霉变。

2. 风干的方法

土壤样品一般采取自然阴干的方法。将采集回来的样品全部倒在塑料薄膜或瓷盘内,放在通风阴凉处,让水分挥发,趁半干状态把泥土压碎,除去植物根、茎、叶、石块等杂物,铺成薄层,在室温下经常翻动,充分风干。应注意的是,样品在风干过程中,应防止阳光直射和尘埃落入,并防止酸、碱等气体的污染。

二、样品的研磨与过筛

风干后的土样用有机玻璃棒或木棒碾碎后,过 2mm 尼龙筛,去除 2mm 以上的砂砾和植物残体。1927 年国际土壤学会规定通过 2mm 孔径的土壤用作物理分析,通过 1mm 或 0.5mm 孔径的土壤用作化学分析。若砂砾含量较多,应计算它占整个土壤的百分数。将上述风干的细土反复按四分法弃取,最后留下足够分析用的数量

(重金属测定可留100g)。用四分法弃取的样品,另装瓶备用。留下的样品,在进一步用有机玻璃棒或玛瑙研钵予以磨细,全部过100目尼龙筛。过筛后的样品,充分摇匀,装瓶备分析用。在制备样品时,必须注意样品不要被所分析的化合物或元素污染。另外,研磨过细会破坏土壤矿物的结晶,使pH值等测定结果增大,这一点应当注意。

筛网规格有两种表达方法:以筛网孔径尺寸表示,如孔径为2mm、1mm的筛网;另一种是以每英寸长度上的孔数来表示,如每英寸长度上有80个孔即称为80目,100目的筛网则说明在每英寸长度上有100个孔。

三、土样保存

一般土样,通常要保存半年或一年,以备必要时核查。标样或对照样品,则需长期妥善保存,建议采用蜡封瓶口。在保存土样时,除了贴上标签,写上编码等以外,应注意避免日光、高温、潮湿和酸、碱气体等的影响。

玻璃材质容器是常用的优质储器,聚乙烯塑料容器也属美国环保局推荐容器之一,该类储器性能良好、价格便宜不易破损。将风干土样、沉积物或标准土样等储存于洁净的玻璃或聚乙烯容器之内,在常温、阴凉、干燥、避阳光、密封(石蜡涂封)条件下保存30个月是可行的。

四、土壤含水量的测定

无论是采用新鲜土样或风干样品,都需测定土壤的含水量,以便计算土壤中各种成分按烘干样品为基准时的校正值。测定方法如下:准确称取适量样品,在105~110℃条件下烘干3~4h,冷却后称重,根据烘干前后的样品质量,计算土壤中的含水量。

$$土壤含水量(\%) = \frac{烘干前后样品质量差}{烘干前样品的质量} \times 100\%$$

习　　题

1. 土壤样品为何要进行制备,制备过程是怎样的?

2. 土壤样品在制备过程中应该注意的问题有哪些，为什么？
3. 为何要测定土壤样品中的含水量，怎样测定？

本章能力考核要求

能力要求	范　　围	内　　容
理论知识	土壤样品的采集与制备	1. 土壤样品采集原则及方法 2. 土壤背景样品的采集方法 3. 土壤样品的制备
	土壤样品采集技术	1. 土壤样品的采集及制备技术 2. 土壤样品的保存方法 3. 土壤含水量的测定方法

第八章 土壤环境质量标准及土壤污染物的测定

学习指南 本章介绍了土壤环境质量标准及各种不同污染物的测定方法，学习本章时要求学生了解土壤环境质量标准，掌握土壤样品的前处理方法和各种不同污染物的测定技术。

第一节 土壤环境质量标准

环境质量标准是为了保护人民健康、社会物质财富和维持生态平衡而对有害物质或因素所做的规定，是环境政策目标及制订污染物排放标准的依据。环境质量标准一般表达为在一定范围的环境中和一定的时间间隔内某种污染物或环境质量指标的允许数量或浓度。按环境介质的差异，可分为大气环境质量标准、水环境质量标准、土壤环境质量标准等类型；按标准的管理权限和使用范围，则可分为国家和地方两级标准。世界上迄今已有80多个国家或地区制订了大气环境质量标准和水环境质量标准体系，对土壤中有毒元素（主要是重金属）则只有十几个国家或地区作了最大允许浓度的规定。

我国现行的《土壤环境质量标准》（GB 15618—1995）是1995年7月份颁布执行的（见附录一）。规定了土壤中Cd、Hg、As、Cu、Pb、Cr、Zn及Ni总量和六六六、DDT的三级环境质量标准，土壤环境质量标准选配分析方法除六六六和DDT按GB/T 14550—93分析方法外，其余暂采用：《环境监测分析方法》（城乡建设环境保护部环境保护局，2004）、《土壤元素的近代分析方法》（中国环境监测总站，中国环境科学出版社，1992）及《土壤理化分析》（中国科学院南京土壤研究所，上海科学技术出版社，1978）

中所描述的方法。

与《土壤环境质量标准》(GB 15618—1995)相配套的《土壤环境质量调查 采样方法导则》、《土壤环境质量调查 制样方法》等标准方法以及土壤中汞、砷、铜、铅、锌、铬、镍及镉的总量分析方法也正在制定过程中。

土壤污染程度的划分主要依据测定的数据，计算污染综合指数的大小来定，共分为5级。

1级（污染综合指数≤0.7），为安全级，土壤无污染。

2级（污染综合指数0.7~1），为警戒级，土壤尚清洁。

3级（污染综合指数1~2），为轻污染，土壤污染超过背景值，作物、果树开始被污染。

4级（污染综合指数2~3），为中污染，作物或果树受中度污染。

表8-1 我国其他行业已制定的有关土壤质量的标准

国标编号	名 称
GB 11728—89	土壤中铜的卫生标准
GB 8093—87	土壤中砷的卫生标准
DZ/T 0145—94	土壤地球化学测量规范
GB 7830—87	森林土壤样品的采集和制备 农业环境监测技术规范(土壤部分)
GB 7172—87	土壤水分测定法
GB 7833—87	森林土壤含水量的测定
GB 7845—87	森林土壤颗粒物(机械组成)的测定
GB 7859—87	森林土壤pH值的测定
GB 7860—87	森林土壤交换性酸的测定
GB 7861—87	森林土壤水解性总酸的测定
GB 7863—87	森林土壤阳离子交换量的测定
GB 7864—87	森林土壤交换性盐基总量的测定
GB 7867—87	森林土壤盐基饱和度的测定
GB 7873—87	森林土壤矿物质全量(SiO_2、Fe、Al、Ti、Mn、P)分析方法
GB 9834—88	土壤有机质的测定法
HJ/T 25—1999	工业企业土壤环境质量风险评价基准

5级（污染综合指数＞3），为重污染，作物或果树受严重污染。

从目前环境质量标准制定的趋势来看，有机污染物正越来越引起世界各国的重视。所以还需在调查研究的基础上制定出挥发性、半挥发性和不挥发性有机污染物的控制标准，才符合我国有机污染日趋严重的现状，而现行的《土壤环境质量标准》（GB 15618—1995）中有机污染物的标准仅有两项。对人体和动植物影响较大的有机磷农药等化学农药、硫化物、石油类、酚类、有机氯化合物、非金属物质（如氟、硒）和苯并芘等化合物缺乏质量标准和相应的标准分析方法。

我国的农业、林业、地质以及卫生部门已相继制定了一些有关土壤质量的行业或国家标准和规范，见表8-1，有些标准方法或规范，在土壤环境监测过程中可以供参考。

习　题

1. 为何要制定土壤环境质量标准，我国的土壤环境质量标准是以什么为依据进行指标值及监测方法的规定的？
2. 土壤环境质量划为几类，是如何划分的？
3. 我国土壤环境质量标准由谁提出，如何实施？

第二节　土壤重金属的测定

一、样品的预处理

在分析土壤的组成及受污染的状况时，根据分析项目的不同，首先需将样品进行溶解处理工作，即将样品配制成溶液，然后才能进行分析测定。常用的溶解处理方法主要有湿法消解、干灰化消解、溶剂提取和碱熔法。

分析土壤样品中的痕量无机物时，通常将其所含的大量有机物加以破坏，使其转变为简单的无机物，然后进行测定。这样可以排除有机物的干扰，提高检测精度。破坏有机物的方法有湿法消解和干灰化消解两种。

1. 湿法消解法

湿法消解又称湿法氧化。它是将土壤样品与一种或两种以上的强酸（如硫酸、硝酸、高氯酸等）共同加热浓缩至一定体积，使有机物分解成二氧化碳和水除去。为了加快氧化速度，可加入过氧化氢、高锰酸钾和五氧化二钒等氧化剂和催化剂。常用的消解方法有以下几种。

（1）王水（盐酸-硝酸）消解　1体积硝酸和3体积盐酸的混合物，可用于消解测定铜、锌、铅等组分的土壤样品。

（2）硝酸-硫酸消解　由于硝酸氧化能力强、沸点低，硫酸具有氧化性且沸点高，因此，二者混合使用，既可利用硝酸的氧化能力，又可提高消解温度，消解效果较好。常用的硫酸与硝酸的比例为2∶5。消化时先将土壤样品润湿，然后加硝酸于样品中，加热蒸发至较少体积时，再加硫酸加热至冒白烟，使溶液变成无色透明清亮。冷却后，用蒸馏水稀释，若有残渣，需进行过滤或加热溶解。必须注意的是，在加热溶解时，开始低温，然后逐渐高温，以免因迸溅引起损失。

（3）硝酸-高氯酸消解　硝酸-高氯酸消解适用于含难氧化有机物的样品处理，是破坏有机物的有效方法。在消解过程中，硝酸和高氯酸分别被还原为氮氧化物和氯气（或氯化氢）自样液中逸出。由于高氯酸能与有机物中的羟基生成不稳定的高氯酸酯，有爆炸危险，因此，操作时，先加硝酸将醇类中的羟基氧化，冷却后在有一定量硝酸的情况下加高氯酸处理，切忌将高氯酸蒸干，因无水高氯酸会爆炸。样品消解时必须在通风橱内进行，而且应定期清洗通风橱，避免因长期使用高氯酸引起爆炸。

（4）硫酸-磷酸消解　这两种酸的沸点都较高。硫酸具有氧化性，磷酸具有配合性，能消除铁等离子的干扰。

应注意的是，在土壤样品进行多元酸消解时，消解酸的用量及加入酸的顺序非常重要。

2. 干灰化消解法

干灰化消解法又称燃烧法或高温分解法。根据待测组分的性质，选用铂、石英、银、镍或瓷坩埚盛放样品，将其置于高温电炉中加热，控制温度450～550℃，使其灰化完全，将残渣溶解供分析用。

对于易挥发的元素，如汞、砷等，为避免高温灰化损失，可用氧瓶燃烧法进行灰化。此法是将样品包在无灰滤纸中，滤纸包钩在磨口塞的铂丝上（图8-1），瓶中预先充入氧气和吸收液，将滤纸引燃后，迅速盖紧瓶塞，让其燃烧灰化，摇动瓶子让燃烧产物溶解于吸收液中，溶液供分析用。

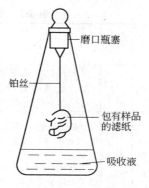

图8-1　氧瓶示意图

二、土壤中重金属污染物的测定

在国内外的现行标准中，土壤重金属污染的测定，主要是针对重金属元素的总量进行测定的，这符合重金属元素总量控制的原则。而金属污染物的迁移、转化规律，并不取决于污染物的总浓度（或总量），而是取决于其在土壤环境中存在的化学形态，这是因为不同化学形态的重金属其毒理特征不同。目前，土壤环境中重金属元素的形态分析已成为当前环境科学领域颇为活跃的前沿性课题。

1.重金属元素的总量测定　根据我国《土壤环境质量标准》（GB 15618—1995）规定，土壤中重金属污染常规测定的项目有Cd、Cu、Pb、Zn、Hg、Cr、Mn七种，其测定方法有原子吸收分光光度法、冷原子吸收法、紫外-可见分光光度法等。土壤中重金属测定与水及大气中测定时的最大不同点在于样品的预处理。由前所述，土壤样品多采用多元酸消解体系及干灰化法消解的预处理方式，这与土壤介质的复杂性密切相关；测定元素不同，消化用酸的种类也有所不同。现将土壤中部分重金属的消解方法、测定方法、最低检出限等列入表8-2中。

表 8-2　土壤中金属元素的分析方法

序号	项目	测定方法	监测范围/(mg/kg)	所用仪器
1	Cd	土样经盐酸-硝酸-高氯酸消解后 ①萃取-火焰原子吸收法测定 ②石墨炉原子吸收分光光度法测定	≥0.025 ≥0.005	原子吸收分光光度计
2	Hg	土样经硝酸-硫酸-五氧化二钒或硫酸-硝酸-高锰酸钾消解后。冷原子吸收法测定	≥0.004	测汞仪(汞蒸气吸收253.7nm的紫外光)
3	Cu	土样经盐酸-硝酸-高氯酸消解后,火焰原子吸收分光光度法测定	≥1.0	可见分光光度计(440nm)
4	Pb	土样经盐酸-硝酸-氢氟酸-高氯酸消解后 ①萃取-火焰原子吸收法测定 ②石墨炉原子吸收分光光度法测定	≥0.4 ≥0.06	可见分光光度计(510nm)
5	Cr	土样经硫酸-硝酸-氢氟酸消解后 ①高锰酸钾氧化,而苯碳酰二肼分光光度法测定 ②加氯化铵液,火焰原子吸收分光光度法测定	≥1.0 ≥2.5	可见分光光度计
6	Zn	土样经盐酸-硝酸-高氯酸消解后,火焰原子吸收分光光度法测定	≥0.5	可见分光光度计(538nm)
7	Ni	土样经盐酸-硝酸-高氯酸消解后,火焰原子吸收分光光度法测定	≥2.5	原子吸收分光光度计
8	Mn	土样经硝酸-氢氟酸-高氯酸消解后,原子吸收法测定	≥0.005	原子吸收分光光度计

需要特别注意的事项有如下几个方面。

(1) 测定 Hg 含量时,应采用低温消解法,即 HNO_3-$KMnO_4$ 或 HNO_3-H_2SO_4-$KMnO_4$。

(2) 多元素全量测定时,针对每种元素的分别消解方式是不可取的,为减少工作量,建议采用混合酸消解体系,如 HNO_3-HF-$HClO_4$ 或 HCl-HNO_3-HF-$HClO_4$ 消解体系。

(3) 土壤样品的消解费时,消解酸的用量也远高于水样的消解,一定要选用优级品的酸,并采用少量多次用酸原则,也要求进行空白试验。

2. 土壤中重金属形态分析　根据国际理论化学应用协会（IUPAC）定义，"形态分析指确定分析物质的原子和分子组成形式的过程"，即指元素的各种存在形式，包括游离态、共价结合态、络合配位态、超分子结合态等定性和定量的分析。那么，所谓形态，实际上包括价态、化合态、结合态和结构态四个方面。形态上的差异可能会导致不同生物毒性的环境行为，具体表现为：第一，重金属以自然态转变为非自然态时，其毒性增加；第二，离子态的毒性常大于络合态；第三，金属有机物的毒性大于无机物；第四，价态不同，毒性不同；第五，金属羰基化合物常常有剧毒；第六，不同的化学形态，对生物体的可利用性也不同。因此，只有借助于形态分析，才可能确切了解化学污染物对生态环境、环境质量、人体健康等的影响。从某种意义上来讲，研究金属元素的形态较之研究其总浓度就显得更为重要。

在环境领域，金属元素的形态分析一般采用 Tessier 的五步连续提取法。该方法由 Tessier 于 1979 年提出，主要适用于土壤或底泥等基质中重金属的形态分析。连续提取的五种形态分别为：可交换态、碳酸盐结合态、铁锰氧化结合态、有机结合态和残渣态。五步连续提取法的具体步骤如下。

（1）可交换态　2g 试样中加入 16mL 1mol/L 的氯化镁（$MgCl_2$），室温下振荡 1h，离心 10min(400r/min)，吸出上层清液分析。

（2）碳酸盐结合态　经步骤①处理后的残余物在室温下用 16mL 1mol/L 的乙酸钠（NaAc）提取，提取前用乙酸（HAc）把 pH 值调至 5.0，振荡 8h，离心，吸出上层清液分析。

（3）铁锰氧化结合态　经步骤②处理后的残余物中加入 16mL 0.04mol/L 盐酸羟胺（$NH_2OH·HCl$），在 20%（体积分数）乙酸（HAc）中提取，提取温度在（96±3）℃，时间为 4h，离心，吸出上层清液分析。

（4）有机结合态　经步骤③处理后的残余物中加入 3mL 0.02mol/L 硝酸（HNO_3）和 5mL 30%（体积分数）过氧化氢（H_2O_2），然后用硝酸调节 pH 值至 2，将混合物加热至（85±2）℃，保温 2h，并在加热中间振荡几次。再加入 5mL 过氧化氢，调 pH 值至 2，再将混合物放在 (85±2)℃加热 3h，并间断振荡。冷却后，加入 5mL 3.2mol/L 乙酸铵（NH_4Ac）的 20%（体积百分含量）的硝酸溶液中，稀释到 20mL，振荡 30min，离心，吸出上层清液分析。

(5) 残渣态　对步骤④处理后的残余物，利用硝酸-高氯酸-氢氟酸-高氯酸消解法消解分析。

一般认为，在五种不同的存在形式中，可交换态和碳酸盐结合态金属易迁移、转化，对人类和环境危害较大；铁锰氧化结合态和有机结合态较为稳定，但在外界条件变化时也有释放出金属离子的机会。残余态一般称为非有效态，因为以这种形态存在的重金属在自然条件下不易释放出来。

近几年来，一些学者根据不同的研究对象和研究目的，通过调整提取剂、提取条件（温度、时间、固液比等条件）等，对 Tessier 的五步连续提取法进行了修正和改进，相应还提出了七态、八态等连续提取法。而针对不同种类的重金属，其存在的分级提取方法也存在差异，应根据研究介质和研究目的，通过系统的实验研究加以确定。

习　题

1. 常用的土壤预处理方法有哪些？
2. 简述土壤中重金属元素的测定方法。
3. 为什么要进行土壤中重金属元素的形态分析？简述总量分析与形态分析之间的关系。

第三节　土壤残留农药的测定

一、污染成分的提取

分析样品中的有机氯、有机磷农药和其他有机污染物时，由于这些污染物质的含量多数是微量的，如果要得到正确的分析结果，就必须在两方面采取措施：一方面要尽量使用灵敏度较高的先进仪器及分析方法；另一方面是利用较简单的仪器设备，对环境分析样品进行浓缩、富集和分离。常用的方法是溶剂萃取法、水浸提-蒸馏萃取法、顶空法和吹扫捕集法等。

1. 溶剂萃取法

土壤中有机物的溶剂萃取又分为直接萃取法、索氏（Soxhlet）萃取法、超声萃取法等。

（1）直接萃取法　直接萃取法是基于目标物在固相与溶剂相中分配系数不同而进行组分的富集与分离的，是用合适的溶剂浸泡土壤样品，使其中的目标物从固相土壤中脱附进入溶剂相的过程。为了使土壤与溶剂充分接触，萃取过程中还常常使用振荡萃取瓶辅助萃取。萃取溶剂的种类及用量、振荡频率、萃取时间是影响萃取效果的主要因素。

溶剂萃取操作简便，是环境样品最为广泛应用的样品前处理方法之一，过去美国 EPA500、EPA600 和 EPA800 系列方法大都采用这种方法。其缺点是要耗用较大量的有机溶剂并易引入新的干扰（溶剂中的杂质等），还需要费时的浓缩步骤，并易导致被测物的损失。

（2）索氏萃取法　德国化学家 Franz von Soxhlet 博士于 1879 年发明了成为后世经典的索氏萃取法并一直沿用至今。索氏萃取法与直接萃取法的不同之处在于萃取过程中可以控制萃取温度，而且整个过程中固体样品始终处于浸提状态，萃取效果比较好。具体过程如下。

将样品置于索氏提取器的玻璃纤维套筒中，在提取器的圆底烧瓶中加入适当的提取剂，对提取器加热。通过提取器本身的虹吸过程和提取器上部的冷凝回流实现连续提取，提取时间一般需几小时到几十小时不等。此法为经典提取法，也叫完全提取法，被各国环境工作者广泛采用。该方法提取效果较好，但需时间较长，耗费溶剂量较大，可能产生有机溶剂的二次污染。

常用的连续萃取装置还有梯氏萃取系统，原理与索氏萃取基本相同。索氏萃取系统和梯氏萃取系统见图 8-2。

(3) 超声萃取法 (ultrasonic extraction) 超声提取技术的基本原理主要是利用超声波的空化作用加速土壤中的目标物的浸提过程，另外超声波的次级效应，如机械振动、乳化、扩散、击碎和化学效应等也能加速欲提取组分的扩散释放并使其充分与溶剂混合，利于提取。与常规提取法相比，超声萃取法具有提取时间短、萃取效率高、无需加热等优点。据报道，对土壤中含有的邻苯二甲酯采用索氏萃取法和超声萃取法进行比较，其结果证明超声萃取法的萃取效果优于索氏萃取法。但由于超声波发生器本身产生超声波不很均匀，使得超声萃取的方法重现性较差。

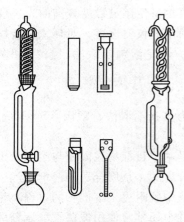

图 8-2 索氏萃取系统和梯氏萃取系统

2. 水浸提-蒸馏萃取法

该方法适用于土壤中含有的水溶性好、挥发性比较强的有机物，如挥发性有机酸、挥发酚等。一般情况下，按照土壤与纯水 1∶1（质量比）的比例，控制振幅，在振床振荡 8～24h，进行充分浸提。随后，将浸提液作为水样，进行相关指标的蒸馏、收集和分析测定。

3. 顶空法

顶空法是指在一密闭容器内，固体样品中的挥发性或半挥发性有机物从固相中释放进入上层气相中，并达到平衡，而后取顶空气体进行色谱分析的方法。顶空技术问世于 1939 年，比气相色谱还早 10 多年。由于气相色谱是专门分析气体或样品蒸气的，所以顶空技术与气相色谱仪的结合就比较方便。1962 年商品化的顶空进样器出现，今天顶空色谱已成为一种普遍使用的色谱技术。图 8-3 是气体进样阀与注射器相结合的顶空进样装置。

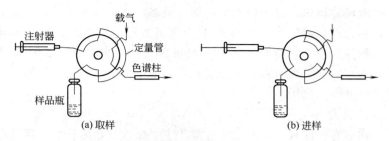

图 8-3　气体进样阀与注射器相结合的顶空进样装置

在顶空分析中，影响进入 GC 样品量的主要因素有平衡温度、平衡时间、取样时间、载气流速和平衡压力等。这些操作条件也将直接影响顶空分析的灵敏度、重现性、准确性。目前，市场上商品化的顶空分析仪均采用全自动控制程序，减少了操作误差。

4．吹扫捕集法

从理论上讲，吹扫捕集法是动态顶空技术。与静态顶空技术不同，动态顶空不是分析处于平衡状态的顶空气体样品，而是用流动气体将样品中的挥发性成分"吹扫"出来，再用一个捕集器将吹扫出来的有机物吸附，随后经热解吸将样品送入 GC 进行分析。通常称动态顶空技术为吹扫捕集进样技术。待吹扫的样品可以是固体，也可以是液体样品。吹扫气多采用高纯氮气。捕集器内装有吸附剂，可根据待分析组分的性质选择合适的吸附剂。

简言之，吹扫捕集的原理就是动态顶空萃取→吸附捕集→热解吸→GC 分析。

二、测定方法

土壤中农药残留量的测定方法主要为气相色谱法。以有机氯农药类为例，该类农药物理化学性质稳定，不易分解，且具有水溶性低、脂溶性高、在有机溶剂中分配系数大的特点，因此在测定此类化合物时，应采用有机溶剂提取、浓硫酸纯化以消除或减少对分析的干扰，然后用电子捕获检测器进行检测。用标准化合物的保留时间进行定性，用峰高定量。

1．土样的提取

准确称取风干过筛的土壤，加少量水，适量硅藻土后，充分混合，移入提取器中。加入石油醚-丙酮溶液浸泡12h后，加热回流4h。回流后冷却，将提取液移入分液漏斗中，向分液漏斗中加入硫酸钠水溶液，振摇后静置分层，弃去下层丙酮水溶液，上层石油醚提取液供纯化用。

2. 纯化

在盛有石油醚提取液的分液漏斗中，加入适量浓硫酸，轻轻振摇，并不断将分液漏斗中因受热释放的气体放出。以防压力太大引起爆炸，然后剧烈振摇1min。静止分层后弃去下部硫酸层。用硫酸纯化数次，视提取液中杂质多少而定，一般1～3次。然后用硫酸钠水溶液振摇洗去石油醚中残存的硫酸。静止分层后，弃去下部水相。上层石油醚提取液通过铺有1cm厚的无水硫酸钠层的漏斗，脱水后的石油醚收集后定容，供色谱测定。

3. 气相色谱测定

用带有电子捕获检测器的气相色谱仪，在一定的色谱条件下，进行色谱分析。首先用微量进样器定量注入标样，记录进样量、保留时间及峰高或峰面积，再用同样的方法对样品进行进样，并进行记录，然后根据实验结果进行分析。

习　题

1. 为何要进行污染成分的提取，主要的提取方式有哪几种？
2. 农药残留量的分析中纯化法的原理是什么？是否通用？
3. 农药残留量的分析中用浓硫酸纯化时不分层是什么原因？如何解决？

第四节　土壤其他污染物的测定

一、其他有机物的测定

土壤中有机物除有机农药以外，主要有苯并芘、三氯乙醛、矿物油和挥发酚。它们的萃取及分析方法列于表8-3中。

表 8-3 土壤中有机物的分析方法

项目	测定方法	检测限/(mg/kg)	所用仪器
苯并芘	①乙酰化滤纸层析-荧光分光光度法 ②液相色谱法	—	荧光分光光度计 液相色谱仪
三氯乙醛	新鲜水样用水浸提后,以石油醚-乙醚萃取,用气相色谱法测定	0.05	气相色谱仪(电子捕获检测器)
矿物油	①氯仿提取后再分离,用紫外分光光度法测芳烃 ②氯仿提取后再分离,非分散红外光度法测烷烃	—	紫外分光光度计 非分散红外测油仪
挥发酚	新鲜土样加 $HgCl_2$ 固定,加酸蒸馏法(或水提取法)4-氨基安替比林分光光度法测定	0.0005	可见分光光度计

二、土壤中非金属无机化合物的测定

土壤中非金属无机化合物的测定包括有氰化物、氟化物、硫化物和砷化物等。它们的预处理方法、总量测定方法及最低检出限等列于表 8-4 中。

表 8-4 土壤中非金属无机化合物的分析方法

项目	测定方法	监测范围/(mg/kg)	所用仪器
As	①土样经硫酸-硝酸-高氯酸消解后,二乙基二硫代氨基甲酸银分光光度法测定 ②土样经硝酸-盐酸-高氯酸消解后,硼氢化钾-硝酸银分光光度法测定	≥0.5 ≥0.1	分光光度计
CN^-	土样在 ZnAc 及酒石酸溶液中蒸馏分离,异烟酸-吡唑啉酮分光光度法测定	≥0.00005	可见分光光度计
F^-	①硫酸-磷酸消解后,氟试剂分光光度法测定 ②氢氧化钠 600℃熔融 30min,浓盐酸调至 pH 值为 8~9,离子选择性电极法测定	≥0.0005 ≥0.1	可见分光光度计 F^- 离子选择性电极
S	①盐酸消解土样蒸馏,对氨基二甲苯胺分光光度法测定 ②硫酸消解后,间接碘量法测定	≥0.002 ≥0.016	分光光度计 滴定分析

本章能力考核要求

能力要求	范围	内容
理论知识	土壤监测	1. 土壤监测的概念、内容与程序 2. 土壤监测的特点 3. 土壤监测项目 4. 土壤监测的要求
理论知识	土壤监测技术	1. 仪器分析方法的特点及其分类 2. 紫外、可见分光光度法、原子吸收法、离子选择性电极法、色谱法的概念、原理与应用 3. 标准样品的配制及浓度表示方法
操作技能	仪器使用	1. 分析天平的使用 2. 紫外可见分光光度计的使用 3. 原子吸收光谱仪的使用 4. 离子计的使用 5. 气相色谱仪及离子色谱仪的使用
操作技能	土壤样品的分析测定	1. 土壤样品的前处理 2. 土壤样品中污染成分的提取 3. 各种仪器的结构及工作原理
操作技能	数据记录与处理	1. 记录内容的完整性 2. 有效数字的位数 3. 数据的正确处理 4. 报告的格式与工整性

第九章　土壤环境监测技术路线

学习指南　本章介绍了我国土壤环境的监测技术路线，要求学生了解我国土壤环境监测的工作目标，掌握制定土壤环境监测技术路线的原则和土壤环境监测技术路线。

我国土壤环境监测尚未纳入常规监测，但随着土壤污染的加剧，土壤环境监测的开展势在必行。开展我国土壤环境监测工作的首要问题是如何选择我国土壤环境监测的技术路线。

一、我国土壤环境监测的主要任务与工作目标

1. 主要任务

（1）了解重点区域背景值情况。

（2）了解农田土壤质量。

① 定期监测污水灌溉或污泥处理土地污染状况。

② 掌握重点污染周边土壤污染状况。

③ 掌握有害废物堆放场周边土壤污染状况。

④ 调查城市工业遗弃地污染情况。

2. 工作目标

未来10年，要将农田土壤环境监测纳入例行监测，对典型的污染区域进行跟踪监视性监测，建立全国土壤环境监测标准体系和质量评价体系，完善全国土壤环境监测网络。

土壤环境监测的最终目标应为实现土壤监测的常规化，为土壤污染防治提供依据，使土壤环境质量成为反映环境质量现状的重要组成部分。

根据《环境保护"九五"计划和2010年远景目标》，到2010年，我国将建设50个生态示范区、200个生态农业县、1000个绿

色食品生产基地。因此,土壤环境监测的近期目标确定为农田土壤环境监测。另外,我国工业废弃土地尚无管理,开展工业废弃地的污染监测也是当务之急。

二、土壤环境监测技术路线的原则

根据我国土壤污染与监测现状,建立我国土壤环境监测技术路线的原则。

1. 目的性原则

土壤环境监测的根本目的是为完成我国土壤环境监测任务,实现规划目标,借鉴国外的有益经验,采用先进的技术手段和方法,全面反映出土壤环境质量现状和变化趋势,为控制土壤污染提供依据。最终将土壤环境监测纳入常规监测,使土壤环境质量监测成为我国环境质量监测的组成部分。

2. 突出重点原则

我国国土面积大,土壤污染情况复杂,全面开展土壤环境监测尚有一定的困难。因此,应结合我国土壤污染现状,首先选择对人体健康影响较大的重点污染土壤类型或区域进行监测。

3. 可行性原则

根据我国环境监测的技术条件和经济水平,制定切实可行的监测技术路线。

三、我国土壤环境监测技术路线

根据我国土壤污染现状和监测技术水平,为实现土壤监测的目标,确立我国土壤环境监测技术路线如下。

以农田土壤监测为主,以污灌农田和有机食品基地为监测重点,开展农田土壤例行监测工作。对全国大型的有害固体废物堆放场周围土壤、污水土地处理区域和对环境产生潜在污染的工厂遗弃地展开污染调查,并对典型区域开展跟踪监视性监测,逐步完善我国土壤环境监测技术和网络体系。

1. 开展农用土壤环境普查监测

农用土壤的污染直接威胁到人民群众的身体健康,并会通过地表径流和渗透造成地表水和地下水的二次污染。农用土壤的环境监测是我国土壤监测的主要任务,其污染还在不断加剧,应尽快开展我国农田土壤环境质量普查,以便摸清我国农田土壤的基本环境质量状况。另外,近年来我国也建设了一些绿色食品和有机食品基地,对这些基地的土壤监测和评价也是亟待开展的工作。在农田土壤环境质量普查的基础上,优化监测点位,建立长期定点监测的网路系统,以便掌握我国农田土壤环境质量的变化趋势。

开展我国农用土壤监测可分为三步,第一步是粗查,按污染类型划分监测区域,在各区域内采取少量的土壤样品,进行测定;第二步是根据粗查的测定结果,优化确定重点监测项目,再对有潜在污染的区域进行普查;第三步是在普查的基础上,优化采样点位,确定定期监测点位进行常规监测。

土壤监测重点项目应包括易造成农作物残留和毒性较大的 Cd、Pb、Hg、As 和污染广泛容易影响土壤性状并造成农作物减产的 Cu、Cr、Zn、Ni。各地在监测时应根据污染实际情况,也可选择其他特征污染物为重点监测项目,如 B、全盐量、pH 值都有可能引起减产,Mo、Se、F 污染严重时可影响人畜健康。对于污水灌溉的土壤应根据污水状况选择氰化物、硫化物、挥发酚、苯并[a]芘及石油类等教材项目为重点项目。氮、磷一般不会对土壤构成污染,但过量不合理施用化肥,使土壤中氮、磷增加,它们的流失也可能造成地面水和地下水的污染。对于农药施用量较大的农用土壤,应对土壤的农药残留量进行监测。可参照表 9-1 并结合实际情况确定监测项目。

土壤监测采样时间一般是在收获期与田间作物同步采集,重点污染项目一般每年测定 1 次,其他污染项目可 3~5 年测定 1 次。

除了不稳定的污染物外,受土壤物质吸附的影响,土壤中污染物的降解一般是比较缓慢的,所以重点污染物每年监测 1 次,其他污染物 3~5 年监测 1 次,可以反映出土壤环境质量现状。

2. 逐步开展有害固体废物堆填场周围土壤和工厂遗弃地的普查与监测

我国有害固体废弃物的管理工作起步较晚,许多有害固体废物

表 9-1　土壤监测项目、频次与分析方法

项目类别		监测项目	仪器	监测频次
必测项目	基本项目	pH值、阳离子交换量	pH计	1次/年
	重点项目	镉、铬、汞、砷、镍、铜、锌、镍	原子吸收仪、测汞仪	
选测项目	影响产量项目	全盐量、硼、氟	分光光度计	3~5次/年
	污水灌溉项目	氰化物、硫化物、挥发酚、苯并[a]芘、石油类等	分光光度计、气相色谱仪、液相色谱仪及测油仪	
	农药残留项目	有机氯农药（如六六六和DDT等）、有机磷农药及其他农药（如各种除草剂等）	气相色谱仪	
	其他污染项目	硒、氟等	分光光度计	

随意堆放，缺乏基本的处置处理措施，造成了多起重大污染事故。因此，加强有害固体废物堆放场周边土壤的监测，及早提出处理处置建议，防止污染事故的发生。

随着我国经济结构的调整和环保管理制度的加强，许多市区的工厂已关闭或迁移，这些工厂遗弃地的土壤污染问题日益突出。如何处置处理这些污染土壤，我国目前尚无管理法规。工厂遗弃地的监测项目应根据工厂的使用原料和产品确定。我国应加强工厂遗弃地的土壤的监测，确定污染物种类、污染范围和污染程度，并突出处理处置建议，防止污染土壤的扩散。同时，还应对污染地点的地下水进行监测，了解地下水的污染状况。

3. 开展土壤监测技术研究工作，建立和完善我国土壤环境监测标准体系

我国现行的土壤环境标准尚不能满足土壤环境监测的需要，政府部门应继续加大土壤环境标准研究的投入，加快投入标准体系的建立。

任何环境监测都离不开标准和规范，土壤监测也不例外。只有建立了完善的土壤环境种类标准和配套的分析方法标准，才能顺利

地开展土壤监测。因此，完善和健全土壤监测的有关标准和规范，是开展土壤监测的基础和条件。

根据国内外土壤环境监测标准及土壤本身特性，土壤环境监测标准体系应包括以下5个基本单元：①土壤环境质量标准；②土壤采样制样方法标准、分析方法；③环境土壤标准物质；④土壤监测质量保证标准；⑤土壤环境质量评价方法标准。土壤环境标准体系的5个要素中，土壤采样制样分析方法、土壤环境监测质量保证标准及土壤环境质量评价方法标准尚未建立。表9-2是建立和完善我国土壤环境监测标准体系的基本工作内容。

表9-2 建立和完善我国土壤环境监测标准体系的基本工作内容

	标准名称	工作	主要内容
1	土壤环境质量标准	修订	以污染物提取态含量为限值的质量标准；增加硫化物、挥发酚、石油类等污染物限值
			增加有机磷农药如甲基对硫磷等农药残留限值
2	土壤采样制样标准	制定	土壤样品采集的布点方法、样点精度制备方法等
3	土壤理化性质测试方法	制定	土壤pH值、水分、阳离子交换量的测试方法
4	土壤污染物测试方法	制定	与土壤环境质量标准配套的污染物分析方法
5	土壤环境监测质量保证标准	制定	土壤监测分析的全程序质量保证要求和指标
6	土壤环境质量评价方法标准	制定	土壤污染物指标的综合评价标准
7	制定地方土壤环境标准	制定	地方制定土壤环境质量的原则
8	土壤环境标准参考物质	研制	开发研制提取态污染物指标定值的土壤标准参考物质

我国现行的《土壤环境质量标准》(GB 15618—1995)，规定了土壤中Cd、Hg、As、Cu、Pb、Cr、Zn、Ni总量和六六六、DDT的三级环境质量标准。该标准中规定有毒金属元素的含量以土壤中的全量计，包括了元素的本底含量。实际上只有土壤中可提取态的元素含量才会对人体和生态环境产生影响。那些来源于母质，存在于土壤原生矿物晶格中的重金属元素很难释放出来而对环境产生不

利影响。由于我国幅员广阔,土壤种类和土壤母质复杂,在全国范围内统一用以全量为基础的《土壤环境质量标准》存在一定的问题,也无法与国际接轨,影响我国农产品出口。因此建议对于农用土壤制定以可提取态含量为限值基础的土壤环境种类标准。

我国土壤污染中有机物的污染占很大的比例,而现行的《土壤环境质量标准》(GB 15618—1995)中有机污染物的标准仅有 2 项,所以建议尽快增加制定土壤中有机污染物的限制标准,可首先考虑对人体和动植物影响较大的有机磷农药、有机氯化合物等化学农药以及随污灌进入农作土壤并难于降解的有机污染物等。由于受污水灌溉的影响,土壤环境质量标准中应增加氰化物、硫化物、挥发酚及石油类等污染物限制指标。

习 题

1. 我国土壤环境监测的主要任务和目标是什么?
2. 土壤环境监测技术路线的原则是什么?
3. 简述我国土壤环境监测技术路线。
4. 土壤环境监测标准体系有哪几个要素?
5. 建立和完善我国土壤环境监测标准体系的基本工作内容有哪些?

参 考 文 献

1　夏立江,王宏康主编.土壤污染及其防治.上海:华东理工大学出版社,2001
2　刘兆荣,陈忠明,赵广英,陈旦华编.环境化学教程.北京:化学工业出版社,2003
3　王红云,赵连俊主编.环境化学.北京:化学工业出版社,2004
4　夏立江主编.环境化学.北京:中国环境科学出版社,2003
5　赵睿新编.环境污染化学.北京:化学工业出版社,2004
6　戴树桂主编.环境化学.北京:高等教育出版社,1996
7　陈玲,赵建夫主编.环境监测.北京:化学工业出版社,2003
8　李天杰主编.土壤环境学:土壤环境污染防治与土壤生态保护.北京:高等教育出版社,1996
9　李弘主编.环境监测技术.北京:化学工业出版社,2002
10　孙成主编.环境监测实验.北京:科学出版社,2003

11 杨景辉主编．土壤污染与防治．北京：科学出版社，1995
12 王云，魏复盛主编．土壤环境元素化学．北京：中国环境科学出版社，1995
13 中国环境监测总站编著．土壤元素的近代分析方法．北京：中国环境科学出版社，1992
14 中国环境监测总站主编．中国元素土壤背景值．北京：中国环境科学出版社，1990
15 方本太等编著．中国环境监测技术路线研究．长沙：湖南科学技术出版社，2003

第三篇 教学实验

第十章　固体废物监测实验

技能训练一　固体废物腐蚀性实验

一、训练目的
1. 掌握固体废物腐蚀性的评价标准。
2. 掌握用 pH 玻璃电极法测定废物 pH 值的原理和方法。

二、概述
腐蚀性废物既可能腐蚀损伤接触部位的生物细胞组织，也可能腐蚀盛装容器造成泄漏，引起污染。因此固体废物的腐蚀性可作为鉴别危险废物的危险特性之一。其腐蚀性的强弱可用 pH 值的大小来表示。

三、样品的采集与保存
按相关程序采集代表性固体废物样品，风干后，制成 5mm 以下粒度的试样，置于玻璃瓶或聚乙烯瓶内。

四、测定方法
1. 方法原理

用玻璃电极为指示电极，饱和甘汞电极为参比电极组成电池。在 25℃ 条件下，氢离子活度变化 10 倍，使电动势偏移 59.16mV。仪器上直接以 pH 值读数表示。许多 pH 计上有温度补偿装置，可以校正温度的差异。为了提高测定的准确度，校准仪器选用的标准缓冲溶液的 pH 值应与试样的 pH 值接近。

2. 干扰及消除

① 当废物浸出液的 pH 值大于 10，钠差效应对测定有干扰，宜用低（消除）钠差电极，或者用与浸出液的 pH 值相近的缓冲溶

液对仪器进行校正。

② 电极表面的油脂或粒状物质玷污会影响电极的测定,应用洗涤剂清洗。或用(1+1)盐酸溶液除尽残留物,然后用蒸馏水冲洗干净。

③ 温度影响 pH 值的准确测定。因为,在不同的温度下电极的电势输出不同,温度变化也会影响到样品的 pH 值。所以,必须进行温度的补偿。温度计与电极应同时插入待测溶液中,在报告测定的 pH 值时同时报告测定量的温度。

3. 方法的适用范围

本试验方法适用于固态、半固态的固体废物的浸出液和高浓度液体的 pH 值的测定。

本法 pH 值测定范围为 0~14。

4. 仪器

① 混合容器:容积为 2L 的带密封塞的高压聚乙烯瓶。

② 振荡器:往复式水平振荡器。

③ 过滤装置:市售成套过滤器,纤维滤膜孔径为 $0.45\mu m$。

④ pH 计:各种型号的 pH 计或离子活度计,精度为 ± 0.02pH 单位。

⑤ 玻璃电极:消除钠差电极。

⑥ 参比电极:饱和甘汞电极。

⑦ 磁力搅拌器以及用聚四氟乙烯或者聚乙烯等塑料包裹的搅拌棒。

⑧ 温度计。

5. 试剂

① 一级标准缓冲剂的盐,它在很高准确度的场合下使用。由这些盐制备的缓冲液需用低电导的、不含二氧化碳的水,而且这些溶液至少每月更换一次。

② 二级标准缓冲溶液,可用国家认可的标准 pH 缓冲液,用低电导率(低于 $2\mu S/cm$)并除去二氧化碳的水配制。

③ 亦可按表 10-1 的配方,用电导率低于 $2\mu S/cm$ 除去二氧化碳的水配制。

6. 步骤

(1) 浸出液的制备

① 称取 50g 试样(以干基计,固体试样风干、磨碎后应能通过孔径为 0.45μm 的筛孔),置于浸取用的混合容器中,加新鲜蒸馏水 250mL,使固液比值为 1:5。

② 将浸取用的混合容器加盖密封后垂直固定在振荡器上,振荡频率调节为 (110±10) 次/min,振幅为 40mm,在室温下振荡 30min 后,静置 30min。

③ 通过过滤装置分离固液相,滤后立即测定滤液的 pH 值。如固体废物中固体的含量小于 0.5% (质量分数)时,则不经过浸出步骤,直接测定溶液的 pH 值。

(2) 样品的测定

① 按仪器的使用说明书准备。

② 如果样品和标准缓冲溶液的温度差大于 2℃ 以上,测量的 pH 值必须校正。可通过仪器带有的自动或手动补偿装置进行,也可预先将样品和标准溶液在室温下平衡达到同一温度。记录测定的温度。各种 pH 值标准缓冲溶液的配制见表 10-1。

表 10-1 各种 pH 值标准缓冲溶液的配制

标 准 溶 液	pH 值(25℃)	每 1000mL 水溶液中的含量/g
草酸三氢钾(0.04962)	1.679	12.61$KH_3(C_2O_4)_2 \cdot 2H_2O$
酒石酸氢钾(25℃饱和)	3.557	6.4$KHC_4H_4O_6$①
柠檬酸二氢钾(0.04958)	3.776	11.41$KH_2C_6H_6O_7$
邻苯二甲酸氢钾(0.04958)	4.008	10.12$KHC_8H_4O_4$
磷酸二氢钾(0.02490)	6.865	3.388KH_2PO_4
磷酸氢二钠(0.02490)	6.865	3.533Na_2HPO_4
磷酸二氢钾(0.08665)	7.413	1.179KH_2PO_4
磷酸氢二钠(0.03032)	7.413	4.302Na_2HPO_4
硼砂(0.009971)	9.180	3.80$Na_2B_4O_7 \cdot 10H_2O$②
碳酸氢钠(0.02492)	10.012	2.092$NaHCO_3$②
碳酸钠(0.02492)	10.012	2.640$Na_2CO_3$②
氢氧化钙(25℃饱和)	12.454	12.454$Ca(OH)_2$①②

① 近似溶解度。
② 碱性溶液应在聚乙烯瓶中保存。
注:括号中数字的单位为 mol/L。

③ 宜选用与样品的 pH 值相差不超过两个 pH 单位的两个溶液（两者相差 3 个 pH 单位）校准仪器。用第一个标准溶液定位后，取出电极，彻底冲洗干净，并用滤纸吸去水分。再浸入第二个标准溶液进行校核，其值应在标准的允许差范围内，否则就该检查仪器、电极或校准溶液是否有问题。当校核无问题时，方可测定样品。

④ 如果在现场测定流体或半固体的流体（如稀泥、薄浆等）的 pH 值，电极可直接插入样品，其深度适当并可移动，保证有足够的样品通过电极的敏感元件。

⑤ 对块状或颗粒状的物料，则取其浸出液进行测定。

将样品或标准溶液倾倒入清洁烧杯中，其液面应高于电极的敏感元件，放入搅拌子，将清洁干净的电极插入烧杯中，以缓和、固定的速度搅拌或摇动使其均匀，待读数稳定后记录其 pH 值。应重复测定 2~3 次直到其 pH 值变化小于 0.1pH 单位。

五、数据处理与报告

① 每个样品至少做 3 个平行试验，其标准不超过±0.15pH 单位，取算术平均值报告试验结果。

② 当标准差超过规定范围时，必须分析并报告原因。

六、注意事项

（1）可用复合电极。新的、长期未使用的复合电极或玻璃电极在使用前应在蒸馏水中浸泡 24h 以上。用毕冲洗干净，浸泡在水中。

（2）甘汞电极的饱和氯化钾液面，必须高于汞体，并有适量氯化钾晶体存在，以保证氯化钾溶液的饱和。使用前必须先拔掉上孔胶塞。

（3）每次测定样品之前应充分冲洗电极，并用滤纸吸去水分或用试样冲洗电极。

（4）为防止二氧化碳溶入，制备好的浸出液应立刻测定。

（5）注意电极的出厂日期，存放时间过长的电极性能将变劣。

习 题

1. 固体废物腐蚀性鉴别标准是什么？
2. 固体废物腐蚀性试验方法的原理是什么？

3. 测定固体废物浸出液 pH 值时应注意什么？

技能训练二　浸出毒性实验

一、训练目的
1. 掌握固体废物浸出液的制备方法——翻转法。
2. 掌握固体废物浸出毒性鉴别的方法。

二、概述
固体废物受到水的冲淋、浸泡，其中有害成分将会转移到水相中而污染地面水、地下水，导致二次污染，因此，浸出毒性是评价固体废物可能造成环境污染，特别是水环境污染的重要指标，既可用于固体废物有害特性的鉴别，又可用于污染源、堆放场及填埋场的环境影响评价。

三、样品的采集与保存
按相关程序采集代表性固体废物样品，制成 5mm 以下粒度的试样，置于玻璃瓶或聚乙烯瓶内。

四、方法选择
浸出实验方法主要有翻转法和水平振荡法。

固体废物翻转式浸出方法，适用于固体废物中无机污染物（氰化物、硫化物等不稳定污染物除外）的浸出毒性鉴别，亦适用于危险物储存、处置设施的环境影响评价。

水平振荡法是固体废物的有机污染物浸出毒性浸提方法的浸出程序及质量保证措施，适用于固体废物中有机污染物的浸出毒性鉴别与分类。

五、浸出实验步骤
1. 仪器

① 浸提容器：1L 具密封塞高型聚乙烯瓶（当对大批量样品做浸出实验时，可利用大的具密封塞比色管作为浸提容器）。

② 浸提装置：转速为 (30 ± 2)r/min 的翻转式搅拌机。

③ 滤膜：$0.45\mu m$ 微孔滤膜或中速蓝带定量滤纸。

④ 过滤装置：加压过滤装置或真空过滤装置，对难过滤的废物也可采用离心分离装置。

2. 试剂

浸提剂为去离子水或同等纯度的蒸馏水。

3. 浸提条件

① 试样干基质量为 70.0g。

② 固液比为 1∶10。

③ 翻转频率为 (30 ± 2)r/min。

④ 搅拌浸提时间为 18h。

⑤ 静止时间为 30min。

⑥ 试验温度为室温。

4. 浸提操作步骤

① 水分测定。根据废物的含水量情况，称取 20～100g 样品，放于预先干燥恒重的具盖容器中（注意容器的材料必须与废物不发生反应），于 105℃下烘干，恒重至±0.01g，计算废物含水率。进行测定后的样品不得用于浸出实验。

② 称取干基试样 70.0g，置于 1L 浸提容器中。加入 700mL 去离子水或同等纯度的蒸馏水，盖紧瓶盖后固定在翻转式搅拌器上，调节转速为 (30 ± 2)r/min，在室温下翻转搅拌浸提 18h 后取下浸提容器，静止 30min，于预选安装好的 $0.45\mu m$ 微孔滤膜（或中速蓝带定量过滤纸）的过滤装置上过滤。收集全部滤出液，即为浸出液，摇匀后供分析用。如果不能马上分析，则浸出液按各待测组分分析方法中规定的保存方法进行保存。

③ 如果样品的含水率大于等于 91% 时，则将样品直接过滤，收集其全部滤液，供分析用。

④ 如果样品的含水率较高但小于 91% 时，则在浸出实验时应根据样品的含水量，补加与按规定的固液比计算所需浸提剂量相差的数量的浸提剂后，再按步骤②进行。

六、浸出毒性实验

浸出液分析项目按有关标准的规定及相应的分析方法进行。浸出毒性测定方法见表 10-2；浸出毒性鉴别可参考我国 1996 年颁布的危险废物浸出毒性鉴别标准（GB 5085.3—1996）。浸出液中任何一种危害成分的浓度如果超过表 10-2 所列的浓度值，则该废物是具有浸出毒性的危险物，必须进行安全填埋处理。

表 10-2　浸出毒性的测定方法及浸出毒性鉴别标准

项目	方法	浸出液最高允许浓度/(mg/L)
有机汞	气相色谱法	不得检出
汞及其化合物(以总汞计)	冷原子吸收分光光度法	0.05
铅(以总铅计)	原子吸收分光光度法	3
镉(以总镉计)	原子吸收分光光度法	0.3
总铬	(1)二苯碳酰二肼分光光度法 (2)直接吸入火焰原子吸收分光光度法 (3)硫酸亚铁铵滴定法	10
六价铬	(1)二苯碳酰二肼分光光度法 (2)硫酸亚铁铵滴定法	1.5
铜及其化合物(以总铜计)	原子吸收分光光度法	50
锌及其化合物(以总锌计)	原子吸收分光光度法	50
铍及其化合物(以总铍计)	铍试剂Ⅰ光度法	0.1
钡及其化合物(以总钡计)	电位滴定法	100
镍及其化合物(以总镍计)	(1)直接吸入火焰原子吸收分光光度法 (2)丁二酮分光光度法	10
砷及其化合物(以总砷计)	二乙基二硫代氨基甲酸银分光光度法	1.5
无机氟化物(不包括氟化钙)	离子选择性电极法	50
氰化物(以 CN^-)	硝酸银滴定法	1.0

七、注意事项

① 每批样品（最多 20 个样品）至少做一个浸提空白。

② 每批样品至少做一个加标样品回收。

③ 对每批滤膜均应做吸收或溶出待测物实验。

④ 在浸提过滤过程时，每个浸提容器中的液相部分必须全部通过过滤装置，并且必须收集滤出液，摇均后供分析用。

⑤ 样品必须在保存期内完成浸取毒性试验和分析测定。

⑥ 做浸取试验的每批样品,按照浸提程序做平行双样率不得低于20%。

⑦ 浸提空白、加标样品、平行双样测得的结果不得大于方法规定的允许差。

习　题

1. 固体废物在浸提实验前进行水分测定的目的是什么?
2. 固体废物是否具有浸出毒性的鉴别标准是什么?

技能训练三　固体废物的反应性
——差热分析测定法

一、训练目的

1. 掌握差热分析测定法的基本原理。
2. 掌握热分析曲线的绘制方法。

二、概述

固体废物的反应性通常是指在常温、常压下不稳定或在外界条件发生变化时发生剧烈变化,以致产生爆炸或放出有害气体。反应性的试验方法有撞击感度测定法确定样品对机械撞击作用的敏感程度,摩擦感度测定法测定样品对摩擦作用的敏感程度,火焰感度测定法确定样品对火焰的敏感程度,差热分析测定法确定样品的热不稳定性,而爆发点测定法是测定样品对热作用的敏感度。其中差热分析法具有分析速度快、灵敏度高等优点。

三、样品的采集与保存

按相关程序采集代表性固体废物样品,制成5mm以下粒度的试样,置于玻璃瓶或聚乙烯瓶内。

四、测定方法

1. 方法原理

当样品与参比物质以同一升温速度加热时,在记录仪上记录具有吸热或放热的温度-时间曲线。通过样品的热分析曲线,可以了解样品受热分解的全过程。

2. 仪器

差热分析仪(具体操作详见各种差热分析仪说明书)。

3. 步骤

将样品(5~25mg)及参比样品(Al_2O_3等)分别放入相同的坩埚内,将热电偶测量头与坩埚接触好,选择合适的升温速度及差热量程。仪器预热及调零后,使加热炉以某一恒定的速度升温,在记录仪上记录表示吸热或放热过程的温度-时间曲线。样品受热后分解的情况可以从温度-时间曲线得到。具体操作方法见各种差热分析说明书。

五、数据处理

由温度-时间曲线的峰温、峰形等判断样品的热不稳定性。试验结果应给出最低放热温度和最高峰值。

六、注意事项

① 比较样品的热不稳定性,必须在升温速度、样品粒度、样品量等完全一致的条件下进行。

② 由于差热分析使用的样品量较少,所以更应注意所取样的代表性。

③ 差热实验可同热失重实验同时进行,两者相互对比,则可得到更可靠的结论。

习 题

1. 差热分析测定法与其他反应性试验相比较有何优点?
2. 差热分析测定过程中要注意哪些问题?

技能训练四 遇水反应性实验

一、训练目的

1. 掌握反应性的升温试验的原理。

2. 掌握反应性释放出有害气体测定的原理。

二、概述

固体废物与水发生剧烈反应放出热量或产生有害气体（乙炔、硫化氢、砷化氢、氰化氢），对环境造成一定的危害和污染，因此固体废物的遇水反应性可作为鉴别危险废物有害特性之一。固体废物遇水反应性实验有升温实验和释放有害气体试验方法。

三、样品的采集与保存

按相关程序采集代表性固体废物样品，制成 5mm 以下粒度的试样，置于玻璃瓶或聚乙烯瓶内。

四、测定方法

1. 升温实验

（1）原理　固体废物与水发生剧烈反应放出热量，使体系的温度升高，用半导体点温计来测量固-液界面的温度变化，以确定温升值。

（2）仪器与装置

① 半导体点温计：WMX(0~200℃) 半导体点温计（最小分度值 2℃，温度允许误差 ±2℃）。

② 绝热泡沫块：规格为 100mm×100mm×160mm。

③ 温升试验容器：100mL 比色管，规格为直径 3cm，高 24cm。

④ 装置：在点温计探头上外套一个一头封闭的玻璃管（为防止损坏热敏元件），玻璃套管上装一个与 100mL 比色管适合的橡皮塞，使点温计、绝热泡沫块与温升试验容器组装成一套测定温升的装置。

（3）步骤

① 将点温计的探头输出端接在点温计接线柱上，开关置于"校"，调整点温计满刻度，使指针与满刻度线重合。

② 将温升试验容器插入绝热泡沫块 12cm 深处，然后将一定量的固体废物（1g, 2g, 5g 或 10g）置于温升试验容器内，加入 20mL 水，再将点温计探头插入固-液界面处，用橡皮塞盖紧，观察温升。

③ 将点温计开关转到"测"处,读取电表指针最大指示值,即是所测反应温度,此值减去室温即为温升测定值。

(4) 结果计算及报告

$$T = t_1 - t_0$$

式中 T——温度值,℃;

t_1——测得反应温度,℃;

t_0——室温,℃。

至少测两个平行样,报告算术均值或中位值及最高值。

(5) 注意事项

① 反应剧烈的固体废物,宜从少量样品开始试验。

② 市售半导体点温计,外套玻璃管套,可作为测温升的探头,要求玻璃套管壁薄,且不渗水、气,以保证测温的准确性和防止探头损坏。

2. 释放有害气体试验方法——硫化氢气体的测定

(1) 原理 含有硫化物的废物当遇到酸性水或酸性固体废物遇水时便可使固体废物中的硫化物释放出硫化氢气体。

$$MS + 2HCl \longrightarrow MCl_2 + H_2S$$

乙酸锌溶液可吸收硫化氢气体,在含有高铁离子的酸性溶液中,硫离子与对氨基甲基胺生成亚甲基蓝,其蓝色与硫离子含量成正比。本方法测定硫化氢气体的下限为 0.0012mg/L。

(2) 仪器 721 分光光度计。

(3) 试剂

① 12.5%硫酸高铁铵:称取 25g 硫酸高铁铵溶于含有 5mL 浓硫酸的水中,稀释至 200mL。

② 0.1%对氨基二甲基苯胺溶液:称取 1g 对氨基二甲基苯胺盐酸盐溶于 700mL 水中,放置于冷水中,缓慢加入 200mL 浓硫酸,冷却后用水稀释至 1L。

③ 吸收液:称取 50g 乙酸锌、12.5g 乙酸钠,溶于水中稀释至 1L,若溶液浑浊,需过滤后使用。

④ 1mg/mL 硫化钠标准储备液:取一定的硫化钠置于布氏漏

斗中用水抽洗硫化钠表层杂质。然后称取 7.5g 洗净的硫化钠溶于水中，稀释至 1L，置于棕色瓶内保存，使用前标定，然后配成每毫升含 4.00μg 硫离子的标准使用液。

⑤ 4mol/L 盐酸。

（4）步骤

① 校正曲线　取 5 支 10mL 比色管，各加入 5mL 吸收液，分别取 0.00mL、1.00mL、2.00mL、3.00mL 的硫化钠标准溶液（4.00mol/L），然后加入 0.1% 对氨基二甲基苯胺溶液 1.0mL、12.5% 硫酸高铁铵溶液 0.20mL，用水稀释至标线，摇匀。15～20min 后用 1cm 比色皿，以试剂空白为参比，在 665nm 波长处读取吸光度。

② 样品测定　在固体废物与水的反应瓶中，用 100mL 注射器抽气 50mL，注入盛有 5mL 吸收液的 10mL 比色管中，摇匀。以下按校正曲线步骤显色并测定吸光度。

（5）计算

硫化氢浓度（S^{2-}, mg/L）=［测得硫化物量（μg）/注入吸收液的体积（mL）］$\times (275/225)^n$

式中　n——抽气次数。

（6）注意事项

① 用注射器向吸收液中注入气体时，应控制注气速度，每分钟注入 10mL 气体。

② 记录固体废物遇水反应结束时的 pH 值，当 pH＞7 时，不必测定硫化氢、砷化氢、氰化氢。

③ 用注射器抽取砷化氢气体时，应在玻璃管的前端装上乙酸铅脱脂棉。

习　题

1. 在进行固体废物遇水反应性实验时，应注意哪些问题？
2. 在固体废物遇水反应结束时的 pH＞7 时，为何不必测定硫化氢、砷化氢、氰化氢？

技能训练五　KI-MIBK 萃取火焰原子吸收法测固体废物中铅、镉

一、训练目的

1. 掌握 KI-MIBK 萃取火焰原子吸收法测定固体废物浸出液中铅、镉的原理。

2. 掌握 KI-MIBK 萃取火焰原子吸收法测定固体废物浸出液中铅、镉的方法。

二、概述

铅、镉不是人体的必需元素。铅的毒性主要是由于其在人体内长期蓄积所造成的神经毒性和血液毒性。镉主要积蓄在肾脏，引起泌尿系统的功能变化。

铅、镉的主要污染源有电镀、采矿、冶炼、染料、电池和化学工业等排放的废物。

三、样品的采集与保存

按相关程序采集代表性固体废物样品，制成 5mm 以下粒度的试样，置于聚乙烯瓶内。浸出液如不能很快进行分析，应加硝酸至 1%，时间不要超过一周。

四、方法选择

铅、镉同时测定的主要方法有直接吸入火焰原子吸收分光光度法、萃取或离子交换浓缩火焰原子吸收分光光度法。当样品组成复杂，试样存在基体干扰时，采用萃取火焰原子吸收法。

五、测定方法

1. 方法原理

在约 1% 的 HCl 介质中，Pb^{2+}、Cd^{2+} 与 I^- 形成离子配合物，在 HCl 浓度达 1%～2%，KI 为 0.1mol/L 时，MIBK（甲基异丁基甲酮）对于 Pb、Cd 的萃取率分别在 99.4% 和 99.3% 以上。将 MIBK 相吸入火焰，进行原子吸收测定。

2. 干扰及消除

当样品存在能与铅、镉形成比和 KI 更为稳定络合物的络合剂时，则需将其氧化分解后再进行测定。

3. 方法的适用范围

本法适用于固体废物浸出液中铅、镉的测定。

4. 仪器与装置

（1）原子吸收分光光度计。

（2）铅、镉空心阴极灯。

（3）乙炔钢瓶或乙炔发生器。

（4）空气压缩机，应备有除水、除油和除尘装置。

（5）仪器参数：根据仪器说明书要求选择测试条件。参考条件见表 10-3。

表 10-3　铅、镉的测定条件

元　　素	铅	镉
测定波长/nm	283.3	228.8
通带宽度/nm	2.0	1.3
火焰性质	贫燃	贫燃
其他可选择谱线/nm	217.0, 261.4	326.1

5. 试剂

（1）盐酸（HCl）：优级纯。

（2）盐酸（1＋1）：用（1）配。

（3）盐酸（0.2%）：用（1）配。

（4）抗坏血酸（$C_6H_8O_6$）：优级纯，10% 水溶液。

（5）铅、镉标准储备液（1.000mg/L）：分别称取 1.0000g 光谱纯金属铅、镉。用 20mL（1＋1）盐酸溶解后，水定容至 1000mL。此溶液每毫升分别含 1.000mg 铅、镉。

（6）铅、镉混合标准溶液（Pb 2.0μg/L，Cd 0.5μg/L）：用铅、镉的标准储备溶液和 0.2% 盐酸溶液逐级稀释配制而成。

（7）碘化钾（2mol/L）：称取 33.2g 优级纯碘化钾溶于 100mL 纯水中。

（8）甲基乙丁基甲酮（MIBK，$C_8H_{11}O$）水饱和溶液：在分液漏斗中放入甲基乙丁基甲酮和等体积的水,振摇 1min,静置分层(约 3min)后弃去水相,上层的有机相待用。

6. 测定步骤

(1) 参考表 10-4,在 50mL 容量瓶中,用 0.2%盐酸溶液将混合标准溶液配制成至少 5 个工作标准溶液,其浓度范围应包括固体废物浸出液中铅、镉的浓度。

表 10-4　测定铅、镉的标准溶液的配制　　　　　　　　/mL

混合标准溶液体积	0.00	0.50	1.00	2.00	3.00	4.00
Pb 标准系列含量	0.00	1.00	2.00	4.00	6.00	8.00
Cd 标准系列含量	0.00	0.25	0.50	1.00	1.50	2.00

在编号的 50mL 具塞比色管中,分别加入上述工作标准溶液 10.00mL。在另外的比色管分别加入适量浸出液(例如 5~20mL,视其 Pb、Cd 的含量而定)以及相应的空白试样(用水代替样品)。

(2) 萃取。在上述比色管中分别加入 10%抗坏血酸 2.0mL,(1+1) 盐酸 0.5mL,2mol/L 碘化钾溶液 2.5mL,加塞摇匀。准确加入 5.00mL 水饱和的甲基异丁基甲酮,振摇 1min,打开塞子放气后再将塞子盖好,静置分层。

(3) 测定。根据最佳条件调节火焰,吸入 MIBK 后调节好仪器零点。按次序吸入空白、工作标准系列、试样空白和试样 MIBK 萃取相,测定吸光度。

用测得的吸光度扣除空白后与相对应的浓度绘制校准曲线,并利用校准曲线查出试样中铅、镉的浓度。

六、结果计算

浸出液中(Pb、Cd)浓度 $c(\text{mg/L})$ 按下式计算:

$$c = \frac{c_1 V_0}{V}$$

式中　c_1——被测试样中铅、镉的浓度,mg/L;

　　　V_0——制样时定容体积,mL;

　　　V——试样的体积,mL。

七、注意事项

（1）当测定某个试样的吸光度较大时，要先吸入 MIBK 冲洗原子化系统并调仪器的零点，将试样用 MIBK 适当稀释后再进行测定。一般每测定 10 个试样后就要校正仪器的零点，并用一个中间浓度的标准溶液萃取液检查仪器的灵敏度的稳定情况。

（2）应使用细内径的毛细管向火焰吸入 MIBK，并应将乙炔流量适当调小，以保证吸入 MIBK 后火焰状态不变。

（3）萃取时应避免日光直射并远离热源。

（4）KI 往往空白较高，需进行提纯处理，其方法如下：在配制好的 KI 溶液中加入等体积的 0.2% 盐酸，摇匀后用 MIBK 萃取两次，弃去 MIBK，KI 溶液待用。应注意提纯后的 KI 溶液的浓度稀释了 1 倍。

（5）KI-MIBK 体系选择性好，能与 Cu^{2+}、Zn^{2+}、Pb^{2+}、Cd^{2+} 同时萃取的还有 As(Ⅲ)、Bi^{3+}、Hg^{2+}、In^{3+}、Te(Ⅲ)、Sb(Ⅴ)、Ag^+ 等，而这些离子在一般废物浸出液中含量不高，不会影响 Cu^{2+}、Zn^{2+}、Pb^{2+}、Cd^{2+} 的萃取，即使同时萃取进入 MIBK 相，也不会对测定产生影响。K、Na、Ca、Mg、Fe、Al 等常量元素不被萃取，能有效地消除这些基体成分的干扰。

习 题

1. 火焰原子吸收法一般需对哪些测试条件进行优选？
2. 火焰原子吸收法测定过程中，为什么每测几个样品就要校正一次仪器的零点？
3. 萃取原子吸收法有何特点？

技能训练六　固体废物中多氯联苯(PCBs)的测定

一、训练目的

1. 掌握气相色谱测定多氯联苯的原理。

2. 掌握气相色谱法测定多氯联苯的方法。

二、概述

多氯联苯（PCBs）是含氯的联苯化合物，对环境的污染是全球性的，在 210 种 PCBs 中，有 12 个共平面的同系物异构体具有与二噁英一样的毒性：生殖毒性、致畸性和致癌性。

三、样品的采集与保存

按相关程序采集代表性固体废物样品，制成 5mm 以下粒度的试样，置于硬质玻璃瓶内。试样（样品）的采集和制备按国家环保局（86）环监字 114 号颁发《工业固体废物有害特性试验与监测方法》（试行）第一章第三节规定进行。

四、方法选择

PCBs 的测定方法有气相色谱法、薄层色谱法及气相色谱-质谱法。一般选用气相色谱法。

五、测定方法

1. 方法原理

多氯联苯的物理化学性质与有机氯农药相似，在气相色谱法测定时互相干扰，因此，采用碱解破坏有机氯农药，水蒸气蒸馏-液液萃取（必要时硫酸净化），然后用电子捕获检测器气相色谱法测定。

2. 试剂

（1）正己烷（或石油醚）：全玻璃蒸馏器蒸馏，收集 68～70℃的馏分，色谱进样应无干扰峰，如不纯，再次重蒸馏或用中性三氧化二铝层析柱纯化。

（2）硫酸：一级纯。

（3）氢氧化钾：一级纯。

（4）无水硫酸钠：取 100g 加入 50mL 正己烷，振摇过滤，再加入 25mL 正己烷，振摇过滤，风干，置 150℃烘 15h。

（5）脱脂棉：用丙酮提取处理后备用。

（6）有机氯农药标准溶液：p,p'-DDE，配成 1.00mg/L，其他有机氯农药配成适宜浓度。

(7) 多氯联苯标准溶液：中国科学院环境科学委员会环境分析标准品三氯联苯（PCB₃）（中国科学院环境化学研究所研制品），配成 5mg/mL 储备液，稀释成不同浓度标准溶液。或用 PCB₃ 正己烷溶液标准物质（200mg/L）（中国科学院生态环境研究中心研制品），稀释成不同浓度标准溶液。

3. 仪器

(1) 水蒸气蒸馏-液液萃取装置。（见图10-1）

(2) 带有电子捕获检测器的气相色谱仪。

(3) 电加热套。

(4) 调压变压器。

(5) 干燥管。

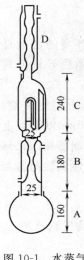

图 10-1 水蒸气蒸馏-液液萃取装置

4. 分析步骤

(1) 碱解与蒸馏 准确称取 10～40g 风干废物试样（同时另称取约 20g 于 60℃下烘干 24h，测水分含量），放入 1000mL 圆底烧瓶中，加入 250mL 1mol/L 氢氧化钾溶液，加少量沸石，按图将 A 与 B 安装连接，加热回流 1h（用加热套加热，调压变压器控制温度）。冷却至室温，取下 B 部，在 C 中加入 5mL 正己烷，将 A、C、D 部连接，加热蒸馏 90min，每分钟流速 80～100 滴（加热和控制温度方法同上），蒸馏完毕，冷至室温，将 C 中液体移入分液漏斗中，再将 A、C、D 部连接，自冷凝管上部加入 10mL 蒸馏水冲洗，再将 C 中洗涤液并入分液漏斗中，充分振摇，弃去水层，再加入少量正己烷洗涤 C 两次，合并正己烷层（杂质多时，再用硫酸净化，加入与正己烷提取液等体积的硫酸，振摇 1min，静置分层后，弃去硫酸层，净化次数视提取液中杂质多少而定，一般 1～3 次，然后加入与正己烷等体积的 0.1mol/L 氢氧化钠溶液，振摇 1min，静置分层后，弃去下部水层），将分液漏斗中的正己烷提取液通过底部塞有脱脂棉的 5cm 高无水硫酸钠脱水柱，分液漏斗用少量正己烷洗 3 次，每次均通过脱水柱，收集于 5mL 或 10mL 容量瓶中，定容，供色谱测定。

（2）色谱条件

① 固定相：5% SE-30/Chromosorb W（AW. DMCS），80～100 目。

② 色谱柱：长 2m，内径 3mm 玻璃柱。

③ 柱温：195℃。

④ 汽化温度：250℃。

⑤ 检测温度：240℃。

⑥ 载气：高纯氧，流速为 70mL/min。

（3）定量测定

将 PCBs 标准溶液稀释为不同浓度，定量进样以确定电子捕获检测器的线性范围。

试样测定时，定量进样所得峰高（应在线性范围内）与相近浓度标准溶液的峰高比较，求出 PCBs 含量。

六、结果计算

$$多氯联苯含量 = \frac{N_{标} V_{标} h_{样} V}{h_{标} V_{样} W}$$

式中　$N_{标}$——标准溶液浓度，$\mu g/mL$；

　　　$V_{标}$——标准溶液色谱进样体积，μL；

　　　$h_{样}$——试样萃取液峰高，mm；

　　　V——萃取液浓缩后的体积，mL；

　　　$h_{标}$——标准溶液峰高，mm；

　　　$V_{样}$——试样萃取液色谱进样体积，μL；

　　　W——试样质量，g（以换算成 60℃烘干试样质量计算）。

七、注意事项

关于多氯联苯定量计算方法，因其是混合物，故有多种表示方法，鉴于国内废物主要受"三氯联苯"（PCB_3）污染，若试样和标准物质（PCB_3）峰形没有大的差异，可采用特定峰高，以 p, p'-DDE 的保留值为 100，选取相对保留值为 38′的峰或以全峰高或者选择几个峰高和计算含量。

习　题

1. 气相色谱法测定多氯联苯的主要干扰有哪些？应如何消除？
2. 气相色谱法测定多氯联苯时用何种检测器？请简述理由。

技能训练七　校园垃圾监测方案设计实验

一、训练目的

1. 巩固理论课中学过的生活垃圾监测相关的知识。
2. 对生活垃圾监测能设计出可行的方案。

二、实验要求

1. 设计采样与制样方案。
2. 垃圾特性分析方案。
3. 垃圾渗滤液分析方案。

本章能力考核要求

能力要求	范　围	内　容
操作技能	仪器使用	1. 分析天平的使用 2. 采样工具的使用 3. 紫外可见分光光度计的使用及维护 4. 原子吸收光谱仪的使用及维护 5. 离子计的使用及维护 6. 气相色谱仪及离子色谱仪的使用及维护
	固体废物样品的分析测定	1. 样品的采集及前处理 2. 样品中污染成分的提取 3. 有害物质测定的原理及方法 4. 标准溶液的配制 5. 标准曲线的绘制
	数据记录与处理	1. 内容的完整性 2. 有效数字的位数 3. 数据的正确处理 4. 报告的格式与工整性

第十一章 土壤监测实验

技能训练一 土壤样品的采集、制备及含水量的测定

一、训练目的
1. 掌握土壤样品的采集原则。
2. 掌握土壤样品的采集、制备方法。
3. 掌握土壤样品中含水量的测定方法。

二、概述
无论是新鲜的土壤样品还是风干样品,我们都需要测定土壤中的水分,以便计算土壤中各种成分按烘干土为基准时的校准值。

三、样品的采集与保存
根据土壤样品的采集原则,采取具有代表性的土壤样品,风干后磨碎过筛。若需保存,则采用玻璃容器或聚乙烯塑料容器保存。

四、测定方法
1. 方法原理

将研磨过筛后的土壤样品于 105～110℃条件下烘干后即可计算其含水量。

2. 仪器

1‰的天平、铝盒、烘箱、干燥器、玛瑙研钵。

3. 测定步骤

(1) 根据土壤的采样原则,采取约 1kg 样品。

(2) 将采得的样品全部倒在瓷盘内或塑料膜上在阴干处慢慢风干(大约一星期)。

(3) 将风干后的样品通过 1mm 的孔径后,将所得的细土反复按四分法弃取,留下约 100g 左右的样品,进一步用玛瑙研钵磨细,过 100 目尼龙筛。

(4) 在天平上准确称取烘干后的铝盒质量（W）。

(5) 用 1‰ 的天平,称取适量样品（20～30g）于铝盒中,称重（W_1）后于 105～110℃下烘 4～5h。

(6) 将烘干后的样品取出,放入干燥器中冷却并恒重（W_2）,（$\Delta W \leqslant 3mg$）。

五、结果计算

根据以上操作,计算土壤含水量。

$$水分 = \frac{土壤烘干前质量(W_1) - 烘干后质量(W_2)}{烘干后土壤质量(W_2 - W)} \times 100\%$$

技能训练二　冷原子吸收法测定土壤中的汞

一、训练目的

1. 了解冷原子吸收法测定汞的原理,掌握冷原子吸收测汞仪的使用方法。

2. 学会用冷原子吸收法测定汞的操作技术,并能准确测定土壤中汞的含量。

二、概述

汞及其化合物属于剧毒物质,可在人体内蓄积。地壳中汞的丰度为 0.08mg/kg,全球土壤中汞的范围值为 0.01～0.5mg/kg。未受到污染的底质中汞含量极微,而受到污染的底质含汞量有高达每千克数十毫克。土壤中汞多以 HgS、HgO 及有机汞形式存在。

三、样品的采集与保存

采集代表性土壤样品,风干过筛后储存于洁净玻璃瓶或聚乙烯容器内。在常温、阴凉、干燥、避光、密封条件下保存。

四、方法选择

目前汞的测定方法主要是冷原子吸收法和冷原子荧光法,通用的方法为冷原子吸收法。该方法操作比较简便,测定的灵敏度和精密度较高,干扰因素少。

五、测定方法(冷原子吸收分光光度法)

1. 方法原理

汞蒸气对波长为 253.7nm 的紫外光有选择性的吸收,在一定浓度范围内吸光度与汞的浓度成正比,土壤样品经适当的预处理后,将其中的汞转变为汞离子,再用氯化亚锡将汞离子还原成元素汞。以氮气或干燥清洁空气作为载气将汞吹出,进行原子吸收测定。

2. 干扰及消除

CO_2、SO_2、Cl_2、NO_x、水汽等对汞 253.7nm 线产生吸收,使测定结果偏高。通常在汞吸收装置中接上玻璃制干燥塔,内填经碘化处理的活性炭,还有仪器的净化系统。

另外玻璃对汞有吸附作用,因此所用玻璃容器应用 10% 硝酸浸泡,配汞标准溶液时,可在容量瓶中先加入部分 5% HNO_3-0.05% $K_2Cr_2O_7$ 溶液,再加入汞储备液。

3. 方法的适用范围

本方法适用于土壤中总汞的测定。在最佳条件下(测汞仪灵敏度高,基线漂移及试剂空白值极小),当试液体积为 200mL 时,最低检出浓度可达 $0.1\mu g/L$。在一般情况下,测定范围为 $0.2\sim50\mu g/L$。

4. 仪器

(1) 测汞仪及记录仪。

(2) 还原瓶 1 只。

(3) 10mL 移液管(刻度)2 支,5mL 移液管 1 支。

(4) 5mL 注射器 1 支。

(5) 50mL 容量瓶 3 只。

(6) 100mL 锥形瓶 3 只。

5. 试剂

(1) 汞标准溶液　准确称取干燥氯化汞 0.1354g，用 5% HNO₃-0.05% K₂Cr₂O₇ 溶解后，移入 1000mL 容量瓶中，用 5% HNO₃-0.05% K₂Cr₂O₇ 溶液稀释至标线后摇匀。此溶液每毫升含汞 1000μg，将该溶液用 5% HNO₃-0.05% K₂Cr₂O₇ 逐级稀释至汞浓度为 0.1μg/mL。

(2) 20%氯化亚锡（AR）　20g 氯化亚锡溶解于 10mL 浓硫酸中，稀释至 100mL。

(3) 95%～98%硫酸（AR）。

(4) 5% KMnO₄（AR）　5g KMnO₄ 溶于 100mL 蒸馏水。

(5) 10%盐酸羟胺　10g 盐酸羟胺溶于 100mL 蒸馏水。

6. 步骤

(1) 绘制标准曲线　在还原瓶中分别加入 0.1μg/mL 汞标准溶液 0、0.1mL、0.2mL、0.4mL、0.6mL、0.8mL，得到的标准系列分别含汞 0、0.1μg、0.2μg、0.4μg、0.6μg、0.8μg，加蒸馏水至体积为 10mL，用注射器迅速加入 1mL 20%氯化亚锡，立即盖紧。右手按紧还原瓶盖，左手捏紧进气口附近的胶管，摇动 30s 后，接入气路，左手同时松开胶管。记下峰值读数。继续抽气排出体系中的汞蒸气使读数回到零点。每个浓度点测三次，取平均值，以汞含量为横坐标，峰值读数为纵坐标绘制标准曲线。

(2) 样品分析　准确称取土壤样品两份，每份 2g 左右。分别置于 100mL 锥形瓶中，同时做空白试验。用少量蒸馏水湿润后，加 1：1 硫酸 5mL，5%高锰酸钾 10mL，摇匀后，置沸水浴上消化 1h。消化过程中经常摇动并滴加高锰酸钾溶液保持消化液为紫色。冷却后，滴加盐酸羟胺至紫红色刚退。移入 50mL 容量瓶中，用蒸馏水稀释至刻度并摇匀，取上层清液 5mL，按上述绘制标准曲线步骤测定。每样测定三次，取平均值，在标准曲线上查出对应的汞含量。

六、数据处理

$$土壤样品中汞含量(mg/kg) = \frac{MV_{总}}{mV}$$

式中 M——由曲线上查得的汞的质量，μg;

$V_总$——试样定容体积，mL;

V——测定的取样体积，mL;

m——试样质量，g。

七、注意事项

1. 测样品时应同时做空白实验，并在样品测定结果中将其扣除。

2. 汞蒸气的发生受很多因素影响，如载气流量、温度、还原瓶体积、气液体积比等，因此样品测定条件应与标准系列条件一致。

3. 若样品中汞含量太低，可增大试样量，但各种试剂应按比例增加。

4. 用盐酸羟胺还原高锰酸钾时，要逐滴加入，充分摇动，以免过量太多，并在退色后尽快测定。

习 题

1. 配制氯化亚锡时，为什么最好通氮气或干净空气数分钟？

2. 为什么要加入盐酸羟胺使高锰酸钾退色，又不能加入过多？退色后为什么要尽快测定？

3. 用冷原子吸收法测汞时应注意什么？

技能训练三 原子吸收法测定土壤中铜和锌

一、训练目的

1. 了解原子吸收分光光度法的原理。

2. 掌握土壤样品的消化方法，掌握原子吸收分光光度计的使用方法。

二、概述

铜、锌均是人体所必需的微量元素，但过多的摄入对人体的健康有很大的影响。土壤中铜锌均以 2 价状态存在，或以简单的 M^{2+} 存在，或以 $M(OH)^+$ 配离子形式存在。但土壤中的铜 99% 以上可能都是和有机物配合的。

三、样品的采集与保存

采集代表性土壤样品，风干过筛后储存于洁净玻璃瓶或聚乙烯容器内。在常温、阴凉、干燥、避光、密封条件下保存。

四、方法选择

铜锌的测定方法目前主要有直接吸入火焰原子吸收分光光度法、DDTC-乙酸丁酯萃取火焰原子吸收分光光度法、ICP-AES 发射光谱法和 ICP-MS 法。采用最多的是直接吸入火焰原子吸收分光光度法。因为该方法测量的灵敏度高，干扰少，操作方便。

五、测定方法（火焰原子吸收分光光度法）

1. 方法原理

火焰原子吸收分光光度法是根据某元素的基态原子对该元素的特征谱线产生选择性吸收来进行测定的分析方法。将试样喷入火焰，被测元素的化合物在火焰中离解形成原子蒸气，由锐线光源（空心阴极灯）发射的某元素的特征谱线光辐射通过原子蒸气层时，该元素的基态原子对特征谱线产生选择性吸收。在一定条件下特征谱线光强的变化与试样中被测元素的浓度成比例。通过对自由基态原子对选用吸收线吸光度的测量，确定试样中该元素的浓度。

湿法消解是使用具有强氧化性酸，如 HNO_3、H_2SO_4、$HClO_4$ 等与有机化合物溶液共沸，使有机化合物分解除去。干法灰化是在高温下灰化、灼烧，使有机物质被空气中氧所氧化而被破坏。

本实验采用湿法消化土壤中的有机物质。

2. 干扰及消除

铁的含量超过 100mg/L 时，抑制锌的吸收。当样品中含盐量很高、分析谱线波长又低于 350nm 时，出现非特征吸收，如高浓度钙产生的背景吸收使测定结果偏高。硫酸对铜、锌的测定有影响，一般不能超过 2%。故一般多使用盐酸或硝酸介质。

3. 方法的适用范围

适用于土壤中镉、铅、铜、锌的测定。其中铜的定量范围为 0.08~4.0mg/L，锌的定量范围为 0.05~1.0mg/L。

4. 仪器

原子吸收分光光度计、铜和锌空心阴极灯。

5. 试剂

（1）锌标准液　准确称取 0.1000g 金属锌（99.9%），用 20mL 1∶1 盐酸溶解，移入 1000mL 容量瓶中，用去离子水稀释至刻度，此液含锌量为 100mg/L。

（2）铜标准液　准确称取 0.1000g 金属铜（99.8%）溶于 15mL 1∶1 硝酸中，移入 1000mL 容量瓶中，用去离子水稀释至刻度，此液含铜量为 100mg/L。

6. 步骤

（1）标准曲线的绘制　取 6 个 25mL 容量瓶，分别加入 5 滴 1∶1 盐酸，依次加入 0、1.00mL、2.00mL、3.00mL、4.00mL、5.00mL 的浓度为 10mg/L 的铜标准溶液和 0、0.10mL、0.20mL、0.40mL、0.60mL、0.80mL 的浓度为 100mg/L 的锌标准溶液，用去离子水稀释至刻度，摇匀，配成含 0、0.40mg/L、0.80mg/L、1.20mg/L、1.60mg/L、2.00mg/L 铜标准系列和 0、0.40mg/L、0.80mg/L、1.20mg/L、1.60mg/L、2.40mg/L、3.20mg/L 的锌标准系列，然后分别在 324.7nm 和 213.9nm 处测定吸光度，绘制标准曲线。

（2）土壤样品的消解　准确称取 1.000g 土样于 100mL 烧杯中（2 份），用少量去离子水润湿，缓慢加入 5mL 王水（硝酸∶盐酸＝ 1∶3），盖上表面皿。同时做一份试剂空白，把烧杯放在通风橱内的电炉上加热，开始低温，慢慢提高温度，并保持微沸状态，使其充分分解，注意消解温度不宜过高，防止样品外溅，当激烈反应完毕，大部分有机物分解后，取下烧杯冷却，沿烧杯壁加入 2~4mL 高氯酸，继续加热分解直至冒白烟，样品变为灰白色，揭去表面皿，赶出过量的高氯酸，把样品蒸至近干，取下冷却，加入 5mL 1% 的稀硝酸溶液加热，冷却后用中速定量滤纸过滤到 25mL 容量瓶中，滤渣用 1% 稀硝酸洗涤，最后定容，摇匀待测。

(3) 测定 将消解液在与标准系列相同的条件下,直接喷入空气-乙炔火焰中,测定吸收值。

六、数据处理

所测得的吸收值(如试剂空白有吸收,则应扣除空白吸收值)在标准曲线上得到相应的浓度 $M(\text{mg/mL})$,则试样中:

$$铜或锌的含量(\text{mg/kg}) = \frac{MV}{m} \times 1000$$

式中 M——标准曲线上得到的相应浓度,mg/mL;
V——定容体积,mL;
m——试样质量,g。

七、注意事项

1. 细心控制温度,升温过快反应物易逸出或炭化。
2. 土壤消化物若不呈灰色,应补加少量高氯酸,继续消化。由于高氯酸对空白影响大,要控制用量。
3. 高氯酸具有氧化性,应待土壤里大部分有机质消化完,反应物冷却后再加入,或者在常温下,有大量硝酸存在时加入,否则会使杯中样品溅出或爆炸,使用时务必小心。
4. 若高氯酸氧化作用进行过快,有爆炸可能时,应迅速冷却或用冷水稀释,即可停止高氯酸氧化作用。

原子吸收测量条件:

元素	Cu	Zn
λ/nm	324.8	213.9
I/mA	2	4
光谱通带(A)	2.5	2.1
增益	2	4
燃气	C_2H_2	C_2H_2
助气	空气	空气
火焰	氧化	氧化

习 题

试分析原子吸收分光光度法测定土壤中金属元素的误差来源可能有哪些?

技能训练四　离子选择性电极法测定土壤中的氟

一、训练目的
1. 掌握土壤样品中氟的蒸馏分离技术。
2. 了解离子选择性电极法的原理和检测方法。

二、概述
土壤中过量的氟会使植物生理代谢受到抑制，引起作物减产甚至死亡。经迁移而污染水体和生物的氟，会通过食物链使动物产生氟斑牙和氟骨症。

三、样品的采集与保存
采集代表性土壤样品，风干研细过筛（100目）后储存于聚乙烯容器内。在常温、阴凉、干燥、避光、密封条件下保存。

四、方法选择
氟的测定方法主要有离子色谱法和离子选择性电极分析方法。离子色谱法简便快速，为一常用的方法；而离子选择性电极法仪器设备简单，操作方便，选择性较高，是目前通用的方法。

五、测定方法
1. 方法原理

土壤中氟可分为水溶性氟、速效性氟和难溶性氟，要通过不同的前处理分别测定。用离子选择性电极法可对各种形态的氟进行快速测定。

氟离子选择性电极是一种以电位法测量溶液中氟离子活度的指示电极。它的电位与溶液中氟离子活度的对数呈线性关系，即

$$E = 常数 - 0.059 \lg a_{F^-} \quad (25℃)$$

2. 干扰及消除

氟离子选择性电极的传感膜为氟化镧晶体，氟化镧晶体中离子传导是由于 F^- 进出氟化镧晶格而产生的。OH^- 的大小和电荷与 F^- 相似，也能进出氟化镧晶格，因此对氟电极有响应。为了消除

它的干扰,测定时通常控制溶液 pH 值为 5.0～6.5。Fe^{3+}、Al^{3+} 等对测定也有严重干扰,加入柠檬酸可以消除。此外,用离子选择性电极测量的是溶液中离子的活度,因此,必须控制试液和标准溶液的离子强度大致相同。本实验加入大量的柠檬酸钠和硝酸钠,达到控制溶液离子强度的目的。

3. 方法的适用范围

本方法适用于土壤提取液中氟化物的测定。检测限为 0.05mg/L(以 F^- 计)。灵敏度(即电极的斜率),溶液温度在 20～25℃ 之间时,氟离子浓度每改变 10 倍,电极电位变化 56mV±2mV。25℃ 时,电极斜率应不低于 55mV。

4. 仪器

(1) HS-3 型酸度计。

(2) 氟离子选择性电极。

(3) 饱和甘汞电极。

(4) 电磁搅拌器。

(5) 土样蒸馏器(见图 11-1)。

5. 试剂

(1) 离子强度缓冲溶液。称取 58.8g 二水合柠檬酸钠、85.0g 硝酸钠,加水溶解,用 1:1 盐酸调节 pH 值为 5.5～6,转入 1L 容量瓶中,用水稀释至刻度。

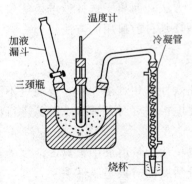

图 11-1　土样蒸馏器

(2) 1:1 硫酸溶液。将市售硫酸在电热板上加热微沸 1h,冷却后配成 1:1 硫酸溶液。

(3) 浓磷酸。在电热板上加热磷酸至 180℃,并保持 1h。

(4) 氟标准液。称取氟化钠 0.2210g,用水溶解,转入 1L 容量瓶中稀释至刻度,此溶液每毫升含氟 100μg。使用时稀释至浓度

为 $10\mu g/mL$。

（5）0.5mol/L 氢氧化钠。

（6）1∶1 盐酸溶液。

（7）0.05％酚酞溶液。

（8）10％氢氧化钠溶液。

6. 步骤

（1）氟离子选择性电极的活化和清洗　氟电极在使用前，需先用 1×10^{-3} mol/L 的氟化钠溶液浸泡 1~2h，或者在去离子水中浸泡过夜，再用水在电磁搅拌下清洗至电位值为 290~300mV。

（2）测定标准系列的氟电位　在 6 只 50mL 容量瓶中分别加热浓度为 $10\mu g/mL$ 的氟标准溶液 0、1.00mL、2.50mL、5.00mL、10.00mL、25.00mL，各分别加入 10mL 离子强度缓冲溶液，用去离子水稀释至刻度，摇匀后，分别转移至干燥的 50mL 烧杯中，将甘汞电极和氟电极插入此溶液中，开动电磁搅拌器，测定其电位值。

（3）土壤样品的测定

① 水溶性氟的测定　准确称取土壤样品 0.5~1g 置于 50mL 烧杯中，加水 25mL，在 70℃下搅拌浸提 0.5h，将浸提液转入 50mL 容量瓶中，加入 10mL 离子强度缓冲溶液，用水稀释至刻度，按上述标准系列方法测定电位值。

② 速效性氟的测定　准确称取土壤样品 0.5~1g 于 25mL 烧杯中，加入 0.5mol/L 氢氧化钠溶液 20mL，在 60℃下搅拌浸提 1h，调节 pH 值为 5.0~6.0，转入 50mL 容量瓶中，加入离子强度缓冲溶液 10mL，用水定容后，按上述标准系列方法测定电位值。

③ 氟的测定　准确称取土壤样品 0.1~0.5g 于 250mL 三颈瓶中，用水湿润后加几粒玻璃珠。另加 10 滴 10％氢氧化钠溶液和两滴酚酞溶液于接收烧杯中，加入适量水，使接收管的排气孔在液面下，在筒形漏斗中加入 50mL 1∶1 硫酸及 2.5mL 磷酸。缓慢打开筒形漏斗活塞，使溶液注入三颈瓶中。用电热套加温蒸馏，至温度达到 190℃时停止加热，冷却后，用少量去离子水冲洗冷凝管。馏出液用 0.1mol/L（或 1mol/L）盐酸中和至酚酞红色刚好消失。将

溶液转移至 50mL 容量瓶中，加 10mL 离子强度缓冲溶液，用水定容，按上述标准系列方法测定电位值。

④ 标样总氟的测定　称取标准土样 0.100g，按土壤样品的总氟测定方法测定总氟量。

六、数据处理

1. 标准曲线的绘制

将标准系列测得的电位为纵坐标，以响应氟浓度的对数（$\lg C_{F^-}$）为横坐标作图，得到标准曲线图。

2. 水溶性氟和速效性氟

根据样品溶液的 E 值，在标准曲线上对应的（$\lg C_{F^-}$）值以及样品质量等数据，可计算出水溶性氟和速效性氟（mg/kg）。

3. 回收率 f

在土样分解和蒸馏过程中，氟化物会有损失或分解不完全。通过测定标准土样中的总氟量，可求得回收率 f，以校正由此引起的误差。

$$f = \frac{标样中测出的总氟量}{标样中已知的氟量} \times 100\%$$

4. 土样的总氟量

$$土样的总氟量(\mathrm{mg/kg}) = \frac{测定值}{m}$$

5. 土样中难溶性氟的量

$$土样中难溶性氟的量 = 总氟量 - 可溶性氟量$$

七、注意事项

1. 氟电极使用寿命除取决于制作材料和结构外，通常与使用和保管的好坏有密切关系。测定高浓度溶液会缩短其寿命。电极需保持膜的完整无缺，避免与硬物接触，用完后清洗吸干置于盒中。

2. 测定时溶液的 pH 值以 5～6 为宜。

3. 测总氟时浸提液应保持碱性，如果实验中酚酞退色，可补加氢氧化钠。

4. 土壤试样用量可视其含量适当增减。

习 题

1. 测定时溶液的 pH 值为何以 5~6 为宜？
2. 测定前为何要将氟电极的电位洗至 290~300mV？测标准系列时，还有哪些应注意的问题？

技能训练五　土壤中农药残留量的测定——气相色谱法

一、训练目的
1. 了解从土样中提取有机氯农药的方法。
2. 掌握气相色谱法的定性、定量方法。
3. 通过实验，初步了解气相色谱仪的结构及操作技术。

二、概述
有机氯农药是分子中含氯的烃的衍生物，它们的共同特点是化学性质稳定，残效期长，短期内不易分解，而且易溶于脂肪。因此当有机氯农药通过食物链进入人体后，易在人体脂肪中蓄积，造成慢性中毒。

三、样品的采集与保存
采集代表性土壤样品（注意采集样品要用玻璃采样器或金属器械），风干研碎过 60 目筛，充分混匀，装入样品瓶备用。样品应尽快分析，否则应保存在 $-18℃$ 冷冻箱中。

四、方法选择
有机农药类化合物的检测分析通常采用气相色谱法，它又分为填充柱气相色谱法和毛细管柱色谱法。毛细管柱色谱法分离效率高，检出限低，分析时间短，回收率高，精密度好，并可同时分析 16 种有机氯农药。

五、测定方法
1. 方法原理

六六六农药有七种顺反异构体（α、β、γ、δ、ε、η、θ，也称

甲体、乙体、丙体、丁体、戊体、己体和庚体），一般只检测前四种异构体。由于它们的物理化学性质稳定，不易分解，且具有水溶性低、脂溶性高、在有机溶剂中分配系数大的特点，因此，本法采用有机溶剂提取土壤中六六六，然后用电子捕获检测器进行检测。用标准化合物的保留时间定性，用峰高外标法定量。

2. 干扰及消除

样品中的有机磷农药、不饱和烃以及邻苯二甲酸酯类等有机化合物均能被丙酮和石油醚提取，且干扰六六六的测定，这些干扰物质均可用浓硫酸洗涤除去。

3. 方法的适用范围

本方法适用于土壤、底泥中六六六的测定。当所用仪器不同时，方法的检出范围不同，六六六通常检测至 4ng/L。

4. 仪器

(1) 有电子捕获检测器的气相色谱仪。

(2) 水分快速测定仪。

(3) 索氏提取器。

(4) 微量注射器。

5. 试剂

(1) 石油醚。沸程为 60～90℃，重蒸馏，色谱进样无干扰峰。

(2) 丙酮。重蒸馏，色谱进样无干扰峰。

(3) 无水硫酸钠。300℃烘 4h，放入干燥器中备用。

(4) 2％无水硫酸钠。

(5) 30～80 目硅藻土。

(6) 脱脂棉。用石油醚回流 4h 后，干燥备用。

(7) 滤纸筒。适当大小滤纸用石油醚回流 4h 后，干燥做成筒状。

(8) α-六六六、β-六六六、γ-六六六、δ-六六六标准溶液。将色谱纯 α-六六六、β-六六六、γ-六六六、δ-六六六用石油醚配制成 200mg/L 的储备液，石油醚配制成适当浓度的使用标准溶液。注意在配制 β-六六六标准溶液时，先用少量苯溶解。

6. 步骤

(1) 土样的提取　称取经风干过60目筛的土壤20.00g（另取10.00g测定水分含量）置于小烧杯中，加2mL水，4g硅藻土，充分混合后，全部转移入滤纸筒内，上部盖一滤纸，移入索氏提取器中。加入80mL(1∶1)石油醚-丙酮混合溶液浸泡12h后，加热回流提取4h。回流结束后，使索氏提取器上都有积聚的溶剂。待冷却后将提取液移入500mL分液漏斗中，用索氏提取器上部溶液分3次冲洗提取器烧瓶，将洗涤液并入分液漏斗中。向分液漏斗中加入300mL 2%硫酸钠水溶液，振摇2min，静止分层后，弃去下层丙酮水溶液，上层石油醚提取液供纯化用。

(2) 纯化　在盛有石油醚提取液的分液漏斗中，加入6mL浓硫酸，开始轻轻振摇，并不断将分液漏斗中因受热释放的气体放出。以防压力太大引起爆炸，然后剧烈振摇1min。静止分层后弃去下部硫酸层。用硫酸纯化数次，视提取液中杂质多少而定，一般1～3次，然后加入100mL 2%硫酸钠水溶液，振摇洗去石油醚中残存的硫酸。静置分层后，弃去下部水相。上层石油醚提取液通过铺有1cm厚的无水硫酸钠层的漏斗（漏斗下部用少量脱脂棉支撑无水硫酸钠），脱水后的石油醚收集于50mL容量瓶中，无水硫酸钠层用少量石油醚洗涤2～3次。洗涤液也收集于上述容量瓶中，加石油醚稀释至刻度，供色谱分析用。

(3) 气相色谱测定

① 分析条件

检测器：电子捕获检测器。

色谱柱：DB-5毛细管柱，长30m。

柱箱温度：初始温度为60℃，以20℃/min升温速率升至180℃，再以10℃/min升温速率升至240℃。

汽化室温度：250℃。

检测器温度：300℃。

载气：氮气。

载气流速：1.8mL/min。

② 色谱分析　首先用微量进样器从进样口定量注入各六六

标准样，各 2 次。记录进样量、保留时间及峰高或峰面积，计算时用平均值。再用同样的方法对样品进行进样分析，并进行记录。

六、数据处理

1. 以表格形式记录色谱的操作条件和标样测试结果。

2. 以表格形式记录土样测定结果，并按下列公式计算六六六各异构体的量。

$$C_{样}(\mu g/kg) = \frac{H_{样}}{H_{标}} \frac{C_{标}}{Q_{样}} \frac{Q_{标}}{RK}$$

式中 $C_{样}$——样品中六六六的量，$\mu g/kg$；

$H_{样}$——样品中相应峰的高度，mm；

$H_{标}$——标准溶液峰高，mm；

$C_{标}$——标准溶液浓度，$\mu g/L$；

$Q_{标}$——标准溶液进样量，$5\mu L$；

$Q_{样}$——样品进样量，$5\mu L$；

K——样品提取液的体积，相当于样品的质量，kg/L，本法中 $K=0.4(1-M)$；

R——相应化合物的添加回收率，%；

M——土壤中水分的质量分数，%。

七、注意事项

1. 进样量要准确，进样动作要迅速，每次进样后，注射器一定要用石油醚洗净，最好用氮气流冲干净，避免样品相互污染，影响测定结果。

2. 纯化时出现乳化现象可采用过滤、离心或反复滴液的方法解决。

3. 如果土样中六六六异构体浓度较低，则纯化的石油醚提取液用 K-D 液浓缩至相应体积。

4. 相应化合物的添加回收率，可用相应浓度的该化合物标样添加到土样中进行测定。

习 题

1. 本实验中误差的主要来源有哪些？

2. 在进行提取的过程中应注意哪些问题?
3. 在进样时应注意些什么,为什么?

技能训练六　实验楼后土壤监测方案设计实验

一、训练目的
1. 巩固理论课中学过的土壤监测相关的知识。
2. 对土壤监测能设计出可行的方案。

二、实验要求
1. 设计采样与制样方案。
2. 土壤特性分析方案。
3. 土壤中有害物质分析方案。

本章能力考核要求

能力要求	范围	内容
操作技能	仪器使用	1. 分析天平的使用 2. 紫外可见分光光度计的使用 3. 原子吸收光谱仪的使用 4. 离子计的使用 5. 气相色谱仪及离子色谱仪的使用
	土壤样品的分析测定	1. 土壤样品的前处理 2. 土壤样品中污染成分的提取 3. 各种仪器的结构及工作原理
	数据记录与处理	1. 记录内容的完整性 2. 有效数字的位数 3. 数据的正确处理 4. 报告的格式与工整性

附　录

附录一　固体废物环境标准目录

类别	标准编号	标准名称	实施日期
固体废物污染控制标准	环发[2003]206号	医疗废物集中处置技术规范（试行）	2003-12-26
	GB 19217—2003	医疗废物转运车技术要求（试行）	2003-6-30
	GB 19218—2003	医疗废物焚烧炉技术要求（试行）	2003-6-30
	GW 18484—2001	危险废物焚烧污染控制标准	2002-1-1
	GW 18485—2001	生活垃圾焚烧污染控制标准	2002-1-1
	GB 18597—2001	危险废物储存污染控制标准	2002-7-1
	GW 18598—2001	危险废物填埋污染控制标准	2002-7-1
	GB 18599—2001	一般工业固体废物储存、处置场污染控制标准	2002-7-1
	GB 16889—1997	生活垃圾填埋污染控制标准	1997-12-1
	GB 16487.1—1996	进口废物环境保护控制标准——骨废料（试行）	1996-8-1
	GB 16487.2—1996	进口废物环境保护控制标准——冶炼渣（试行）	1996-12-1
	GB 16487.3—1996	进口废物环境保护控制标准——木、木制品废料（试行）	1996-8-1
	GB 16487.4—1996	进口废物环境保护控制标准——废纸或纸板（试行）	1996-8-1
	GB 16487.5—1996	进口废物环境保护控制标准——纺织品废物（试行）	1996-8-1
	GB 16487.6—1996	进口废物环境保护控制标准——废钢铁（试行）	1996-12-1
	GB 16487.7—1996	进口废物环境保护控制标准——废有色金属（试行）	1996-12-1

续表

类别	标准编号	标准名称	实施日期
固体废物污染控制标准	GB 16487.8—1996	进口废物环境保护控制标准——废电机(试行)	1996-12-1
	GB 16487.9—1996	进口废物环境保护控制标准——废电线电缆(试行)	1996-8-1
	GB 16487.10—1996	进口废物环境保护控制标准——废五金电器(试行)	1996-8-1
	GB 16487.11—1996	进口废物环境保护控制标准——供拆卸的船舶及其他浮动结构体(试行)	1996-8-1
	GB 16487.12—1996	进口废物环境保护控制标准——废塑料(试行)	1996-12-1
	GB 13015—91	含多氯联苯废物污染控制标准	1991-6-27
	GB 12502—90	含氰废物污染控制标准	1990-10-16
	GB 8172—87	城镇垃圾农用控制标准	1987-11-6
	GB 8173—87	农用粉煤灰中污染物控制标准	1987-10-5
	GB 6763—86	建筑材料用工业废渣放射性物质限制标准	1987-3-1
	GB 5085—85	有色金属工业固体废物污染控制标准	1985-4-25
	GB 4284—84	农用污泥中污染物控制标准	1985-3-1
危险废物鉴别标准	GB 5085.1—1996	危险废物鉴别标准——腐蚀性鉴别	1996-12-1
	GB 5085.2—1996	危险废物鉴别标准——急性毒性初筛	1996-12-1
	GB 5085.3—1996	危险废物鉴别标准——浸出毒性鉴别	1996-12-1
危险废物鉴别方法标准	GB 5086.1—1997	固体废物 浸出毒性浸出方法 翻转法	1997-12-1
	GB 5086.2—1997	固体废物 浸出毒性浸出方法 水平振荡法	1997-12-1
	GB/T 15555.1—1995	固体废物 总汞的测定 冷原子吸收分光光度法	1995-12-1
	GB/T 15555.2—1995	固体废物 铜、锌、铅、镉的测定 原子吸收分光光度法	1995-12-1
	GB/T 15555.3—1995	固体废物 砷的测定 二乙基二硫代氨基甲酸银分光光度法	1995-12-1
	GB/T 15555.4—1995	固体废物 六价铬的测定 二苯碳酰二肼分光光度法	1995-12-1
	GB/T 15555.5—1995	固体废物 总铬的测定 二苯碳酰二肼分光光度法	1995-12-1

续表

类别	标准编号	标准名称	实施日期
危险废物鉴别方法标准	GB/T 15555.6—1995	固体废物 总铬的测定 直接吸入火焰原子吸收分光光度法	1995-12-1
	GB/T 15555.7—1995	固体废物 六价铬的测定 硫酸亚铁铵滴定法	1995-12-1
	GB/T 15555.8—1995	固体废物 总铬的测定 硫酸亚铁铵滴定法	1995-12-1
	GB/T 15555.9—1995	固体废物 镍的测定 直接吸入火焰原子吸收分光光度法	1995-12-1
	GB/T 15555.10—1995	固体废物 镍的测定 丁二酮肟分光光度法	1995-12-1
	GB/T 15555.11—1995	固体废物 氟化物的测定 离子选择性电极法	1995-12-1
	GB/T 15555.12—1995	固体废物 腐蚀性测定 玻璃电极法	1995-12-1
	GB 5087—85	有色金属工业固体废物腐蚀性试验方法标准	1985-12-1
固体废物其他标准	HJ/T 20—1998	工业固体废物采样制样技术规范	1998-7-1
	GB 15562.2—1995	环境保护图形标志——固体废物储存（处置）场	1995-12-6
已被替代标准	GWKB 2—1999	危险废物焚烧污染控制标准	
	GWKB 3—2000	生活垃圾焚烧污染控制标准	

附录二 《国家危险废物名录》

HW01 医院临床废物 从医院、医疗中心和诊所的医疗服务产生的临床废物
——手术、包扎残余物
——生物培养、动物试验残余物
——化验检查残余物
——传染性废物
——废水处理污泥手术残留物，敷料、化验废物，传染性废物，动物试验废物

HW02 医药废物 从医用药品的生产制作过程中产生的废物，

包括兽药产品（不含中药类废物）

——蒸馏及反应残余物

——高浓度母液及反应基或培养基废物

——脱色过滤（包括载体）物

——用过废弃的吸附剂、催化剂、溶剂

——生产中产生的报废药品及过期原料废抗菌药、甾类药、抗组织胺类药、镇痛药、心血管药、神经系统药、杂药，基因类废物

HW03 废药物　药品过期、报废的无标签的及多种混杂的药物、药品（不包括 HW01，HW02 类中的废药品）

——生产中产生的报废药品（包括药品废原料和中间体反应物）

——使用单位（科研、监测、学校、医疗单位、化验室等）积压或报废的药品（物）

——经营部门过期的报废药品（物）废化学试剂，废药品，废药物

HW04 农药废物　来自杀虫、杀菌、除草、灭鼠和植物生长调节剂的生产、经销、配制和使用过程中产生的废物

——蒸馏及反应残余物

——生产过程母液及（反应罐及容器）清洗液

——吸附过滤物（包括载体、吸附剂、催化剂）

——废水处理污泥

——生产、配制过程中的过期原料

——生产、销售、使用过程中的过期和淘汰产品

——沾有农药及除草剂的包装物及废容器，有机磷杀虫剂、有机氯杀虫剂、有机氮杀虫剂、氨基甲酸酯类杀虫剂、拟除虫菊酯类杀虫剂、杀螨剂、有机磷杀菌剂、有机氯杀菌剂、有机硫杀菌剂、有机锡杀菌剂、有机氮杀菌剂、醌类杀菌剂、无机杀菌剂、有机胂杀菌剂、氨基甲酸酯类除草剂、醚类除草剂、酚类除草剂、酰胺类除草剂、取代脲类除草剂、苯氧羧酸类除草剂、均三氮苯类除草剂、无机除草剂

HW05 木材防腐剂废物　从木材防腐化学品的生产、配制和使用中产生的废物（不包括与 HW04 类重复的废物）

——生产单位生产中产生的废水处理污泥、工艺反应残余物、吸附过滤物及载体

——使用单位积压、报废或配制过剩的木材防腐化学品

——销售经营部报废的木材防腐化学品含五氯酚、苯酚，2-氯酚，甲酚，对氯间甲酚，三氯酚，屈萘，四氯酚，杂酚油，萤蒽，苯并[a]芘，2,4-二甲酚，2,4-二硝基酚，苯并[b]萤蒽，苯并[a]蒽，二苯并[a]蒽的废物

HW06 有机溶剂废物　从有机溶剂生产、配制和使用过程中产生的废物（不包括 HW42 类的废有机溶剂）

——有机溶剂的合成、裂解、分离、脱色、催化、沉淀、精馏等过程中发生的反应残余物，吸附过滤物及载体

——配制和使用过程中产生的含有机溶剂的清洗杂物废催化剂、清洗剥离物、反应残渣及滤渣、吸附物与载体废物

HW07 热处理含氰废物　从含有氰化物热处理和退火作业中产生的废物

——金属含氰热处理

——含氰热处理回火池冷却

——含氰热处理炉维修

——热处理渗碳炉　含氰热处理钡渣、含氰污泥及冷却液、含氰热处理炉内衬、热处理渗碳氰渣

HW08 废矿物油　不适合原来用途的废矿物油

——来自于石油开采和炼制产生的油泥和油脚

——矿物油类仓储过程中产生的沉积物

——机构、动力、运输等设备的更换油及清洗油（泥）

——金属轧制、机械加工过程中产生的废油（渣）

——含油废水处理过程中产生的废油及油泥

——油加工和油再生过程中产生的油渣及过滤介质废机油、原油、液压油、真空泵油、柴油、汽油、重油、煤油、热处理油、樟

脑油、润滑油（脂）、冷却油

HW09 废乳化液　从机构加工、设备清洗等过程中产生的废乳化液、废油水混合物

——生产、配制、使用过程中产生的过剩乳化液（膏）

——机械加工、金属切削和冷拔过程产生的废乳化剂

——清洗油罐、油件过程中产生的油水、烃水混合物

——来自于（乳化液）水压机定期更换的乳化废液废皂液、乳化油/水、烃/水混合物、乳化液（膏）、切削剂、冷却剂、润滑剂、拔丝剂

HW10 含多氯联苯废物　含有或沾染多氯联苯（PCBs）、多氯三联苯（PCTs）、多溴联苯（PBBs）的废物质和废物品

——过剩的、废弃的、封存的、待替换的含有 PCBs、PBBs 和 PCTs 的电力设备（电容器、变压器）

——从含有 PCBs、PBBs 或 PCTs 的电力设备中倾倒出的介质油、绝缘油、冷却油及传热油

——来自含有 PCBs、PBBs 和 PCTs 或被这些物质污染的电力设备的拆装过程中的清洗液

——被 PCBs、PBBs 和 PCTs 污染的土壤及包装物含 PCBs、PBBs、PCTs 废物

HW11 精（蒸）馏残渣　从精炼、蒸馏和任何热解处理中产生的废焦油状残留物

——煤气生产过程中产生的焦油渣

——原油蒸馏过程中产生的焦油残余物

——原油精制过程中产生的沥青状焦油及酸焦油

——化学品生产过程中产生的蒸馏残渣和蒸馏釜底物

——化学品原料生产的热解过程中产生的焦油状残余物

——被工业生产过程中产生的焦油或蒸馏残余物所污染的土壤

——盛装过焦油状残余物的包装和容器、沥青渣、焦油渣、废酸焦油、酚渣、蒸馏釜残物、精馏釜残物、甲苯渣、液化石油气残液（含苯并[a]芘、屈萘、萤蒽、多环芳烃类废物）

HW12 染料、涂料废物　从油墨、染料、颜料、油漆、真漆、罩光漆的生产配制和使用过程中产生的废物

——生产过程中产生的废弃的颜料、染料、涂料和不合格产品

——染料、颜料生产中硝化、氧化、还原、磺化、重氮化、卤化等化学反应中产生的废母液、残渣、中间体废物

——油漆、油墨生产、配制和使用过程中产生的含颜料、油墨的有机溶剂废物

——使用酸、碱或有机溶剂清洗容器设备产生的污泥状剥离物

——含有染料、颜料、油墨、油漆残余物的废弃包装物

——废水处理污泥废酸性染料、碱性染料、媒染染料、偶氮染料、直接染料、冰染染料、还原染料、硫化染料、活性染料、醇酸树脂涂料、丙烯酸树脂涂料、聚氨酯树脂涂料、聚乙烯树脂涂料、环氧树脂涂料、双组分涂料、油墨、重金属颜料

HW13 有机树脂类废物　从树脂、胶乳、增塑剂、胶水/胶合剂的生产、配制和使用过程中产生的废物

——生产、配制、使用过程中产生不合格产品、废副产物

——在合成、酯化、缩合等反应中产生的废催化剂、高浓度废液

——精馏、分离、精制过程中产生的釜残液、过滤介质和残渣

——使用溶剂或酸、碱清洗容器设备剥离下的树脂状、黏稠杂物

——废水处理污泥含邻苯二甲酸酯类、脂肪酸及二元酸酯类、磷酸酯类、环氧化合物类、偏苯三甲酸酯类、聚酯类、氯化石蜡、二元醇和多元醇酯类、磺酸衍生物的废物

HW14 新化学品废物　从研究和开发或教学活动中产生的尚未鉴定的和（或）新的并对人类和（或）环境的影响未明的化学废物，新化学品研制中产生的废物

HW15 爆炸性废物　在生产、销售、使用爆炸物品过程中产生的次品、废品及具有爆炸性质的废物

——不稳定，在无爆震时容易发生剧烈变化的废物

——能和水形成爆炸性混合物

——经过发热、吸湿、自发的化学变化具有着火倾向的废物

——在有引发源或加热时能爆震或爆炸的废物，含叠氯乙酰、硝酸乙酰酯、叠氮铵、氯酸铵、六硝基高钴酸铵、硝酸铵、氮化铵、过碘酸铵、高锰酸铵、苦味酸铵、四过氧铬酸铵、叠氮羰基胍、叠氮钡、氯化重氮苯、苯并三唑、亚硝基胍、硝化甘油、四硝基戊四醇、三硝基氯苯、聚乙烯硝酸酯、硝酸钾、叠氮化银、氮化银、三硝基苯间二酚银、四氮烯银、无烟火药、叠氮化钠、苦味酸钠、四硝基甲烷、四氮化四硒、四氮化四硫、四氮烯、氮化铊、二氮化三铅、二氮化三汞、三硝基苯、氯酸钾、雷汞、雷银、三硝基甲苯、三硝基间苯二酚的废物

HW16 感光材料废物　从摄影化学品、感光材料的生产、配制、使用中产生的废物

——生产过程中产生的不合格产品和过期产品

——生产过程中产生的残渣及废水污泥

——出版社、报社、印刷厂、电影厂在使用和经营活动中产生的废显（定）影液、胶片及废相纸

——社会照相部、冲洗部在使用和经营活动中产生的废显（定）影液、胶片及废相纸

——医疗院所的 X 光和 CT 检查中产生的废显（定）液及胶片废显影液、定影液、正负胶片、相纸、感光原料及药品

HW17 表面处理废物　从金属和塑料表面处理过程中产生的废物

——电镀行业的电镀糟渣、槽液及水处理污泥

——金属和塑料表面酸（碱）洗、除油、除锈、洗涤工艺产生的腐蚀液、洗涤液和污泥

——金属和塑料表面磷化、出光、化抛过程中产生的残渣（液）及污泥

——镀层剥除过程中产生的废液及残渣废电镀溶液、镀槽淤渣、电镀水处理污泥、表面处理酸碱渣、氧化槽渣、磷化渣、亚硝

酸盐废渣

HW18 焚烧处置残渣　从工业废物处置作业中产生的残余物焚烧处置残渣及灰尘

HW19 含金属羰基化合物废物　在金属羰基化合物制造以及使用过程中产生的含有羰基化合物成分的废物

——精细化工产品生产

——金属有机化合物的合成中产生的金属羰基化合物（五羰基铁、八羰基二钴、羰基镍、三羰基钴、氢氧化四羰基钴）废物

HW20 含铍废物　含铍及其化合物的废物

——稀有金属冶炼

——铍化合物生产中产生的含铍、硼氢化铍、溴化铍、氢氧化铍、碘化铍、碳酸铍、硝酸铍、氧化铍、硫酸铍、氟化铍、氯化铍、硫化铍的废物

HW21 含铬废物　含有六价铬化合物的废物

——化工（铬化合物）生产

——皮革加工（鞣革）业

——金属、塑料电镀

——酸性媒介染料染色

——颜料生产与使用

——金属铬冶炼（铁合金）中产生的含铬酸酐、（重）铬酸钾、（重）铬酸钠、铬酸、重铬酸、三氧化铬、铬酸锌、铬酸钾、铬酸钙、铬酸银、铬酸铅、铬酸钡的废物

HW22 含铜废物　含有铜化合物的废物

——有色金属采选和冶炼

——金属、塑料电镀

——铜化合物生产中产生的含溴化（亚）铜、氢氧化铜、硫酸（亚）铜、磺化（亚）铜、碳酸铜、硝酸铜、硫化铜、氟化铜、硫化（亚）铜、氯化（亚）铜、乙酸铜、氧化铜钾、磷酸铜、二水合氯化铜铵的废物

HW23 含锌废物　含有锌化合物的废物

——有色金属采选及冶炼

——金属、塑料电镀

——颜料、油漆、橡胶加工

——锌化合物生产

——含锌电池制造业产生的含溴化锌、碘化锌、硝酸锌、硫酸锌、氟化锌、硫化锌、过氧化锌、高锰酸锌、乙酸锌、草酸锌、铬酸锌、溴酸锌、磷酸锌、焦磷酸锌、磷化锌的废物

HW24 含砷废物 含砷及砷化合物的废物

——有色金属采选及冶炼

——砷及其化合物的生产

——石油化工

——农药生产

——染料和制革业产生的含砷、三氧化二砷、亚砷酐、五氧化二砷、五硫化二砷、硫化亚砷、砷化锌、乙酰基砷铜、砷化钙、砷化铁、砷化铜、砷化铅、砷化银、乙基二氯化砷、（亚）砷酸、三氟化砷、砷酸锌、砷酸铵、砷酸钙、砷酸铁、砷酸钠、砷酸汞、砷酸铅、砷酸镁、三氯化砷、二硫化砷、砷酸钾、砷化（三）氢的废物

HW25 含硒废物 含硒及硒化合物废物

——有色金属冶炼及电解

——硒化合物生产

——颜料、橡胶、玻璃生产中产生的含硒、二氧化硒、三氧化硒、四氟化硒、六氟化硒、二氯化二硒、四氯化硒、亚硒酸、硒化氢、硒化钠、（亚）硒酸钠、二硫化硒、硒化亚铁、亚硒酸钡、硒酸、二甲基硒的废物

HW26 含镉废物 含镉及其化合物废物

——有色金属采选及冶炼

——镉化合物生产

——电池制造业

——电镀行业产生的含镉、溴化镉、碘化镉、氢氧化镉、碳酸

镉、硝酸镉、硫酸镉、硫化镉、氯化镉、氟化镉、乙酸镉、氧化镉、二甲基镉的废物

HW27 含锑废物　含锑及其化合物废物

——有色金属冶炼

——锑化合物生产和使用中产生的含锑、二氧化二锑、亚锑酐、五氧化二锑、硫化亚锑、硫化锑、氟化亚锑、氟化锑、氯化（亚）锑、三氢化锑、锑酸钠、锑酸铅、乳酸锑、亚锑酸钠的废物

HW28 含碲废物　含碲及其化合物废物

——有色金属冶炼及电解

——碲化合物生产和使用中产生的含碲、四溴化碲、四碘化碲、三氧化碲、六氟化碲、四氯化碲、亚碲酸、碲化氢、碲酸、二乙基碲、二甲基碲的废物

HW29 含汞废物　含汞及其化合物废物

——化学工业含汞催化剂制造与使用

——含汞电池制造业

——汞冶炼及汞回收工业

——有机汞和无机汞化合物生产

——农药及制药业

——荧光屏及汞灯制造及使用

——含汞玻璃计器制造及使用

——汞法烧碱生产产生的含汞盐泥，含汞、溴化（亚）汞、碘化（亚）汞、硝酸（亚）汞、氧化汞、硫酸（亚）汞、氯化（亚）汞、硫化汞、氯化乙基汞、氯化汞铵、氯化甲基汞、乙酸（亚）汞、二甲基汞、二乙基汞、氯化高汞的废物

HW30 含铊废物　含铊及其化合物废物

——有色金属冶炼及农药生产

——铊化合物生产及使用中产生的含铊、溴化亚铊、氢氧化（亚）铊、碘化亚铊、硝酸亚铊、碳酸亚铊、硫酸亚铊、氧化亚铊、硫化亚铊、三氧化二铊、三硫化二铊、氟化亚铊、氯化（亚）铊、铬酸铊、氯酸铊、乙酸铊的废物

HW31 含铅废物 含铅及其化合物废物
——铅冶炼及电解过程中的残渣及铅尘
——铅（酸）蓄电池生产中产生的废铅渣及铅酸（污泥）
——报废的铅蓄电池
——铅铸造业及制品业的废铅渣及水处理污泥
——铅化合物制造和使用过程中产生的废物，含铅、乙酸铅、溴化铅、氢氧化铅、碘化铅、碳酸铅、硝酸铅、氧化铅、硫酸铅、铬酸铅、氯化铅、氟化铅、硫化铅、高氯酸铅，碱性硅酸铅、四烷基铅、四氧化铅、二氧化铅的废物

HW32 无机氟化物废物 含无机氟化物的废物（不包括氟化钙、氟化镁），含氟化铯、氟硼酸、氟硅酸锌、氢氟酸、氟硅酸、六氟化硫、氟化钠、五氧化硫、二氟磷酸、氟硫酸、氟硼酸铵、氟硅酸铵、氟化铵、氟化钾、氟化铬、五氟化碘、氟氢化钾、氟氢化钠、氟硅酸钠的废物

HW33 无机氰化物废物 从无机氰化物生产、使用过程中产生的含无机氰化物的废物（不包括 HW07 类热处理含氰废物）
——金属制品业的电解除油、表面硬化化学工艺中产生的含氰废物
——电镀业和电子零件制造业中电镀工艺、镀层剥除工艺中产生的含氰废物
——金矿开采与筛选过程中产生的含氰废物
——首饰加工的化学抛光工艺产生的含氰废物
——其他生产、实验、化验分析过程中产生的含氰废物及包装物，含氢氰酸、氰化钠、氰化钾、氰化锂、氰化汞、氰化铅、氰化铜、氰化锌、氰化钡、氰化钙、氰化亚铜、氰化银、氰溶体、汞氰化钾、氰化镍、铜氰化钠、铜氰化钾、镍氰化钾、溴化氰、氰化钴的废物

HW34 废酸 从工业生产、配制、使用过程中产生的废酸液、固态酸及酸渣（pH≤2 的液态酸）
——工业化学品制造

——化学分析及测试

——金属及其他制品的酸蚀、出光、除锈（油）及清洗

——废水处理

——纺织印染前处理废硫酸、硝酸、盐酸、磷酸（次）氯酸、溴酸、氢氟酸、氢溴酸、硼酸、砷酸、硒酸、氰酸、氯磺酸、碘酸、王水

HW35 废碱 从工业生产、配制使用过程中产生的废碱、固态碱及碱渣（pH≥12.5的液态碱）

——工业化学品制造

——化学分析及测试

——金属及其他制品的碱蚀、出光、除锈（油）及清洗

——废水处理

——纺织印染前处理

——造纸废液废氢氧化钠、氢氧化钾、氢氧化钙、氢氧化锂、碳酸（氢）钠、碳酸（氢）钾、硼砂、（次）氯酸钠、（次）氯酸钾、（次）氯酸钙、磷酸钠

HW36 石棉废物 从生产和使用过程中产生的

——石棉矿开采及其石棉产品加工

——石棉建材生产

——含石棉设施的保养（石棉隔膜，热绝缘体等）

——车辆制动器衬片的生产与更换中产生的石棉尘、石棉废纤维、废石棉绒、石棉隔热废料、石棉尾矿渣

HW37 有机磷化合物废物 从农药以外其他有机磷化合物生产、配制和使用过程中产生的含有机磷废物

——生产过程中产生的反应残余物

——生产过程中过滤物、催化剂（包括载体）及废弃的吸附剂

——废水处理污泥

——配制，使用过程中的过剩物、残渣及其包装物，含氯硫磷、硫磷嗪、磷酰胺、丙基磷酸四乙酯、四磷酸六乙酯、硝基硫磷酯、苯腈磷、磷酰酯类化合物、苯硫磷、异丙膦、三氯氧磷、磷酸

三丁酯的废物

HW38 有机氰化物废物　从生产、配制和使用过程中产生的含有机氰化物的废物

——在合成、缩合等反应中产生的高浓度废液及反应残余物

——在催化、精馏、过滤过程中产生的废催化剂、釜残及过滤介质物

——生产、配制过程中产生的不合格产品

——废水处理污泥，含乙腈、丙烯腈、己二腈、氨丙腈、氯丙烯腈、氰基乙酸、氰基氯戊烷、乙醇腈、丙腈、四甲基琥珀腈、溴苯甲腈、苯腈、乳酸腈、丙酮腈、丁基腈、苯基异丙酸酯、氰酸酯类的废物

HW39 含酚废物　酚、酚化合物的废物（包括氯酚类和硝基酚类）

——生产过程中产生的高浓度废液及反应残余物

——生产过程中产生的吸附过滤物、废催化剂、精馏釜残液（包括石油、化工、煤气生产中产生的含酚类化合物废物），含氨基苯酚、溴酚、氯甲苯酚、煤焦油、二氯酚、二硝基苯酚、对苯二酚、三羟基苯、五氯酚（钠）、硝基苯酚、三氯酚、氯酚、甲酚、硝基苯甲酚、苦味酸、二硝基苯酚钠、苯酚胺的废物

HW40 含醚废物　从生产、配制和使用过程中产生的含醚废物

——生产、配制过程中产生的醚类残液、反应残余物、水处理污泥及过滤渣

——配制、使用过程中产生的含醚类有机混合溶剂，含苯甲醚、乙二醇单丁醚、甲乙醚、丙烯醚、二氯乙醚、苯乙基醚、二苯醚、二氧基乙醇乙醚、乙二醇甲基醚、乙二醇醚、异丙醚、二氯二甲醚、甲基氯甲醚、丙醚、四氯丙醚、三硝基苯甲醚、乙二醇二乙醚、亚乙基二醇丁基醚、二甲醚、丙烯基苯基醚、甲基丙基醚、乙二醇异丙基醚、乙二醇苯醚、乙二醇戊基醚、氯甲基乙醚、丁基乙醚、二甘醇二乙基醚、乙二醇二甲基醚、乙二醇单乙醚的废物

HW41 废卤化有机溶剂　从卤化有机溶剂生产、配制使用过程中产生的废溶剂

——生产、配制过程中产生的高浓度残液、吸附过滤物、反应残渣、水处理污泥及废载体

——生产、配制过程中产生的报废产品

——生产、配制、使用过程中产生的废物卤化有机溶剂，包括化学分析、塑料橡胶制品制造、电子零件清洗、化工产品制造、印染涂料调配、商业干洗、家庭装饰使用的废溶剂，含二氯甲烷、氯仿、四氯化碳、二氯乙烷、二氯乙烯、氯苯、二氯二氟甲烷、溴仿、二氯丁烷、三氯苯、二氯丙烷、二溴乙烷、四氯乙烷、三氯乙烷、三氯乙烯、三氯三氟乙烷、四氯乙烯、五氯乙烷、溴乙烷、溴苯、三氯氟甲烷的废物

HW42 废有机溶剂　从有机溶剂的生产、配制和使用中产生的其他废有机溶剂（不包括 HW41 类的卤化有机溶剂）

——生产、配制和使用过程中产生的废溶剂和残余物，包括化学分析、塑料橡胶制品制造、电子零件清洗、化工产品制造、印染染料调配、商业干洗和家庭装饰使用过的废溶剂，含糠醛、环己烷、石脑油、苯、甲苯、二甲苯、四氢呋喃、乙酸丁酯、乙酸甲酯、硝基苯、甲基异丁基铜、环己酮、二乙基酮、乙酸异丁酯、丙烯醛二聚物、异丁醇、乙二醇、甲醇、苯乙酮、异戊烷、环戊酮、环戊醇、丙醛、二丙基酮、苯甲酸乙酯、丁酯、丁酸丁酯、丁酸乙酯、丁酸甲酯、异丙醇、N,N-二甲基乙酰胺、甲醛、二乙基酮、丙烯醛、乙醛、乙酸乙酯、丙酮、甲基乙基酮、甲基乙烯酮、甲基丁酮、甲基丁醇、苯甲醇的废物

HW43 含多氯苯并呋喃类废物　含任何多氯苯并呋喃类同系物的废物，多氯苯并呋喃同系物废物

HW44 含多氯苯并二噁英废物　含任何多氯苯并二噁英同系物的废物，多氯苯并二噁英同系物废物

HW45 含有机卤化物废物　从其他有机卤化物的生产、配制、使用过程中产生的废物（不包括上述 HW39，HW41，HW42，

HW43，HW44 类别的废物）

——生产、配制过程中产生的高浓度残液、吸附过滤物、反应残渣、水处理污泥及废催化剂、废产品

——生产、配制过程中产生的报废产品

——化学分析、塑料橡胶制品制造、电子零件清洗、化工产品制造、印染染料调配、商业及家庭使用产生的卤化有机废物，含苄基氯、苯甲酰氯、三氯乙醛、1-氯辛烷、氯代二硝基苯、氯乙酸、氯硝基苯、2-氯丙酸、3-氯丙烯酸、氯甲苯胺、乙酰溴、乙酰氯、二溴甲烷、苄基溴、1-溴-2-氯乙烷、二氯乙酰甲酯、氟乙酰胺、二氯萘醌、二氯乙酸、溴氯丙烷、溴萘酚、碘代甲烷、2,4,5-三氯苯酚、三氯酚、1,4-二氯丁烷、2,4,6-三溴苯酚、二氯丁胺、1-氨基-4-溴蒽醌-2-磺酸的废物

HW46 含镍废物　含镍化合物的废物

——镍化合物生产过程中产生的反应残余物及废品

——使用报废的镍催化剂

——电镀工艺中产生的镍残渣及槽液

——分析、化验、测试过程中产生的含镍废物，含溴化镍、硝酸镍、硫酸镍、氯化镍、一硫化镍、一氧化镍、氧化镍、氢氧化镍、氢氧化高镍的废物

HW47 含钡废物　含钡化合物的废物（不包括硫酸钡）

——钡化合物生产过程中产生的反应残余物及其废品

——热处理工艺中的盐浴渣

——分析、化验、测试中产生的含钡废物，含溴酸钡、氢氧化钡、硝酸钡、碳酸钡、氯化钡、氟化钡、硫化钡、氧化钡、氟硅酸钡、氯酸钡、乙酸钡、过氧化钡、碘酸钡、叠氮钡、多硫化钡的废物

国家危险废物名录说明

一、为防止危险废物对环境的污染，加强对危险废物的管理，保护环境和保障人民身体健康，根据《中华人民共和国固体废物污染环境防治法》，制定《国家危险废物名录》。

二、国家制定《危险废物鉴别标准》。凡《名录》中所列废物类别高于鉴别标准的属危险废物,列入国家危险废物管理范围,低于鉴别标准的,不列入国家危险废物管理。

三、对需要制定危险废物鉴别标准的废物类别,在其鉴别标准颁布以前,仅作为危险废物登记使用。

四、危险废物的管理按照《中华人民共和国固体废物污染环境防治法》中有关危险废物的管理条款执行。

五、本次公布的《国家危险废物名录》为第一批执行《名录》。随着经济和科学技术的发展,《国家危险废物名录》将不定期修订。

六、本《名录》由国家环境保护总局负责解释

附录三 土壤环境质量标准

Environmental quality standard for soils
GB 15618—1995

为贯彻《中华人民共和国环境保护法》,防止土壤污染,保护生态环境,保护农林生产,维护人体健康,制定本标准。

1 主题内容与适用范围

1.1 主题内容

本标准按土壤应用功能、保护目标和土壤主要性质,规定了土壤中污染物的最高允许浓度指标值及相应的监测方法。

1.2 适用范围

本标准适用于农田、蔬菜地、茶园、果园、牧场、林地、自然保护区等地的土壤。

2 术语

2.1 土壤

指地球陆地表面能够生长绿色植物的疏松层。

2.2 土壤阳离子交换量

指带负电荷的土壤胶体,借静电引力而对溶液中的阳离子所吸附的数量,以每千克干土所含全部代换性阳离子的厘摩尔(按一价

离子计）数表示。

3 土壤环境质量分类和标准分级

3.1 土壤环境质量分类

根据土壤应用功能和保护目标，划分为三类。

Ⅰ类主要适用于国家规定的自然保护区（原有背景重金属含量高的除外）、集中式生活饮用水源地、茶园、牧场和其他保护地区的土壤，土壤质量基本上保持自然背景水平。

Ⅱ类主要适用于一般农田、蔬菜地、茶园、果园、牧场等土壤，土壤质量基本上对植物和环境不造成危害和污染。

Ⅲ类主要适用于林地土壤及污染物容量较大的高背景值土壤和矿产附近的农田土壤（蔬菜地除外）。土壤质量基本上对植物和环境不造成危害和污染。

3.2 标准分级

一级标准 为保护区域自然生态，维持自然背景的土壤环境质量的限制值。

二级标准 为保障农业生产，维护人体健康的土壤限制值。

三级标准 为保障农林业生产和植物正常生长的土壤临界值。

3.3 各类土壤环境质量执行标准的级别规定

Ⅰ类土壤环境质量执行一级标准。

Ⅱ类土壤环境质量执行二级标准。

Ⅲ类土壤环境质量执行三级标准。

4 标准值

本标准规定的三级标准值，见表1。

5 标准的实施

5.1 本标准由各级人民政府环境保护行政主管部门负责监督实施，各级人民政府的有关行政主管部门依照有关法律和规定实施。

5.2 各级人民政府环境保护行政主管部门根据土壤应用功能和保护目标会同有关部门划分本辖区土壤。环境质量类别，报同级人民政府批准。

表1 土壤环境质量标准值　　　　/(mg/kg)

项目	级别 土壤pH值	一级 自然背景	二级			三级
			<6.5	6.5～7.5	>7.5	>6.5
镉	≤	0.20	0.30	0.30	0.60	1.0
汞	≤	0.15	0.30	0.50	1.0	1.5
砷 水田	≤	15	30	25	20	30
旱地	≤	15	40	30	25	40
铜 农田等	≤	35	50	100	100	400
果园	≤	—	150	200	200	400
铅	≤	35	250	300	350	500
铬 水田	≤	90	250	300	350	400
旱地	≤	90	150	200	250	300
锌	≤	100	200	250	300	500
镍	≤	40	40	50	60	200
六六六	≤	0.05	0.50	0.50	0.50	1.0
滴滴涕	≤	0.05	0.50	0.50	0.50	1.0

注：1. 重金属（铬主要是三价）和砷均按元素量计，适用于阳离子交换量>5cmol（+）/kg的土壤，若≤5cmol（+）/kg，其标准值为表内数值的半数。

2. 六六六为四种异构体总量，滴滴涕为四种衍生物总量。

3. 水旱轮作地的土壤环境质量标准，砷采用水田值，铬采用旱地值。

附加说明

本标准由国家环境保护局科技司提出。

本标准由国家环境保护局南京环境科学研究所负责起草，中国科学院地理研究所、北京农业大学、中国科学院南京土壤研究所等单位参加。

本标准主要起草人夏家淇、蔡道基、夏增禄、王宏康、武玫玲、梁伟等。

本标准由国家环境保护局负责解释。

附录四　中华人民共和国国家标准

农田灌溉水质标准

Standards for irrigation water quality

GB 5084—92 代替 GB 5084—85

国家环境保护局

1992-01-04 批准

1992-10-01 实施

为贯彻执行《中华人民共和国环境保护法》，防止土壤、地下水和农产品污染，保障人体健康，维护生态平衡，促进经济发展，特制订本标准。

1 主题内容与适用范围

1.1 灌溉水质要求、标准的实施和采样监测方法。

1.2 适用范围

本标准适用于全国以地面水、地下水和处理后的城市污水及与城市污水水质相近的工业废水作水源的农田灌溉用水。

本标准不适用于医药、生物制品、化学试剂、农药、石油炼制、焦化和有机化工处理后的废水进行灌溉。

2 引用标准

GB 8978 污水综合排放标准 GB 3838 地面水环境质量标准 CJ 18 污水排放城市下水道水质标准 CJ 25.1 生活杂用水水质标准

3 标准分类

本标准根据农作物的需求状况，将灌溉水质按灌溉作物分为三类。

一类 水作，如水稻，灌水量 $800m^3/$(亩·年)。

二类 旱作，如小麦、玉米、棉花等。灌溉水量 $300m^3/$(亩·年)。

三类 蔬菜，如大白菜、韭菜、洋葱、卷心菜等。蔬菜品种不同，灌水量差异很大，一般为 $200 \sim 500 m^3/$(亩·茬)。

4 标准值

农田灌溉水质要求，必须符合表1的规定。

4.1 在以下地区，全盐量水质标准可以适当放宽。

4.1.1 具有一定的水利灌排工程设施，能保证一定的排水和地下水径流条件的地区。

4.1.2 有一定淡水资源能满足冲洗土体中盐分的地区。

4.2 当本标准不能满足当地环境保护需要时，省、自治区、

表1 农田灌溉水质标准　　　　　　　　　　/(mg/L)

序号	项目 \ 标准值 \ 作物分类		水作	旱作	蔬菜
1	生化需氧量（BOD_5）	≤	80	150	80
2	化学需氧量（COD_{cr}）	≤	200	300	150
3	悬浮物	≤	150	200	100
4	阴离子表面活性剂（LAS）	≤	5.0	8.0	5.0
5	凯氏氮	≤	12	30	30
6	总磷（以P计）	≤	5.0	10	10
7	水温/℃	≤	35		
8	pH值	≤	5.5~8.5		
9	全盐量	≤	1000（非盐碱土地区）2000（盐碱土地区）有条件的地区可以适当放宽		
10	氯化物	≤	250		
11	硫化物	≤	1.0		
12	总汞	≤	0.001		
13	总镉	≤	0.005		
14	总砷	≤	0.05	0.1	0.05
15	铬（六价）	≤	0.1		
16	总铅	≤	0.1		
17	总铜	≤	1.0		
18	总锌	≤	2.0		
19	总硒	≤	0.02		
20	氟化物	≤	2.0（高氟区）3.0（一般地区）		
21	氰化物	≤	0.5		
22	石油类	≤	5.0	10	1.0
23	挥发酚	≤	1.0		
24	苯	≤	2.5		
25	三氯乙醛	≤	1.0	0.5	0.5

续表

序号	标准值 项目	作物分类	水作	旱作	蔬菜
26	丙烯醛	≤		0.5	
27	硼	≤	1.0(对硼敏感作物,如马铃薯、笋瓜、韭菜、洋葱、柑橘等) 2.0(对硼耐受性较强的作物,如小麦、玉米、青椒、小白菜、葱等) 3.0(对硼耐受性强的作物,如水稻、萝卜、油菜、甘蓝等)		
28	粪大肠菌群数/(个/L)	≤	10000		
29	蛔虫卵数/(个/L)	≤	2		

直辖市人民政府可以补充本标准中未规定的项目,作为地方补充标准,并报国务院环境保护行政主管部门备案。

5 标准的实施与管理

5.1 本标准由各级农业部门负责实施与管理,环保部门负责监督。

5.2 严格按照本标准所规定的水质及农作物灌溉定额进行灌溉。

5.3 向农田灌溉渠道排放处理后的工业废水和城市污水,应保护其下游最近灌溉取水点的水质标准。

5.4 严禁使用污水浇灌生食的蔬菜和瓜果。

6 水质监测

6.1 当地农业部门负责对污灌区水质、土壤和农产品进行定期监测和评价。

6.2 为了保障农业用水安全,在污水灌溉区灌溉期间,采样点应选在灌溉进水口上。化学需氧量(COD)、氰化物、三氯乙醛及丙烯醛的标准数值为一次测定的最高值,其他各项标准数值均指灌溉期多次测定的平均值。

6.3 本标准各项目的检测分析方法见表2。

表2 农田灌溉水质标准选配分析方法

项 目	测定方法	检测范围/(mg/L)	注 释	分析方法来源
生化需氧量（BOD_5）	稀释与接种法	3以上		GB 7488
化学需氧量（$CODCr$）	重铬酸盐法	10~800		GB 11914
悬浮物	滤膜法	5以上	视干扰情况具体选用	GB 10911
阴离子表面活性剂（LAS）	亚甲基蓝分光光度法	0.05~2.0	本法测得为亚甲基盐活性物质（MBAS），结果以LAS计	GB 7494
凯氏氮	浓硫酸-硫酸钾-硫酸铜消解-蒸馏-纳氏比色法	0.05~2.0	前处理后用纳氏比色法，测得为氨氮和有机氮之和	纳氏比色法采用GB 7479
总磷（以P计）	钼蓝比色法	0.025~0.6	结果为未过滤水样经消化处理后，测得为溶解的和悬浮的总和	
水温/℃				
pH值	玻璃电极法			GB 6920
全盐量	重量法			
氯化物	硝酸银容量法	10以上	结果以Cl^-计	GB 5750
	硝酸汞容量法	可测至10以下	结果以S^{2-}计	
硫化物	预处理后用对氨基二甲基苯胺光度法	0.02~0.8	结果以S^{2-}计	
	预处理后用碘量法	≥1		
总汞	冷原子吸收光度法	检出下限	包括无机或有机结合的可溶和悬浮的全部汞	GB 7468
	高锰酸钾-过硫酸消解法	0.0001		
	高锰酸钾-过硫酸消解-双硫腙比色法	0.002~0.04		GB 7469
总镉	原子吸收分光光度法（螯合萃取法）	0.001~0.5	经酸消解处理后，测得水样中的总镉量	GB 7475
	双硫腙分光光度法	0.001~0.05		GB 7471

续表

项 目	测定方法	检测范围/(mg/L)	注 释	分析方法来源
总砷	二乙基二硫代氨基甲酸银分光光度法	0.007~0.5	测得为单体形态、无机或有机物中元素砷的总量	GB 7485
铬(六价)	二苯碳酰二肼分光光度法	0.004~1.0		GB 7467
总铅	原子吸收分光光度法		经酸消解处理后,测得水样中的总铅量	GB 7475
	直接法	0.2~10		
	螯合萃取法	0.01~0.2		
	双硫腙分光光度法	0.01~0.30		GB 7470
总铜	原子吸收分光光度法		未过滤的样品经消解后测得的总铜量,包括溶解的和悬浮的	GB 7475
	直接法	0.05~5		
	螯合萃取法	0.001~0.05		
	二乙基二硫代氨基甲酸钠(铜试剂)分光光度法	检出下限 0.003 (3cm 比色皿) 0.02~0.07 (1cm 比色皿)		
总锌	双硫腙分光光度法	0.005~0.05	经消化处理测得的水样中总锌量	GB 7472
	原子吸收分光光度法	0.05~1		GB 7475
总硒	二氨基联苯胺比色法	检出下限 0.01		GB 5750
	荧光分光光度法	检出下限 0.001		
氟化物	氟试剂比色法	0.05~1.8	结果以 F⁻ 计	GB 7482
	茜素磺酸锆目视比色法	0.05~2.5		
	离子选择性电极法	0.05~1900		GB 7484
氰化物	异烟酸-吡啶啉酮比色法	0.004~0.25	包括全部简单氰化物和绝大部分络合氰化物,不包括钴氰配合物	GB 7486
	吡啶-巴比妥比色法	0.002~0.45		

续表

项 目	测定方法	检测范围/(mg/L)	注 释	分析方法来源
石油类	紫外分光光度法	0.05～50		(1)、(2)、(3)
挥发酚	蒸馏后4-氨基安替比林分光光度法（氯仿萃取法）	0.002～6		GB 7490
苯	气相色谱法	0.005～0.1		GB 11937
三氯乙醛	气相色谱法	最低检出值为$3\times10^{-5}\mu g$	适用于农药、化工厂污水测定	(1)、(2)、(3)
	吡唑啉酮光度法	0.02～5.6μg/mL	适用于测定城市混合污水	
丙烯醛	气相法色谱法	最小检出浓度0.1		GB 11934
硼	姜黄素比色法	0.02～1.0	结果以B计	注中 a.、b.、c
	甲亚胺-H酸光度法	0.03～5.0		
粪大肠菌群数/(个/L)	多管发酵法		适用于各种水样	GB 5750
蛔虫卵数/(个/L)	吐温-80柠檬酸缓冲液离心沉淀集卵法			注中 d.

注：分析方法来源中，未列出国标的，暂时采用下列方法，待国家标准方法发布后，执行国家标准。
a. 水和废水标准检验方法（第15版），中国建筑工业出版社，1985年
b. 环境污染标准分析方法手册，中国环境科学出版社，1987年
c. 水和废水监测分析方法（第3版），中国环境科学出版社，1989年
d. 卫生防疫检验，上海科技出版社，1964年

附加说明

本标准由国家环保局科技标准司提出。

本标准由农业部环境保护科研监测所负责起草。

本标准主要起草人王德荣、崔淑贞、徐应明、赵静、杜道灯等。

本标准由国家环境保护局负责解释。

附录五 农用污泥中污染物控制的标准

中华人民共和国国家标准农用污泥中污染物控制标准

GB 4284—84

中华人民共和国城乡建设环境保护部　　1984-05-18 发布
　　　　　　　　　　　　　　　　　　1985-03-01 实施

本标准为贯彻《中华人民共和国环境保护法（试行）》，防治农用污泥对土壤、农作物、地面水、地下水的污染，特制订本标准。

本标准适用于在农田中施用城市污水处理厂污泥、城市下水沉淀池的污泥、某些有机物实施得出下水污泥以及江、河、湖、库、塘、沟、渠的沉淀底泥。

1 标准值

农田施用污泥中污染物的最高容许含量应符合下表规定

农用污泥中污染物控制标准值　　/(mg/kg)

项　目	最高容许含量	
	在酸性土壤上 (pH<6.5)	在中性和碱性土壤上 (pH≥6.5)
镉及其化合物(以 Cd 计)	5	20
汞及其化合物(以 Hg 计)	5	15
铅及其化合物(以 Pb 计)	300	1000
铬及其化合物(以 Cr 计)[①]	600	1000
砷及其化合物(以 As 计)	75	75
硼及其化合物(以水溶性 B 计)	150	150
矿物油	3000	3000
苯并[a]芘	3	3
铜及其化合物(以 Cu 计)[②]	250	500
锌及其化合物(以 Zn 计)[②]	500	1000
镍及其化合物(以 Ni 计)[②]	100	200

① 铬的控制标准使用于一般含六价铬极少的具有农用价值的各种污泥，不使用于含有大量六价铬的工业废渣或某些化工厂的沉积物。

② 暂作参考标准。

2 其他规定

2.1 施用符合本标准污泥时，一般每年每亩用量不超过

2000kg（以干污泥计）。污泥中任何一项无机化合物含量接近于本标准时，连续在同一块土壤上施用，不得超过 20 年。含无机化合物较少的石油化工污泥，连续施用可超过 20 年。在隔年施用时，矿物油和苯并[a]芘的标准可适当放宽。

2.2 为了防止对地下水的污染，在沙质土壤和地下水位较高农田上不宜施用污泥；在饮水水源保护地带不得施用污泥。

2.3 生污泥须经高温堆腐或消化处理后才能施用于农田。污泥可在大田、园林和花卉地上施用，在蔬菜地带和当年放牧的草地上不宜施用。

2.4 在酸性土壤上施用污泥除了必须遵循在酸性土壤上污泥的控制标准外，还应该同时年年施用石灰以中和土壤酸性。

2.5 对于同时含有多种有害物质而含量都接近本标准值的污泥，施用时应酌情减少用量。

2.6 发现因施污泥而影响农作物的生长、发育或农产品超过卫生标准时，应该停止施用污泥和立即向有关部门报告，并采取积极措施加以解决。例如施石灰、过磷酸钙、有机肥等物质控制农作物对有害物质的吸收，进行深翻或用客土法进行土壤改良等。

3 标准的监测

3.1 农业和环境保护部门必须对污泥和施用污泥的土壤作物进行长期定点监测。

3.2 制订本标准依据的监测发现方法是《农用污泥监测分析方法》。

附加说明

本标准由原国务院环境保护小组提出。

本标准由农牧渔业部环境保护科研监测所、北京农业大学负责起草。

本标准委托农牧渔业部环境保护科研监测所负责解释。